西安交通大学对口支援新疆大学系列教材项目

工程实践与基础训练

主　编　赵冬梅

副主编　尼加提·玉素甫　滕文静

U0319078

西安交通大学出版社
XI'AN JIAOTONG UNIVERSITY PRESS

图书在版编目(CIP)数据

工程实践与基础训练/赵冬梅主编.—西安:西安
交通大学出版社,2017.6
西安交通大学对口支援新疆大学系列教材项目
ISBN 978-7-5605-9755-3

Ⅰ.①工…　Ⅱ.①赵…　Ⅲ.①机械制造工艺-高等学
校-教材　Ⅳ.①TH16

中国版本图书馆 CIP 数据核字(2017)第 137705 号

书　　　名	工程实践与基础训练
主　　　编	赵冬梅
副 主 编	尼加提·玉素甫　滕文静
责任编辑	王　欣

出版发行	西安交通大学出版社
	(西安市兴庆南路 10 号　邮政编码 710049)
网　　址	http://www.xjtupress.com
电　　话	(029)82668357　82667874(发行中心)
	(029)82668315(总编办)
传　　真	(029)82668280
印　　刷	西安明瑞印务有限公司

开　　本	787mm×1092mm　1/16　**印张** 20.25　**字数** 510 千字
版次印次	2017 年 12 月第 1 版　2017 年 12 月第 1 次印刷
书　　号	ISBN 978-7-5605-9755-3
定　　价	36.00 元

版权所有　侵权必究

前　言

  高等工程教育在我国高等教育中占有重要的地位。深化工程教育改革、建设工程教育强国,对服务和支撑我国经济转型升级意义重大。当前,国家推动创新驱动发展,实施"一带一路""中国制造 2025""互联网＋"等倡议和重大发展战略,以新技术、新业态、新模式、新产业为代表的新经济蓬勃发展,对工程技术人才提出了更高要求,迫切需要加快工程教育改革创新。在"一带一路"倡议中,新疆位于丝绸之路经济带核心区,并以日益凸显的区位优势和辐射效应,与 21 世纪海上丝绸之路逐步衔接。新疆高校近 70％的毕业生留在新疆就业,因此新疆的工程教育应以培养具有创新创业精神和工程实践能力的高素质应用型人才为目标,服务新疆,面向全国,辐射中亚。

  多年来,新疆高校的机械制造基础训练课程采用的都是国内知名高校出版的工程训练系列教材,但是由于少数民族学生受到语言和基础知识的局限性,出现了两个突出的问题:一是学生对语速较快的汉语教学以及专业性强的术语难以做到完全准确理解,典型的情况是教师讲完一段话,学生还没有完全听懂,新的一句话又讲了出来,学生难以听懂教师所讲内容,更无法理解知识点。二是在师生交流方面最大的障碍就是学生不能把自己想说的话用准确的汉语语法规则表达出来,师生沟通不畅。例如,少数民族语言具有自己的语法特征,学生讲话时习惯用本民族语法结构进行汉语表达,这种表达会造成听者理解偏差。由于以上两点问题导致少数民族学生在各工种实训过程中,学习理解能力与实际操作水平有限,实训效果不佳。

  为解决以上问题,本书在以下几个方面进行了尝试:

  (1)针对机械制造技术实训专业术语采用了正文中首次出现时以英汉维三种语言进行对照,并以附录的形式列在书后方便学生查阅。

  (2)每一工种列举了实例教学分析,从图纸分析、工艺设计、加工工序等各方面详细讲解,使学生更加深刻地掌握该工种实训操作技能。

  (3)在现代制造方法章节对数字化体验项目进行驱动式教学案例分析,模拟现代企业的生产经营场景,使学生能够在日常学习、实训过程中实现职业素养的逐步养成。

本书的内容主要包括：机械制造基础知识、铸造、焊接、锻压、车削加工、铣削加工、刨削加工、磨削加工、钳工、数控加工技术、数控车床操作与编程、数控铣床操作与编程、特种加工技术、逆向工程与反求设计、机械加工的经济性分析与绿色设计。本书可作为新疆高校工程实践训练、高职机电类学生金工实习专用教材和相关工程技术人员的参考用书。

本教材由新疆大学教务处及西安交通大学对口支援办牵头，新疆大学工程训练中心组织编写，赵冬梅任主编，尼加提·玉素甫、滕文静任副主编，周建平主审。各章具体编写分工为：赵冬梅编写第1、5、6、7章；尼加提·玉素甫编写第2章和附录1；滕文静编写第3、4章；王小荣和李志磊编写第4、14、15章；李梅编写第8章；周壮编写第9章；李建军编写第10章；朱晨光编写第12章；张冠、余萍编写第13章；张海编写第14章；张文祥、亚力青·阿里玛斯编写第15章。

由于编写时间有限，难免存有不当之处，希望广大读者批评指正。

编　者

2017 年 3 月

目 录

第1章 机械制造基础知识

1.1 工程材料及金属热处理

1.1.1 工程材料概述

凡与工程有关的材料均可称为**工程材料**,工程材料按其性能特点可分为**结构材料**和**功能材料**。结构材料通常以**硬度**、强度、**塑性**、**冲击韧性**等力学性能为主,兼有一定的物理、化学性能。而功能材料是以光、电、声、磁、热等特殊的物理、化学性能为主的功能和效应材料。

工程材料按化学成分、生产过程、结构及性能特点,可分为金属材料、非金属材料两大类,如图1-1所示。

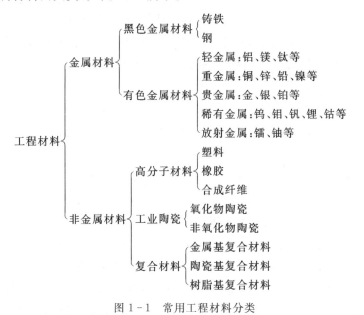

图1-1 常用工程材料分类

金属材料是目前应用最广泛的工程材料。它包括各种纯金属及其合金。在工业领域,金属材料被分为两类:一类是**黑色金属**,主要指应用最广的钢铁;一类是**有色金属**,指除黑色金属之外的所有金属及其合金。

非金属材料是近年来发展非常迅速的工程材料,因其具有金属材料无法具备的某些性能(如电绝缘性、耐腐蚀性等),在工业生产中已成为不可替代的重要材料,如高分子材料、工业陶瓷及**复合材料**。

1.1.2　金属材料

1. 金属材料的基础知识

金属材料分为黑色金属材料和有色金属材料。黑色金属指铁和铁与其他元素形成的铁合金,即一般所称的钢铁材料。合金是以一种基体金属为主(其含量超过 50%),加入其他金属或非金属(合金元素),经熔炼、烧结或其他工艺方法而冶炼成的金属材料。有色金属指除铁与铁合金以外的各种金属及其合金。此外还有**粉末冶金**材料、烧结材料等。

由于金属材料具有制造机械产品及零件所需要的各种性能,容易生产和加工,所以成为制造机械产品的主要材料。合金材料可以通过调节其不同的成分和进行不同的加工处理获得比纯金属更多样化的更好的综合性能,是机械工程中用途最广泛、用量最大的金属材料。**钢铁材料**是最常用和最廉价的金属材料。其他常用的金属材料有铝、铜及其合金。

(1)钢铁材料

以铁为基体金属、以碳为主要的合金元素形成的合金材料就是**碳素钢或铸铁(灰口铸铁)**。从理论上讲,钢中的含碳量为 0.02%~2.11%,低于 0.02%为纯铁,高于 2.11%就是铸铁。此外,在一般的钢铁材料中,都会含有很少量的硅、锰、硫、磷,它们是因为钢铁冶炼而以杂质的形态存在于其中的。为了改善钢铁材料的性能,有意识地加入其他合金元素则成为**合金钢**或合金铸铁。

钢的种类繁多,可按不同的方法分类。如可按化学成分将钢分为碳素钢和合金钢两大类,进而还可分为含碳量低于 0.25%的低碳钢,含碳量 0.25%~0.6%的中碳钢,含碳量高于 0.6%的高碳钢。按在机械制造工程中的用途,可将钢分为结构钢、工具钢和**特殊性能钢**三大类。按钢中所含 S,P 等有害杂质多少作为质量标准,可将其分为普通钢、优质钢和高级优质钢三大类等。钢的分类如图 1-2 所示。

铸铁可按其所含碳的形态不同来分类。例如,碳以石墨态存在其中的有灰口铸铁(片状石墨)、**球墨铸铁**(球状石墨)、**蠕墨铸铁**(蠕虫状石墨)、**可锻铸铁**(团絮状石墨),碳以化合物(Fe_3C)态存在其中的为白口铸铁。石墨态铸铁具有较好的机械性能、减振性、减磨性、低缺口敏感性等使用性能,以及良好的铸造性能、**切削加工**性能等工艺性能,生产工艺简单,成本低,因此,成为机械制造工程中用途最广、用量最大的金属材料。但是铸铁中石墨碳的存在,特别是灰口铸铁中的片状石墨碳的存在严重地降低了铸铁的抗拉强度,尽管对抗压强度的影响不大,也使铸铁的综合机械性能远不如钢好。

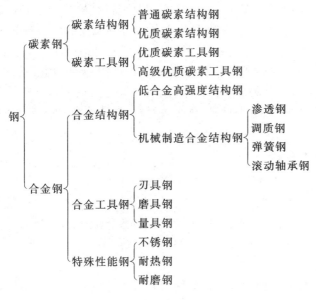

图 1-2　钢的分类

（2）有色金属

机械工程中常用的有色金属有铜及其合金、铝及其合金、滑动**轴承**合金等。

工业纯铜又称紫铜，以其良好的导电性、导热性和抗大气腐蚀性而广泛地应用于导电、导热的机械产品和零部件。铜合金主要有以锌为主要合金元素的黄铜，以镍为主要合金元素的白铜和以锌镍以外的其他元素为合金元素的青铜。铜合金一般用做除机械性能外对物理性能或化学性能尚有一定要求的机械产品和零部件。

工业纯铝也有较好的导电性、导热性和抗大气腐蚀性，而密度仅为铜的 1/3，价格又远较铜低廉，在很多场合都可代替铜。铝合金因加入的合金元素不同而表现出不同的使用性能和工艺性能，按其工艺性能可分为形变铝合金和铸造铝合金。形变铝合金塑性好，适于锻压加工，机械性能较高。铸造铝合金铸造性好，用于生产铝合金铸件。铝及其合金还广泛地应用于电器、航空航天器和运输车辆。

滑动轴承合金主要用于制造滑动轴承内衬。它既可以是在软的金属基体上均匀分布着硬的金属化合物质点，如锡基轴承合金、铅基轴承合金；也可以是在硬的金属基体上均匀分布着软的质点，如铜基轴承合金、铝基轴承合金。

（3）粉末冶金与功能材料

粉末冶金是用金属或金属化合物粉末作原料，经压制成型、烧结等工艺直接制造机械零件。它是一种不需熔炼的冶金工艺。机械制造工程中常用的粉末冶金材料有金属陶瓷硬质合金和钢结硬质合金两大类。金属陶瓷**硬质合金**如钨钴类、钨钴钛类等，由金属碳化物粉末（如 WC，TiC）和

专业术语

轴承

ئوق قازان

bearing

专业术语

硬质合金

قاتتىق قېتىشما

hard metal, carbide

黏结剂(如 Co)混合制成,一般只用作刀具。钢结硬质合金是金属碳化物粉末(如 WC,TiC)由合金钢粉末为黏结剂制成,可作各种机械零件和刀具。

功能材料则是指各种具有特殊的物理化学性能(如电、磁、声、光、热)和特殊的理化效应(如形状记忆效应)的材料。机械制造工程中常用的功能材料有磁性材料、电阻材料、热膨胀材料、超导材料、非晶态材料、形状记忆合金等。

2. 金属材料的性能

金属材料的性能主要有力学性能、物理性能、化学性能以及工艺性能。用来制造机械设备的金属及合金,首先应该具有优良的力学性能和工艺性能。因此,在设计机械零件时,必须首先熟悉金属及合金的性能,才能依据零件的技术要求合理地选用所需的金属材料。

1)金属材料的力学性能

机械零件在工作过程中都要承受各种外力的作用。力学性能是指材料在受到外力的作用时所表现出来的特性。衡量力学性能的指标主要有**弹性**、塑性、强度、硬度、冲击韧性等。

(1)弹性和塑性

金属材料承受外力作用时产生变形,在去除外力后能恢复原来形状的性能,叫做弹性,该状态下的变形为弹性变形。金属材料在承受外力作用时产生永久变形而不破坏的性能,叫做塑性,该状态下的变形为塑性变形。常用的塑性指标是伸长率和断面收缩率 Ψ,其数值通过金属拉伸试验测定。伸长率和断面收缩率的数值越大,材料的塑性越好。

(2)强度

金属材料在承受外力作用时,抵抗塑性变形和断裂的能力称为强度。衡量强度的指标主要是屈服强度和抗拉强度。屈服强度指材料产生塑性变形初期时的最低应力值,用 σ_s 表示,单位为 MPa。抗拉强度指材料在被拉断前所承受的最大应力值,用 σ_b 表示,单位为 MPa。屈服强度和抗拉强度是机械零件设计时的重要依据参数。

(3)硬度

金属材料抵抗硬物压入其表面的能力称为硬度。衡量硬度的指标主要有布氏硬度和洛氏硬度两种。它们均由专用仪器测量获得。

①布氏硬度。布氏硬度试验是用一定的载荷 P,将直径为 D 的淬火钢球或硬质合金球,在一定压力作用下,压入被测金属的表面,如图 1-3 所示,保持一定时间后卸去载荷,以载荷与压痕表面积的比值作为布氏硬度值,用 HB 表示,其单位是 N/mm^2,但一般不标出单位,如 HB230。由于载荷 P 和钢球直径 D 一定,所以一般是先测得压痕直径 d,根据 d 的值查表就可确定材料的布氏硬度值。HB 值愈大,表示材料愈硬。

有时为了区别不同压头测出的硬度,将淬火钢球压头测出的硬度标以符号 HBS,而将硬质合金球压头测出的硬度标以符号 HBW。

专业术语

弹性
ئېلاستىكلىق
elasticity

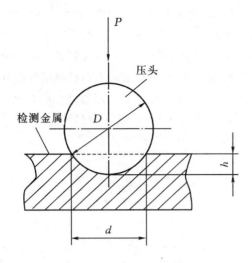

图 1-3　布氏硬度试验原理

　　用布氏硬度试验测量材料的硬度值,因其压痕较大,其测试数据比较准确。但不能测试太薄的试样和硬度较高的材料。

　　②洛氏硬度。洛氏硬度试验是用一定的载荷将顶角为 120°的金刚石圆锥体或直径为 1.588 mm 的淬火钢球压入被测试样表面,然后根据压痕的深度来确定它的硬度值。洛氏硬度值可以从洛氏硬度计**刻度盘**上直接读出。

　　用洛氏硬度计可以测量各种软硬不同的材料,这是因为它采用了不同的压头和载荷组成各种不同的洛氏硬度标度,如 HRA,HRB,HRC 等。生产和设计中,一般以 HRC(用 120°顶角金刚石圆锥体作压头,载荷为1500 N)用得最多。

　　(4)冲击韧性

　　大多数零件在工作状态时,常常受到各种各样冲击载荷的作用,如内燃机的连杆、冲床的冲头等。金属材料承受冲击载荷作用抵抗断裂破坏的能力称为冲击韧性。

　　冲击韧性测定方法:将试样放在试验机两支座上,把质量为 m 的摆锤抬到 H 高度,使摆锤具有位能为 mHg。摆锤落下冲断试样后升至 h 高度,具有位能为 mhg,故摆锤冲断试样推动的位能为 $mHg-mhg$,这就是试样变形和断裂所消耗的功,称为冲击吸收功 A_K,即

$$A_K = mg(H-h)$$

　　用试样的断口处截面积 $S_N(\mathrm{cm}^2)$ 去除 $A_K(\mathrm{J})$ 即得到冲击韧度,用 a_k 表示,单位为 J/cm²。

$$a_k = \frac{S_N}{A_K}$$

　　2)金属材料的物理性能

　　金属材料的物理性能是指密度、熔点、热膨胀性、导热性、导电性和磁

专业术语

刻度盘
شكالللق دیسكا
Scale

性等。由于机器零件的用途不同,对其物理性能的要求也不同。例如,飞机、汽车等交通工具,为了减轻自重,需要采用密度小的材料;熔点高的合金可用来制造耐热零件;制造散热器、热交换器等要选用导热性好的材料;制造电机、无线电元件、电真空器件则需考虑材料的导电性和磁性等。

金属材料的物理性能有时对**加工工艺**也有一定的影响。例如,**高速钢**的导热性较差,**锻造**时应采用低的速度来加热升温,否则容易产生裂纹;而材料的导热性对切削刀具的温升有重大影响。

3)金属材料的化学性能

金属材料的化学性能主要是其在常温或高温时,金属材料抵抗各种介质侵蚀的能力,如耐酸性、耐碱性、抗氧化性等。

对于在腐蚀介质中或在高温下工作的机器零件,由于比在空气中或室温时的腐蚀更为强烈,故在设计这类零件时应特别注意金属材料的化学性能,并采用化学稳定性良好的合金。如化工设备、医疗用具等常采用不锈钢来制造,而内燃机排气阀和电站设备的一些零件则常选用耐热钢来制造。

4)金属材料的工艺性能

工艺性能是金属材料物理性能、化学性能和力学性能在加工过程中的综合反映,是指是否易于进行冷、热加工的性能。按工艺方法的不同,工艺性能可分为铸造性能、锻造性能、焊接性能、热处理性能和切削加工性能等。

(1)铸造性能

铸造性能是指金属在铸造成型过程中,获得外形准确、内部健全铸件的能力,它是铸造成型中重要的工艺性能。铸造性主要包括流动性、收缩性和偏析性。流动性是指液态金属充满铸模的能力;收缩性是指铸件凝固时,体积收缩的程度;偏析性是指金属在冷却凝固过程中,因结晶先后差异而造成金属内部化学成分和组织的不均匀性。

(2)锻造性能

锻造性能是指金属在锻造过程中经受塑性变形而不开裂的能力,它包括在热态或冷态下能够进行锤锻、**轧制**、拉伸和**挤压**等加工。可锻性的好坏主要与金属材料的化学成分有关。常用塑性和变形抗力两个指标来综合衡量。塑性越好,变形抗力越小,则金属的锻压性能越好;反之,锻压性能差。

(3)焊接性能

焊接性能是指金属材料在一定的施工条件下焊接成按规定设计要求的构件,并满足预定工作要求的能力。它包括两个方面的内容:一是接合性能,即在一定的焊接工艺条件下,形成焊接缺陷的敏感性;二是使用性能,即在一定的焊接工艺条件下,焊接接头对使用要求的适应性。

(4)热处理性能

热处理性能是指金属对各种热处理工艺的适应性,主要内容包括淬透

专业术语

加工工艺
پىششقىلاپ ئىشلەش تېخنولوگىيىسى
machining process, manufacturing operation

高速钢
يۇقىرى سۈرئەتتىكە چىداملىق پولات
rapid steel

锻造
باسقانلاپ ياساش،سوقۇپ ياساش
forging

专业术语

轧制
پروكاتلاش، بېسىپ ياپپىلاقلاش
rolling

挤压
قىسىش
crushing

性、淬硬性、回火稳定性以及变形和开裂等(在 1.1.4 节中会详细介绍)。

(5)切削加工性能

切削加工性能指用刀具对金属进行切削加工时的难易程度。切削加工性好坏常用加工后工件的**表面粗糙度**、允许的切削速度以及刀具的磨损程度来衡量。它与金属材料的化学成分、力学性能、导热性及加工硬化程度等诸多因素有关,通常用硬度和韧性作为切削加工性好坏的大致判断。一般来说,金属材料的硬度愈高就愈难切削,硬度虽不高但韧性大,切削也较困难。对一般钢材来说,硬度在 HBS230 左右时,切削加工性较好。

3. 常用钢铁材料的牌号及用途

1)碳素钢

碳素钢的牌号是以其含碳量为基础确定的,碳素钢的分类、牌号及用途见表 1-1。

表 1-1　碳素钢的分类、牌号及用途

分类	牌号		应用举例
	牌号举例	说明	
碳素结构钢	Q235-A	Q 表示屈服强度汉字拼音首字母,235 表示屈服强度值,A 表示质量等级	螺钉、螺母、垫圈及型钢等
优质碳素结构钢	08～25	数字的万分之一表示钢的平均碳含量,如 45 钢的平均碳含量为 0.45%。化学元素 Cr 表示钢的含铬量较高	壳体、容器
	30～50 40Cr		轴、杆、**齿轮**、连杆
	60 以上		弹簧等
碳素工具钢	T7、T7A T8、T8A	T 表示碳素工具钢,数字的千分之一表示该钢的平均含碳量,A 表示质量等级	冲头、錾子、手钳、锤子
	T9、T9A T10、T10A		板牙、丝锥、钻头、车刀
	T12、T12A T13、T13A		刮刀、锉刀、量具等

(1)碳素结构钢

碳素结构钢的牌号由机械性能指标中的"屈服点"的汉语拼音的首字母"Q"、屈服点的数值(MPa)、质量等级符号(A、B、C、D,从左至右质量依次提高)及脱氧方法符号(F、b、Z、TZ,从左至右依次为沸腾钢、半镇静钢、镇静钢、特殊镇静钢)四部分顺序组成。如 Q235-A·F 即为屈服点为 235 MPa,质量 A 级的沸腾钢。碳素结构钢一般以热轧空冷的各种型钢、薄板状态供应,主要用做冲压件、焊接结构件和对机械性能要求不高的机械零件。

(2)优质碳素结构钢

优质碳素结构钢的牌号用钢中碳量的平均质量分数(含碳量)的万倍的两位数字表示。例如 45 钢就是平均 $\omega_c = 0.45\%$ 的优质碳素结构钢。在制造机械零件常用的优质碳素结构钢中,15,20 等含碳量较低的优质碳素结构钢具有较好的塑性,其强度、硬度都较低,常用做冲压件、焊接件和要求不高的渗碳件;40,45 钢在经过调质热处理后,具有较好的综合机械性能,是制造轴、齿轮、螺栓、螺母等基础机械零件用量最多的钢铁材料之一;60,65 等含碳量较高的优质碳素结构钢经淬火和随后的中温回火后,具有较高的弹性极限和屈强比(σ_s/σ_b),一般用于要求不高的小型弹簧。

(3)碳素工具钢

碳素工具钢分为优质碳素工具钢和高级优质碳素工具钢。优质碳素工具钢的牌号顺序包括字母 T 及表示碳平均质量分数(含碳量)的千倍的数字。对于高级优质碳素工具钢则还要在数字后加字母 A。例如 T10A 钢表示平均 $\omega_c = 1.0\%$ 的高级优质碳素工具钢。碳素工具钢具有很高的硬度,且随着含碳量的增加,碳素工具钢的耐磨性增加而韧性则降低。碳素工具钢适合于制造小型的手动工具,如各种钳工工具中就有用 T7、T8 钢制作的凿子,用 T9、T10、T11 钢制作的丝锥、钻头,用 T12、T13 钢制作的锉刀、刮刀等。

工程用铸造碳钢牌号中 ZG 表示铸钢,前三位数表示最小屈服强度值,后三位数表示最小抗拉强度值,如 ZG340~640。

2)合金钢

合金钢是在碳素钢中加入一种或数种合金元素的钢。常用的合金元素有 Mn、Si、Cr、Ni、Mo、W、V、Ti 等。

表 1-2 合金钢的分类、牌号及用途

分类	牌号举例	应用举例
合金结构钢	Q235	船舶、桥梁、车辆、起重机械
	40Cr	曲轴、齿轮、连杆、凸轮
	20CrMnTi	汽车、拖拉机齿轮、凸轮
合金工具钢	Cr12	拉丝模、压印模、搓丝板及冲模冲头
	9SiCr	丝锥、板牙、铰刀
	W18Cr4V	齿轮滚刀、插齿刀、拉刀
	5CrMnMo	中、小型热锻模

续表 1-2

分类	牌号举例	应用举例
特殊性能钢	GCr15	滚动轴承
	60Si2Mn	汽车、拖拉机减震板弹簧
	1Cr18NiTi	汽轮机叶片

不同种类的合金钢牌号的编号方法不同,常用合金钢的分类、牌号及用途见表 1-2。低合金高强度结构钢的牌号由代表屈服点的汉语拼音的首字母"Q"、屈服点的数值(MPa)、质量等级符号(A、B、C、D,从左至右质量依次提高)三部分顺序组成,如 Q390-A。此类钢属低碳、低合金钢,在具有良好的塑性、韧性、抗冲压性和焊接性的同时,强度和耐腐蚀性明显高于相同含碳量的碳素钢。常用于锅炉、车辆、船舶、桥梁建造等。

合金结构钢牌号中首数字表示平均含碳量的万分之几,牌号中标明主要合金元素及平均含量(数字为含量的百分之几),含量少于 1.5% 时一般不标出含量;高级优质钢则在其后加 A;合金结构钢中的滚动轴承钢牌号前加 G,并标明平均含铬量(数字为含量的千分之几)。如 18Cr2Ni4W、38CrMoAlA、60Si2Mn、GCr15。合金结构钢比碳素结构钢具有更广泛和更好的性能,用于制造比较重要的、服务条件比较恶劣的、有特殊使用性能或工艺性能要求的机械零件,如**传动轴**、**变速齿轮**、连杆、弹簧、**滚动轴承**等。

在**合金工具钢**中,当平均含碳量≥1.0% 时不标出,当平均含碳量<1.0% 时,牌号首数字为平均含碳量的千分之几(作为例外,高速钢的含碳量不标出,如 W18Cr4V);合金元素及含量的表示法同合金结构钢。如 Cr12MoV、5CrMnMo、9SiCr。合金工具钢特别是高速钢用做刃具比碳素工具钢具有更高的红硬性,即在高温下可保持硬度 HRC≥60,广泛用于制造各种刀具。而模具钢、量具钢则用于制造各种冷热模具和量具。

在特殊性能钢牌号中,当平均含碳量≤0.03% 时,号首数字以 00 表示;当平均含碳量≤0.08% 时,号首数字以 0 表示;其余牌号号首数字表示平均含碳量的千分之几;合金元素及含量的表示法同合金结构钢。如 00Cr18Ni10、0Cr18Ni9Ti、2Cr13。特殊性能钢用量最多的是不锈钢和耐热钢,它们广泛地用于各种化工设备、医疗器械、高温下工作的零件等。

3)铸铁

铸铁中硅、锰、硫、磷等杂质较钢多,抗拉强度、塑性和韧性不如钢好,但容易铸造,减震性好,易切削加工,且价格便宜,所以铸铁在工业中仍然得到广泛的应用。常用铸铁的分类、牌号及用途见表 1-3。

专业术语

合金结构钢
قېتىشما قۇرۇلمىلىق پولات
structural alloy steel

专业术语

传动轴
ھەرىكەت ئۆزاتقۇچى ئوق
transmission shaft

变速齿轮
سۈرئەت ئۆزگەرتىش چىشلىق چاقى
change gear change wheel

滚动轴承
دومىلما قازان
rolling Bearing

专业术语

合金工具钢
قېتىشما سايمان پولتى
alloy tool steel

表 1 - 3　铸铁的分类、牌号及用途

分类	牌号及其含义		性能	应用举例
	牌号举例	含义		
灰口铸铁	HT100 HT200 HT300 HT350	HT 表示灰铁，三位数字表示最低抗拉强度(MPa)	铸造性能、减震性、耐磨性、切削加工性能优异	皮带轮、轴承座、气缸、飞轮、齿轮箱、凸轮、油缸、机床床身等
球墨铸铁	QT400 - 17 QT500 - 5 QT600 - 2 QT1200 - 1	QT 表示球铁，数字分别为最低抗拉强度(MPa)和最小伸长率(%)	较灰铁的机械性能优良，可以进行热处理	汽车、拖拉机、柴油机等的曲轴、缸体、缸套、传动齿轮、连杆等
蠕墨铸铁	RuT260 RuT300 RuT420	RuT 表示蠕铁，数字表示最低抗拉强度(MPa)	具有良好的综合性能	排气管、气缸盖、活塞环、钢球研磨盘、吸淤泵等
可锻铸铁	KTH300 - 6 KTH330 - 8 KTH350 - 10 KTH370 - 12	KTH 表示黑心可锻铸铁，数字部分表示最低抗拉强度（MPa）和延伸率(%)	塑性好、韧性好、耐腐蚀性较高	弯头、三通套件、扳手、犁头、犁柱、减速器壳、制动器、铁道零件等
	KTZ450 - 2 KTZ550 - 4 KTZ700 - 2	KTZ 表示珠光体可锻铸铁，数字含义同上	强度、硬度较高，可进行热处理	高载荷、耐磨损零件，如曲轴、凸轮轴、轴套等

（1）灰口铸铁

牌号由"灰铁"的汉语拼音首字母 HT 加表示其最低抗拉强度的三位数字组成。如 HT100、HT150、HT350。灰口铸铁的抗拉强度、塑性、韧性较低，抗压强度、硬度、耐磨性较好，工艺性能也较好，广泛用于机器设备的床身、底座、箱体等。

（2）球墨铸铁

牌号由"球铁"的汉语拼音首字母 QT 加表示其最低抗拉强度和最小伸长率的两组数字组成。如 QT600 - 3。球墨铸铁强化处理后比灰口铸铁有着更好的机械性能，可代替碳素结构钢用于制造曲轴、连杆、齿轮等重要零件。

（3）蠕墨铸铁

牌号由"蠕铁"的汉语拼音字头 RuT 加表示其最低抗拉强度的三位数字组成。蠕墨铸铁的机械性能介于灰口铸铁和球磨铸铁之间，主要用于制造柴油机气缸套、气缸盖、阀体等。

（4）可锻铸铁

牌号为"可铁"的汉语拼音首字母 KT 加表示黑心可锻铸铁的汉语拼

音首字母 H(白心可锻铸铁为 B,珠光体可锻铸铁为 Z)加表示其最低抗拉强度和最小伸长率的两组数字组成。如 KTH300 - 06。可锻铸铁的机械性能优于灰口铸铁,常用做管接头、农机具等。

（5）白口铸铁

碳以化合状态（Fe_3C）存在,断口呈银白色,故称白口铸铁。其性能硬而脆,很难切削加工,很少用来铸造机件,可作耐磨件。

1.1.3　常用的非金属材料

随着科学技术的发展,工业中除大量使用金属材料外,非金属材料在近几十年来也有了迅速的发展,得到愈来愈广泛的应用。

常用的非金属材料有工程塑料、复合材料、工业陶瓷、合成橡胶等。

1. 工程塑料

工程塑料是应用最广的有机高分子材料,也是最重要的工程结构材料。其主要成分是合成树脂,此外还包括填料或增强材料、增塑剂、固化剂等添加剂。它具有很多优良性能,如密度小,耐腐蚀,耐磨和减磨性好,良好的电绝缘性和成形性等。其不足之处是强度、硬度较低,耐热性差,易老化等。现已有几百种工程塑料在工业生产中被广泛应用。典型的工程塑料及性能与应用见表 1 - 4。

表 1 - 4　典型的工程塑料的性能与应用

名　称	性　能	应　用
聚氯乙烯（PVC）	分为硬质和软质两类,硬质聚氯乙烯强度、硬度高,耐蚀、耐水性好,适合热接和切削加工。软质聚氯乙烯强度、硬度低,耐蚀性差,易老化	常用于制造塑料管、塑料板、薄膜、软管、低压电阻的绝缘层等,加入发泡剂可制成泡沫塑料,用于制作衬垫、包装袋等
ABS 塑料	抗冲击性、耐热性、耐低温性、耐化学药品性及电气性能优良,还具有易加工、制品尺寸稳定、表面光泽性好等特点,容易涂装、着色,还可以进行表面喷镀金属、电镀、焊接、热压和粘接等二次加工	广泛应用于机械、汽车、电子电器、仪器仪表、纺织和建筑等工业领域,是一种用途极广的热塑性工程塑料
聚酰胺（PA）	低比重、高抗拉强度、耐磨、自润滑性好、冲击韧性优异、具有刚柔兼备的性能	广泛用于汽车及交通运输业。典型的制品有泵叶轮、风扇叶片、阀座、衬套、轴承、各种仪表板、汽车电器仪表、冷热空气调节阀等零部件

名　称	性　能	应　用
聚四氟乙烯 （F-4）	聚四氟乙烯俗称"塑料王"，具有优良的化学稳定性、耐腐蚀性、密封性、高润滑不黏性、电绝缘性和良好的抗老化耐力。能在+250℃至-180℃的温度下长期工作	化工、石化、炼油、氯碱、制酸、磷肥、制药、农药、化纤、染化、焦化、煤气、有机合成、有色冶炼、钢铁、原子能及高纯产品生产（如离子膜电解），黏稠物料输送与操作，卫生要求高度严格的食品、饮料等加工生产部门
酚醛树脂 （PF）	具有较高的机械强度，耐热、耐磨、耐酸，电绝缘性好。耐电弧、耐烧蚀，广泛应用于电器仪表工业，近年来在航天工业中也得到一定的应用	广泛用作电绝缘材料、家具零件、日用品、工艺品等。此外，还用作耐酸用的石棉酚醛塑料，作绝缘用的涂胶纸、涂胶布，作绝缘隔音用的酚醛泡沫塑料和蜂窝塑料等

2. 复合材料

复合材料是指由两种或两种以上物理、化学性质不同的物质，经人工合成的一种多相固体材料。一般由高强度、高模量、脆性大的增强材料和低强度、低模量、韧性好的基体材料所组成。它不仅具有各组成材料的优点，而且还可以获得单一材料不具备的优良综合性能。具有高强度和模量，较好的疲劳强度和耐蚀、耐热、耐磨性，同时还有一定的减震性。已成为一种大有发展和应用前途的新型工程材料。但是它也有一定的缺点，如断裂伸长率较小，抗冲击性较差，横向强度较低，成本较高等。常用复合材料的种类、组成及应用见表 1-5。

表 1-5　复合材料的种类、组成及应用

种类	组成方式	应用
纤维增强复合材料	常以树脂、橡胶、陶瓷等非金属或金属材料为基体，以玻璃纤维、石墨纤维等有机纤维或金属及陶瓷等高强度、高模量的纤维为增强材料组合而成	热固性玻璃钢：轴承、仪表盘、壳体叶片等 热塑性玻璃钢：车身、船体、直升机旋翼 碳纤维树脂复合材料：比强度和比模量高的飞行器结构件、重型机械的轴瓦、齿轮及化工中的腐蚀件等
层复合材料	由两层或两层以上不同性质的材料叠合而成，以达到性能增强的目的	三层复合材料：无油润滑轴承、机床导轨、衬套、垫片等 夹层复合材料：飞机、船舶的隔板及冷却塔等

续表 1-5

种类	组成方式	应用
颗粒复合材料	以高硬度、高强度的细小陶瓷或金属颗粒,均匀分散在韧性基体中而形成	颗粒与树脂复合材料:塑料中加颗粒填料、橡胶加炭黑增强等 陶瓷颗粒与金属复合材料:(金属陶瓷)如 WC 硬质合金刀具

3. 工业陶瓷

陶瓷是一种无机非金属固体材料。其特点是高硬度、高耐磨性、高弹性模量、高抗压强度、高熔点、高化学稳定性、耐高温、耐腐蚀,但抗拉强度低,脆性大。此外,大多数陶瓷可作绝缘材料,有的可作半导体材料、压电材料、热电和磁性材料,故其在工业上的应用日益广泛。根据成分和用途,工业陶瓷可分为硅酸盐陶瓷(或普通陶瓷)和特种陶瓷两种。其性能与应用见表 1-6。

表 1-6　陶瓷的性能与应用

名称	性能	应用
硅酸盐陶瓷	质地硬、耐酸、耐高温、不生锈、绝缘性能良好 由于成分中含较多的碱金属氧化物和其他物质,故脆性大,硬度不高	广泛应用于日用、电气、化工、建筑等领域,如装饰瓷、绝缘材料、餐具、耐蚀容器、管道、设备等
特种陶瓷	特种陶瓷按化学成分可分为氧化物陶瓷、氮化物陶瓷、硅化物陶瓷及氟化物陶瓷等。其性能优于硅酸盐陶瓷,如硬度、强度高,耐磨、耐高温,有极高的化学稳定性和耐腐蚀性	各种泵类机械密封件、轴承垫圈、刀具、汽油发动机、柴油机的耐热、耐磨零件,化工管道、泵、阀等

4. 合成橡胶

合成橡胶是通过化学合成的方法,以生胶为基础加入适量的配合剂而制成的高分子材料。配合剂包括硫化剂、填充剂、软化剂及发泡剂等。常用合成橡胶的性能和应用见表 1-7。

表 1 - 7　常用合成橡胶的性能与应用

种类		性能	应用
通用橡胶	丁苯橡胶(SBR)	比天然橡胶质地均匀,耐热、耐老化性能好,但加工成形困难,硫化速度慢	广泛用于轮胎、胶带、胶管、电线电缆、医疗器具及各种橡胶制品的生产等领域
	顺丁橡胶(BR)	有较高的耐磨性(比丁苯橡胶高26%)	主要用于轮胎工业中,可用于制造胶管、胶带、胶鞋、胶辊、玩具等。还可以用于各种耐寒性要求高的制品和用做防霉
特种橡胶	丁腈橡胶(NBR)	丁腈橡胶主要采用低温乳液聚合法生产,耐油性极好,耐磨性较高,耐热性较好,粘接性强。其缺点是耐低温性较差、耐臭氧性差、电性能低劣,弹性稍低	广泛用于制作各种耐油性橡胶制品、多种耐油垫圈、垫片、套管、软包装、软胶管、印染胶辊、电缆胶材料等
	硅橡胶	无味无毒,耐高温和严寒,有良好的电绝缘性、耐氧抗老化性、耐光抗老化性以及防霉性、化学稳定性等	高温硅橡胶主要用于制造各种硅橡胶制品,而室温硅橡胶则主要是作为粘接剂、灌封材料或模具使用

1.1.4　金属材料热处理

金属材料的热处理是将固态金属或合金,采用适当的方式进行加热、保温和冷却,改变材料内部组织结构,从而获得改善材料性能的工艺。加热、保温和冷却是金属材料热处理的 3 个基本要素。经过热处理以后,不仅可以改变材料的内部组织结构,而且可以消除材料或**毛坯**组织结构的某些缺陷,改善工艺性能,提高使用性能,减轻零件重量,提高质量,降低成本,延长寿命。金属材料的热处理广泛地用于机械制造工程中,既用于原材料、毛坯的预备热处理,又用于加工过程中的工序间热处理和产品零件的最终热处理。

在机床、运输设备行业中 70%~80% 的零件要热处理,而在量具、刃具、轴承和工模具等行业此比率中甚至为 100%。

钢的热处理分类如图 1 - 4 所示。其工艺过程通常可用温度-时间工艺曲线来表示。钢常用的各种热处理工艺规范如图 1 - 5 所示。

专业术语

热处理
قىزىتىپ بىر تەرەپ قىلىش
heat treatment

毛坯
راسلىما، قۇيما،
يەرلىك ئىشلەنگەن مەھسۇلات
rough

热处理 {
整体热处理：退火、正火、淬火、回火、调质等
表面热处理 {
表面淬火：感应加热淬火、火焰加热淬火等
化学热处理：渗碳、渗氮等
}
其他热处理：形变热处理、超细化热处理、真空热处理等
}

图 1-4　钢的热处理分类

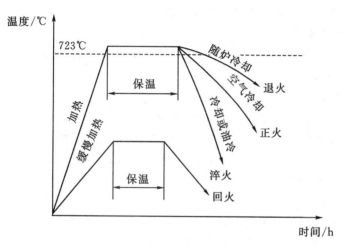

图 1-5　钢的各种热处理工艺规范

　　热处理工艺按其工序位置可分为预备热处理和最终热处理。预备热处理可以改善材料的加工工艺性能，为后续工序做好组织和性能的准备；最终热处理可以提高金属材料的使用性能，充分发挥其性能潜力。因此，热处理得到了广泛的应用。

1. 热处理常用设备及其使用

　　热处理加热的专用设备称为热处理炉，根据热处理方法的不同，所用的**加热炉**也不同。常用的有箱式电阻炉等，如图1-6所示。**箱式电阻炉**按工作温度可分为高温、中温及低温炉三种，其中以中温箱式电阻炉应用最广，其最高工作温度为950℃，可用于碳素钢、合金钢的退火、正火、淬火。

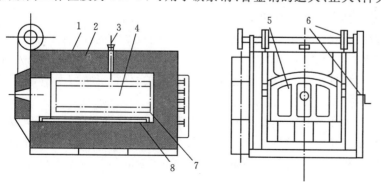

图 1-6　箱式电阻炉
1—炉壳；2—炉衬；3—热电偶孔；4—炉膛；5—炉门；
6—炉门升降机；7—电热元件；8—炉底板

専業术语

加热炉
قىزىتىش ئوچىقى
reheating furnace

专业术语

箱式电阻炉
ساندۇق شەكىللىك ئېلېكتر
قارشىلىق ئوچىقى
chamber type
resistance furnace

操作电阻炉时应注意,严禁撞击炉衬,进料时不得随意乱抛,不要触碰电热元件,以免引起短路。电阻炉本体及温度控制系统应经常保持清洁,勤检查,防止烧毁电热元件。炉内的氧化铁屑必须清除干净,以防粘在电热元件上发生短路。

2. 钢的热处理工艺及其基本操作

热处理是指将钢在固态下加热、保温、冷却,以改变钢的内部组织结构,从而获得所需性能的一种工艺。在热处理时,要根据零件的形状、大小、材料及其成分和性能要求,采用不同的热处理方法,如退火、正火、淬火、回火及表面热处理等。

(1)退火

将金属或合金加热到某个温度(碳钢为 740～880℃),保温一定时间,随后缓慢冷却(一般随炉冷却速度约 100℃/h)的处理工艺称为**退火**。

退火的主要目的是降低硬度,消除内应力,改善组织和性能,为后续的机械加工和热处理做好准备。

(2)正火

将钢加热到某个温度(碳钢为 760 ～ 920℃),保温一定时间,随后从炉中取出,在静止空气中冷却的处理工艺称为**正火**。

正火的目的与退火基本相似,但正火的冷却速度比退火稍快,故能得到较细密的组织,机械性能较退火好。正火后的钢硬度比退火高,对于低碳钢工件更具有良好的切削加工性能(实践表明,硬度在 HB170～HB230 范围内的钢,切削加工性能较好,硬度过高或过低,切削加工性能均会下降)。而对于中碳合金钢和高碳钢的工件,则因正火后硬度偏高,切削加工性能较差,以采用退火为宜。正火难以消除内应力,为防止工件的裂纹和变形,对大件和形状复杂件仍多采用退火处理。

从经济方面考虑,正火比退火的生产周期缩短,设备利用率提高,节约能源,降低成本,操作简便,所以在可能条件下,应尽量以正火代替退火。

(3)淬火

将钢件加热到某个温度(碳钢为 770～870℃),保温一定时间,随后快速冷却的热处理工艺称为**淬火**。

淬火处理过程中,冷却速度过慢,达不到所要求的性能;而冷却速度太快,则由于工件内外冷却速度差异很大,引起体积变化的差异也很大,容易造成工件的变形及裂纹。因此,应根据工件的材料、形状和大小等,严格规定淬火的冷却速度。

淬火的主要目的是提高工件的强度和硬度,增加耐磨性。淬火是钢工件强化最经济有效的热处理工艺,几乎所有的工、模具和重要零件都需要进行淬火处理。淬火后必须继之以回火,才能获得综合力学性能优良的工件。

淬火时,除注意加热速度与加热时间外,还要注意合理选择淬火剂和工件浸入的方式。

专业术语

退火
سۆيىنى ياندۇرۇش
annealing

专业术语

正火
سۆيىنى نورماللاشتۇرۇش
normalize

专业术语

淬火
سۇغۇرۇش
harden

①淬火剂。淬火剂也称淬火介质。常用淬火剂有水和油两种。形状简单、截面较大的碳素钢工件一般用水或盐水作为淬火剂。油的冷却能力较水低,工件产生裂纹倾向较小。但油易燃,使用温度不能太高,它常用于合金钢工件和复杂形状的碳素钢工件的淬火。

②淬火工件浸入淬火剂的方式。淬火时,由于冷却速度很快(可高达1200℃/s),为减少工件变形和开裂倾向,淬火工件浸入淬火剂的方式有一定要求,其根本的原则是要保证工件得到最均匀的冷却。具体的操作方法(如图1-7所示)如下:

    a.细长工件如钻头、丝锥、锉刀等要垂直浸入;

    b.厚薄不均的工件,厚的部分先浸入;

    c.薄壁环形零件,沿其轴线垂直于液面方向浸入;

    d.薄而平的工件,立着快速浸入;

    e.截面不均匀的工件,应斜着浸入,以使工件各部分的冷却速度接近。

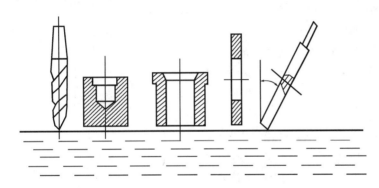

图1-7　工件正确浸入淬火剂的操作方法

(4)回火

为了减小淬火钢的脆性,得到所需的性能,并消除内应力,钢淬火后必须**回火**。回火是将钢重新加热到适当的温度,保温一段时间再冷却下来的方法。回火决定淬火钢在使用状态的组织和性能。根据加热温度不同,回火可以分为以下三种:

①低温回火。回火温度为150~250℃,其目的是在基本保持淬火钢高硬度的前提下,适当地提高淬火钢的韧性,降低淬火应力。低温回火适用于刀具、量具、冷冲模具和滚动轴承等。

②中温回火。回火温度为350~450℃,用于需要足够硬度、高弹性并保持一定韧性的零件,如弹簧、锻模等。

③高温回火。回火温度为500~650℃。高温回火后硬度大幅度降低,但可获得较高强度和韧性良好的综合机械性能。淬火后随即进行高温回火这一联合热处理操作,在生产中称为调质处理。机器中受力复杂、要求具有较高综合机械性能的零件,如齿轮、机床主轴、传动轴、曲轴、连杆等,均需进行调质处理。

（5）表面热处理

在机械中常有一些零件,如传动齿轮、凸轮轴、主轴等是在动载荷及强烈摩擦条件下工作的,为了保证这种零件表面具有高的耐磨性,应使其具有高硬度;为了保证这种零件能承受较大冲击载荷,又应使其具有良好的塑性和韧性。在这种情况下,最好的办法是使该零件的表层和心部具有不同的组织,从而保证不同的力学性能。钢的**表面热处理**工艺就是专门对表层进行热处理强化的工艺过程。

钢的表面热处理主要有表面淬火与化学热处理两大类。

①表面淬火。最常用的表面淬火方法是感应加热表面淬火。它是利用工件在交变磁场中产生感应电流,将工件表面加热到所需的淬火温度,然后快速冷却的方法,示意图如图 1-8 所示。

②化学热处理。它是将工件置于一定温度的活性介质中保温,使一种或几种元素渗入其表层,以改变其表面的化学成分、组织和性能的热处理工艺。经过适当的热处理,可使工件达到预期性能的要求。

根据渗入元素的不同,化学热处理有渗碳、氮化、碳氮共渗、渗硼和渗金属等。

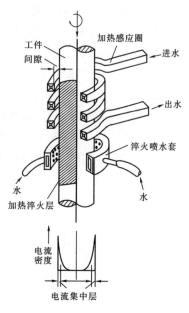

图 1-8　感应加热表面淬火示意图

1.2　精度及表面粗糙度

1.2.1　精度

机械加工中,零件的**精度**是指零件的**尺寸精度**、形状精度和位置精度。

（1）尺寸精度

在机械加工中,任何加工方法都不可能没有误差地达到理论参数,加工误差必然存在,因此,在零件设计中有必要给出零件尺寸的变化范围。这个允许的尺寸变动范围就叫做尺寸公差。

在一定的尺寸下,公差越小则精度越高,加工难度就越大。

零件的尺寸精度与零件的**基本尺寸**和公差大小有关。综合两方面因素,国家标准 GB/T 1800.2—2009 规定,标准的尺寸公差(即尺寸精度)分为 20 个等级,依次记作 IT01、IT0、IT1、IT2、IT3、…、IT18,其中 IT 表示 International Tolerance,数字表示公差等级。数字越大,精度越低。

（2）形状精度

形状精度是指实际形状相对于理想形状的准确程度。类似于尺寸精

图中标注:加热感应圈、进水、工件间隙、出水、淬火喷水套、水、加热淬火层、水、电流密度、电流集中层

度。在零件加工中出现不圆、不平等误差不可避免,因此,设计者要在图纸上给出零件的形状公差。形状公差反应了形状精度。

(3)位置精度

位置精度是实际位置相对于理论位置的准确程度。国家标准GB/T 1182—2008规定的位置公差项目有平行度、倾斜度、垂直度、同轴度、对称度、位置度、圆跳动和全跳动 8 项。位置公差等级分为 1—12 共12 个等级。

位置公差与形状公差相类似,常合称为形位公差,但是它们有明显的区别。形状公差控制单一几何要素的误差,而位置公差控制多个几何要素的位置关系,其中以某一要素为**基准**。(详见 1.4 节)

1.2.2 表面粗糙度

由于摩擦、振动、刀痕等原因,经过机械加工后的工件表面总会留下微小峰谷。这些小峰谷表现的微观不平度就称为**表面粗糙度**。

表面粗糙度反映了零件表面的微观几何形状误差。这种误差使零件表面粗糙不平,即使经过精细加工的表面,使用仪器仍能测量出其表面的峰谷形态。峰谷的高低越小,则表面粗糙度越小,外观表现为零件越光洁。

最常用的表面粗糙度评定参数是轮廓算术平均偏差 R_a,单位 μm。R_a 值越大零件越粗糙。表 1 - 8 所示为表面粗糙度 R_a 值及其对应的表面特征。

需要注意的是,初学者常常将表面粗糙度与精度混为一谈。原因在于精度高的表面其表面必然光洁,即 R_a 值小。但是,R_a 值小的表面,其精度未必高。例如外观装饰表面、机床的手柄等。

表 1 - 8   表面粗糙度 R_a 值及其对应的表面特征

$R_a/\mu m$	表面特征	表面要求	常用加工方法示例	应用特征
50	明显可见刀纹	粗加工	精锉、钻削、粗车、粗铣、粗刨	非配合面,例如螺栓孔、垫圈
25	可见刀纹			
12.5	微见刀纹			
6.3	可见加工痕迹	半精加工	半精车、半精铣、半精刨、粗磨、精车、精铣、精刨	非配合面,或精度不很高的配合面
3.2	微见加工痕迹			
1.6	不可见加工痕迹			
0.8	可辨加工痕迹方向	精加工	精铣、精刨、精车、磨削、铰削、刮削	重要配合面,如轴承内孔、高速轴颈
0.4	微辨加工痕迹方向			
0.2	不辨加工痕迹方向			

专业术语

位置精度
ئوروۇن زىللىقى
accuracy to shape

基准
ئاساسى ئۆلچەم، ئۆلچەم
standard

专业术语

表面粗糙度
سىرتقى يۈزىنىڭ يەرىكلىك
دەرىجىسى
surface irregularities

峰谷
چوققا ـ ئويمان
peak valley

粗加工
دەسلەپكى پىششىقلاپ ئىشلەش،
يىرىك پىششىقلاپ ئىشلەش
rough machining

精锉
ئىنچىكە ئىگىكەكلەش
fine file

钻削
بۇرغۇلاش، تۆشۈك تەشمەك
drilling

粗车
يىرىك قىرماق
rough turn

粗铣
يىرىك شلەش
rough mill

粗刨
يىرىك رەندىدەش
rough plane

半精加工
يېرىم پىششىقلاش
semi finishing

精加工
ئىنچىكە پىششىقلاش
finish machining

续表 1-8

$R_a/\mu m$	表面特征	表面要求	常用加工方法示例	应用特征
0.1	暗光泽面	超精加工	细磨、研磨、镜面磨、抛光	重要配合面及量具，如阀面、高精度滚珠轴承、量规、块规
0.05	亮光泽面			
0.025	镜状光泽面			
0.012	雾状光泽面			
0.012	镜面			

专业术语
游标卡尺
شتانگېن سىركۇل
vernier caliper

专业术语
深度
چوڭقۇرلۇق دەرىجىسى
depth

1.3　常用量具及其使用

1.3.1　钢直尺

钢直尺是最简单常用的量具。用它测量零件长度、台阶长度以及盲孔的深度较为方便。在测量工件的外径和内径尺寸时需要与卡钳配合使用。

钢直尺的分度有公制和英制两种。公制尺较常使用，其分度值为 1 mm，有些小规格尺还刻出 0.5 mm 的刻度，测量精度为 0.5 mm。由于钢直尺的精度不高，它常用于未注公差的尺寸和其他精度低的尺寸测量。

1.3.2　游标卡尺

1. 游标卡尺的用途及规格

游标卡尺简称卡尺，它是最常用的量具之一。卡尺的应用范围较宽，可以测量零件的外径、内径、长度、厚度、**深度**等。卡尺常用的规格有 100 mm、125 mm、150 mm、300 mm 等。

游标卡尺的分度值一般为 0.02 mm。结构上，不仅有外卡爪，还常有内卡爪和测深尺，如图 1-9 所示。有的卡尺分度值为 0.05 mm 或 0.1 mm，一般为规格较大的尺子。游标卡尺应用于半精加工或粗加工中的测量。

专业术语
主尺
ئاساسىي سىركۇل
main scale
副尺
ياردەمچى سىركۇل
auxiliary scale

2. 游标卡尺刻线原理

游标卡尺由**主尺**和**副尺**（游标）组成，刻度值是主尺与副尺刻线每格间距之差。

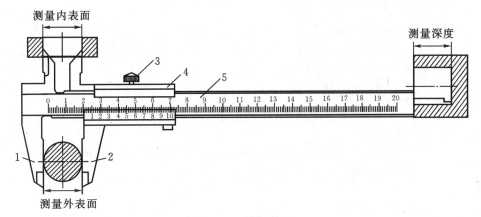

图 1-9　游标卡尺

1—固定卡爪；2—活动卡爪；3—制动螺钉；4—副尺；5—主尺

　　分度值为 0.02 mm 的卡尺刻线原理如图 1-10 所示。主尺在 50 mm 长度上均分 50 格，每格 1 mm，而副尺在 49 mm 长度上均分为 50 格，每格为 0.98 mm。这样，主尺与副尺每格之差为 0.02 mm，即为卡尺的分度值。

专业术语

固定卡爪
مۇقىم سەركۆل پۇتى
fixed card feet

活动卡爪
ھەرىكەتچان سەركۆل پۇتى
activity card feet

制动螺钉
تورمۇز بۇرما مىخى
clamping screw

图 1-10　游标卡尺刻线原理

3. 游标卡尺读数方法

　　图 1-11 为 0.02 mm 游标卡尺的某一状态，读数时按以下三步进行：

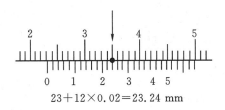

$$23+12\times0.02=23.24 \text{ mm}$$

图 1-11　游标卡尺读数方法

　　①从主尺上读出副尺零线以左的刻度，该值就是最后读数的整数部分，图示为 23 mm。

　　②副尺上一定有一条刻线与主尺的刻线对齐。在副尺上该刻线距零线的格数乘以分度值 0.02 就是最后读数的小数部分，图示为 0.24 mm。

　　③将整数和小数两部分读数加起来就得到总尺寸 23.24 mm。

　　游标式卡尺读数不太方便，人眼易疲劳。目前还有表式卡尺和液晶数字显示卡尺。

4. 使用游标卡尺的注意事项

①测量前应将卡爪间和工件上的灰尘擦拭干净,以免影响测量精度。

②注意测量位置和方向。例如测量直径时要用找拐点法测量;当要求测量可靠性高时,应重复测量并取平均值。

③测量力要适当。

④不能测量过分粗糙的工件或运动着的工件,以免严重磨损卡爪或发生事故。

⑤不能把卡爪当作划针、圆规、钩子、卡板或螺丝刀使用。

⑥不要将卡尺与其他工夹具堆放在一起,以免损伤卡尺。

1.3.3　百分表

百分表是一种精度较高的比较量具,一般只用于测量相对数值,不用于测量绝对数值。主要用于工件形位误差的检验、机床调试以及安装工件时的找正。

百分表的结构如图 1-12 所示。若测量杆移动 1 mm 则转数指针走 1 格,主指针转一圈。大表盘上均分有 100 个格,因此大表盘每格指示 0.01 mm,小表盘每格指示 1 mm。测量时将百分表装在表架上,先使测量头压在工件上,读出初始值。初始值不一定为零,若希望初始值为零可以转动表盘(百分表的表盘可以自由转动)使指针指向零。接下来进行测量,测量中的读数减去初始值就是尺寸的变化量。

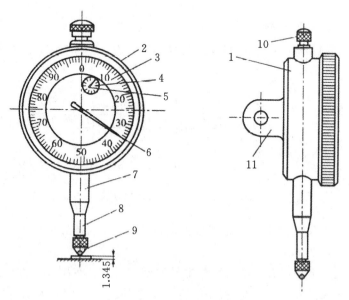

图 1-12　百分表外形结构

1—表体;2—表面;3—表盘;4—转数指示盘;5—转数指针;6—主指针;

7—轴套;8—测量杆;9—测量头;10—挡帽;11—耳环

1.3.4　直角尺

直角尺的两个边成准确的 90°角(如图 1−13 所示),用来检查工件表面间的垂直度。使用直角尺的方法是将一条边与工件的基准面贴合,然后查看另一条边与工件之间的间隙。当工件的精度较低时,采用塞尺测量其缝隙大小;当精度较高时,工件与直角尺间的缝隙很小,这时借助于从缝隙中衍射出来的光的颜色可以测出间隙大小。

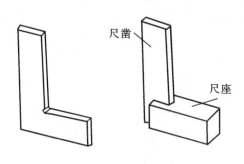

图 1−13　直角尺

1.3.5　百分尺

1. 百分尺的用途及种类

百分尺(习惯上称为**千分尺**)按结构及用途分为外径百分尺、内径百分尺、测深百分尺、**螺纹**百分尺等。最常用的是外径百分尺,如图 1−14 所示。它的分度值是 0.01 mm,测量精度高于游标卡尺。例如生产中使用的 2 级百分尺,其测量精度范围是 IT8～T16;0 级百分尺的测量精度可达 IT6 级。

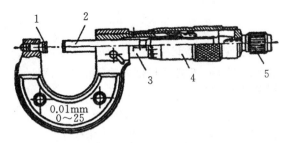

图 1−14　外径百分尺
1—砧座;2—测量螺杆;3—固定套筒;4—活动套筒;5—棘轮盘

2. 刻线原理

百分尺主要由固定套筒和活动套筒组成。固定套筒在轴线方向上刻有一条中线,中线的上下有以 0.5 mm 为间距交错排列的刻线。与活动套筒相连的是一个精密螺杆,其螺距为 0.5 mm。活动套筒转一圈,螺杆(即活

专业术语

直角尺
تەك بۇلۇڭلۇق سىزغۇچ
square

专业术语

螺纹
رېزبا
thread

千分尺
مىكرومېتىر
micrometer

砧座
سەندەل
anvil, anvil block

固定套筒
مۇقىم كىيدۇرمە
fixed sleeve

棘轮
شوخا چىشلىق چاق
ratchet wheel

活动套筒
ھەرىكەتچان كىيدۇرمە
movable sleeve

测量螺杆
ئۆرمىسلىق خادا ئۆلچۆگۈچ
measuring screw

专业术语

螺距
رېزبا ئارىلىقى
pitch of thread

动测头)就移动 0.5 mm,活动套筒的一周有 50 等分刻线,因此,活动套筒上每一格的读值为 0.01 mm。

3. 读数方法

图 1-15 是百分尺读数示例,其读数方法如下:

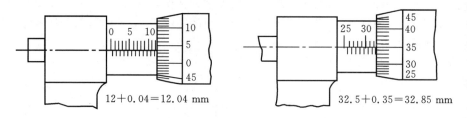

12+0.04=12.04 mm　　　　　　32.5+0.35=32.85 mm

图 1-15　百分尺读数示例

①读出固定套筒上露出的数,它是 0.5 的整数倍;

②活动套筒上有一条刻度线与固定套筒的中线重合,读出它的格值并乘以分度值 0.01 mm;

③将以上两部分加起来即为总尺寸。

4. 使用百分尺的注意事项

①便用前先检查零位是否对好,测头及工件是否已擦干净。

②当活动测头已接近工件时,必须使用活动套筒后端的棘轮盘(一个恒力装置)控制测量力。当棘轮发出"嘎嘎"打滑声时,表示压力合适,停止拧动,此时可读数。读数时要注意固定套筒的刻度是 0.5 的整数倍,不要多读或少读 0.5 mm。

③禁止测量转动着的工件。

④不可将百分尺当卡规使用。

1.3.6　塞尺

塞尺是一组厚度不等的薄钢片,每片上印有厚度标记。它用于检验两贴合面之间的缝隙。图 1-16 是塞尺的示意图。塞尺测量精度不高。

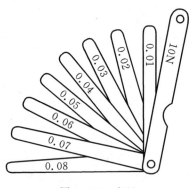

图 1-16　塞尺

1.4 公差配合基础知识

1.4.1 公差与配合基本概念

在实际的机械制造中,不可能保证同一类零件的所有尺寸都一样,我们允许产品的几何参数在一定限度内变动,以保证产品达到规定的精度和使用要求,而这一变动量就是**公差**。由于是变动量,所以公差不能取负值和零。几何参数的公差有尺寸公差和形位公差。

机械制造中,设计时给定的**尺寸**称为基本尺寸;测量得到的尺寸称为**实际尺寸**;允许变动的两个极限值称为极限尺寸,分最大极限尺寸和最小**极限尺寸**;公差等于最大极限尺寸和最小极限尺寸的差值;而**尺寸偏差**是某尺寸减其基本尺寸所得的代数值,例如,最大极限尺寸减其基本尺寸所得的代数值为上偏差,最小极限尺寸减其基本尺寸所得的代数值为下偏差。上偏差与下偏差的代数差的绝对值也等于公差。在实际应用中,尺寸、偏差和公差的关系用图来表示,称为**公差带图**。

配合指的是基本尺寸相同的相互结合的孔和轴公差带之间的关系。孔的尺寸减去相配轴的尺寸所得的代数差称为间隙或过盈。此差值为正时是间隙,为负时是过盈。按间隙或过盈及其变动的特征,配合分为**间隙配合**、**过盈配合**和**过渡配合**。

公差与配合的选择是机械设计与制造中重要的一环。公差与配合的选择是否恰当,对机械产品的使用性能和制造成本都有很大影响,有时甚至起决定性作用。因此,必须认真进行选择。

公差与配合的选择原则可以概括为:保证机械产品的性能优良,制造上经济可行。也就是说,公差与配合的选择应使机械产品的使用价值与制造成本的综合经济效果最佳。

公差与配合的选择包括三个方面的内容:基准制的选择,公差等级的选择,以及配合的选择。

(1)基准制的选择

国家标准规定基准制有基孔制和基轴制两种,通过这两种基准制可得到一系列配合。在选择基准制的过程中,要从结构、工艺、经济等方面来考虑,优先采用基孔制。最主要的原因是为了减少孔加工用的各种定值(不可调)刀量具(扩孔钻、绞刀、拉刀等)和其他一些工艺装备的生产负担。

因此,国家标准规定,一般情况下,优先采用基孔制。基轴制一般只用于下面三种情况:

①零件由冷拉棒材制成,联结表面不再经切削加工,直接用于配合。

②配合轴较长或是管状零件,特别是在同一基本尺寸的某一段轴上必须安装几个不同配合零件的情况下使用。

③用于按基轴制生产的标准零、部件的配合,如滚动轴承的外圈与机

器基座孔的配合,轴、轴套的键和槽的结合,等等。

如有特殊需要,允许将任一孔、轴公差带组成配合。

(2)公差等级的选用

在设计机器和机构时,为配合尺寸选择适当的公差等级(公差)非常重要。因为在很多情况下,一方面,它将决定零件的工作性能和寿命,而另一方面,又决定零件制造成本和生产效率。众所周知,这些都取决于零件能否采用合理的加工工艺、装配工艺和工厂的现有设备。

公差等级的选择取决于以下几点:

①不同用途对产品(机器、机构和仪表)所提出的精度要求;

②在使用条件下,保证产品工作可靠性所要求的联结特性。

另外,制造和装配所设计零件单位的设备状况也有很大的关系。一般情况下,精度要求与生产的可能性应协调一致,这种协调一致能使产品的精度规定得到保证。但是在必要的情况下,则要采取提高设备精度和改进工艺的方法来保证产品的精度。

选择公差等级可采用类比法和计算法两种方法,下面以类比法为例介绍。

公差等级选用系统如图 1-17 所示。

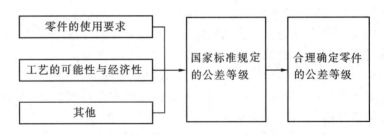

图 1-17   公差等级选用系统

由系统图可见,公差等级选用的依据有以下几点:

①首先要满足零件的使用要求。在很多情况下,零件各种尺寸的公差等级选择取决于相应尺寸链的计算结果。

②考虑工艺的可能性和经济性。在保证设计使用要求的前提下,尽量选择低的精度等级。选用公差等级不仅取决于设备的特性和状况,还取决于所选定的加工工艺规程,特别是最后一道工序,即使零件所规定的尺寸公差得以保证的那道工序的工艺规程。

③考虑使用寿命以及其他一些情况。在生产时,不能单纯从经济方面来考虑**加工成本**,也应从提高配合精度着眼,因为提高**加工精度**可以保证产品质量,使机器寿命增长,耐用性提高,这就要有根据地减小配合件的制造公差。因此,只是偏重于从经济方面考虑,节约成本,将使生产出来的产品使用寿命缩短,耐用性降低,这不但不是节约,反而是最大的浪费。更重要的是,这种产品在市场上将没有竞争能力。

（3）配合的选择

配合的选择常用的方法有类比法、计算法和试验法三种。

在实际生产中，选择配合应用最广泛的方法是类比法，或称经验法。其基本特点是：与工作条件非常相似的场合相比较来确定配合。

类比法选择配合的一般过程见图 1-18 所示，在此，我们把一般工程结构如设备、机器、部件、零件等都看成不同的系统，并对系统的功能要求进行分析。系统又可分为若干个分系统，直至单元。如机器、机构总尺寸链系统可分为部件，直到结合件。

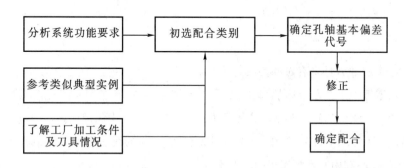

图 1-18　配合选择的一般过程

1.4.2　形状公差与位置公差

在零件加工过程中，由于工艺系统各种因素的影响，零件的几何要素会产生形状和位置误差。零件的形状和位置误差（简称形位误差）对产品的使用性能和寿命有很大影响。形位误差越大，零件几何参数的精度越低。为了保证机械产品的质量和互换性，应该对零件给定形位公差，用以限制形位误差。

我国已经把形位公差标准化，发布了国家标准 GB/T 1182—2008《产品几何技术规范（GPS）几何公差、形状、方向、位置和跳动公差标注》、GB/T 1184—1996《形状和位置公差未注公差值》和 GB 1958—2004《产品几何量技术规范（GPS）形状和位置公差检测规定》。此外，作为贯彻上述标准的技术保证还发布了圆度、直线度、平面度检验标准以及位置量规标准等。

1. 形状和位置公差的研究对象

形位公差是研究构成零件几何特征的点、线、面等几何要素。如图 1-19 中所示的零件，它是由平面、圆柱面、端平面、圆锥面、素线、轴线、球心和球面构成的。当研究这个零件的形位公差时，涉及对象就是这些点、线、面。一般在研究形状公差时，涉及的对象有线和面两类要素；研究位置公差时涉及的对象除了有线和面两类要素外，还有点要素。几何要素的分类如下。

（1）按结构特征分

轮廓要素是构成零件外形并为人们直接感觉到的点、线、面。如图 1－19中的圆柱面和圆锥面及其他表面、素线、球面、平面等，都是轮廓要素。零件内部形体表面（如内孔圆柱面等）也属轮廓要素。

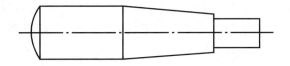

图 1－19　手柄

中心要素是具有对称关系的轮廓要素的对称中心点、线、面。其特点是在实际零件中不存在具体的形体，而是人为给定的，它不能为人们直接感觉到，而是通过相应的轮廓要素才能体现出来。如图 1－19 中的圆柱体轴线，它是由圆柱体上各横截面轮廓的中心点（即圆点）所连成的线。零件上的中心线、中心面、球心和中心点等属于中心要素。

（2）按存在状态分

理想要素是具有几何意义的要素，它是按设计要求，由图样给定的点、线、面的理想形态，它不存在任何误差，是绝对正确的几何要素。理想要素作为评定实际要素的依据，在生产中是不可能得到的。

实际要素是零件上实际存在的要素，测量时由测得要素来代替。

（3）按检测时的地位分

被测要素是在图样上给出形位公差要求的要素。如图1－20中的 ϕd_2 的圆柱面和 ϕd_2 的台肩面等都给出了形位公差。因此都属于被测要素。

基准要素是零件上用来确定被测要素的方向或位置的要素。基准要素在图样上都标有基准符号或基准代号，如图1－20中 ϕd_2 的中心线即为基准要素。

（4）按功能关系分

单一要素即仅对被测要素本身给出形状公差的要素。如图1－20中 ϕd_2 圆柱面是被测要素，且给出了圆柱度公差要素，故为单一要素。

关联要素是对零件基准要素有功能要求的要素。图1－20中的 ϕd_2 的圆柱的台肩面相对于 ϕd_2 圆柱基准轴线有垂直的功能要求，且都给出了位置公差，故 ϕd_2 的圆柱台肩面就是被测关联要素。

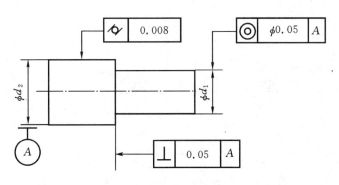

图 1-20 零件几何要素

2. 形位公差的项目及其符号

国家标准将形位公差分为十四个项目,其中形状公差分为四个项目,轮廓公差分为两个项目,定向公差分为三个项目,定位公差分为三个项目,跳动公差分为两个项目。每个公差项目都规定了专用符号。见表 1-9。

表 1-9 常见形位公差的项目及其符号

公差		特征项目	符号	有或无基准要求
形状	形状	直线度	——	无
		平面度	▱	无
		圆度	○	无
		圆柱度	⌀	无
形状或位置	轮廓	线轮廓度	⌒	有或无
		面轮廓度	⌓	有或无
位置	定向	平行度	//	有
		垂直度	⊥	有
		倾斜度	∠	有
	定位	位置度	⊕	有或无
		同轴(同心)度	◎	有
		对称度	═	有
	跳动	圆跳动	↗	有
		全跳动	↗↗	有

形位公差是指被测实际要素的允许变动全量,所以形状公差是指单一实际要素的形状所允许的变动量,位置公差是指关联实际要素的位置对基准所允许的变动量。形位公差也有公差带,但比尺寸公差带复杂得多。

第2章 铸 造

2.1 铸造概述

　　铸造是将液态金属浇入铸型,凝固后获得一定形状和性能铸件的成形方法。铸件一般作为毛坯,需经切削加工方能制成零件。但有时也可作为零件而直接使用,例如用特种铸造方法生产的某些铸件。铸造成形具有以下主要特点。

1. 铸造的适应性强

　　铸造成形方法可以制造各种尺寸、形状、重量、生产批量及各种合金的铸件。有些具有复杂内腔的毛坯只能用铸造方法生产。

2. 铸造的成本较低

　　铸造用原材料来源广;废品、废料可以重熔利用;设备投资少,铸件的形状和尺寸接近于零件,节省金属材料和切削加工工时。

3. 铸件的组织性能较差

　　铸件晶粒粗大(铸态组织),化学成分不均匀,其力学性能较差,铸件废品率较高。常用于制造形状复杂或大型的工件、承受静载荷及压应力的机械零件,如床身、机座、机架、箱体等。

4. 铸造的工序较多,劳动条件较差

　　铸造成形的方法很多,主要分为两大类,即:砂型铸造和特种铸造,其中砂型铸造应用最广泛。砂型铸造的生产过程主要包括:制造**模样**和芯盒、配制型砂及芯砂、造型、造芯、合型、**熔炼金属**、**浇注**、落砂、清理及检验。图 2-1 所示为飞轮铸件的生产过程示意图。对于型芯及大铸型,在合型前还需进行烘干。

专业术语

铸造
قۇيۇش
casting

专业术语

模样
قېلىپ
stripper

熔炼金属
ئېرىتىلغان مېتال
molten metal

浇注
قۇيۇش
cast pour

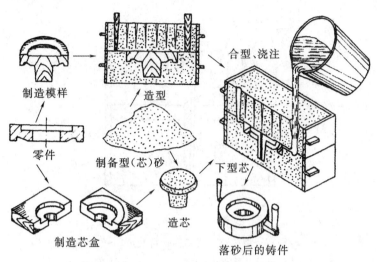

图 2-1 飞轮铸件的产生过程

2.2 砂型铸造

2.2.1 砂型铸造工艺过程

砂型铸造工艺过程如图 2-2 所示。其中,造型和造芯两道工序对铸件的质量和铸造的生产率影响最大。

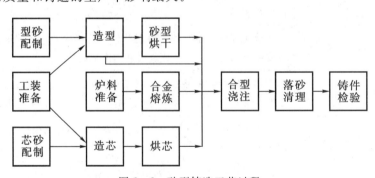

图 2-2 砂型铸造工艺过程

2.2.2 铸型

铸型由砂型、金属或其他耐火材料制成,是包括形成铸件形状的型腔、芯子和浇冒口系统的组合体。砂型用砂箱支撑时,砂箱也是铸型的组成部分。铸型的组成如图 2-3 所示。砂型各组成部分的作用,在表 2-1 中列出。

专业术语

砂型铸造
قۇم قېلىپلىق قۇيۇش
sand-cast

专业术语

铸型
قۇيما قېلىپ
mould

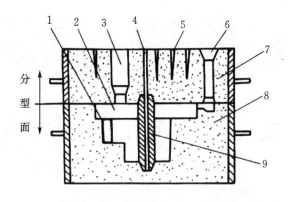

图 2-3 铸型的组成
1—冷铁;2—**型腔**;3—**冒口**;4—排气道;5—出气孔
6—浇注系统;7—上型;8—下型;9—砂芯

表 2-1 砂型各组成部分的名称与作用

名称	作用与说明
上型(上箱)	浇注时铸型的上部组元
下型(下箱)	浇注时铸型的下部组元
分型面	铸型组元间的接合面
型砂	按一定比例配合的造型材料,经过混制,成为符合造型要求的混合料
浇注系统	为金属液填充型腔和冒口而开设于铸型中的一系列通道。通常由浇口杯、直浇道、横浇道和内浇道组成
冒口	在铸型内贮存供补缩铸件用熔融金属的空腔。冒口的型腔是贮存液态金属的空腔。冒口有时还起排气集渣的作用
型腔	铸型中造型材料包围的空腔部分。型腔不包括模样上芯头部分形成的相应空腔
排气道	在铸型或型芯中,为排除浇注时形成的气体而设置的沟槽或孔道
砂芯	为获得铸件的内孔或局部外形,用芯砂或其他材料制成的安装在型腔内部的铸型组元
出气孔	在砂型或砂芯上,用通气针扎出的通气孔。出气孔的底部要与模样离开一定距离
冷铁	为增加铸件局部的冷却速度,在砂型、型芯表面或型腔中安放的金属物

1. 型(芯)砂

　　型砂及芯砂是制造砂型和型芯的造型材料,它主要由砂子、黏结剂和附加物混制而成,如图2-4所示。配制好的符合要求的型(芯)砂经紧实后,可塑造成各种形状的砂型及型芯。型(芯)砂的质量对铸件生产起着重要作用,据统计,铸件废品中约有50%以上与其有关。不仅如此,型(芯)砂的用量很大,生产1 t铸件约需3～4 t型(芯)砂。因此,为了保证铸件质量,降低成本,应合理选用型(芯)砂,并对其性能进行严格控制。

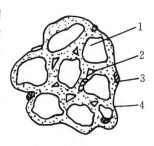

图2-4　型(芯)砂的结构
1—砂粒;2—空隙;
3—附加物;4—黏结剂

　　(1)对型(芯)砂的性能要求

　　①透气性。紧实后的型砂透过气体的能力称为透气性。当高温金属液浇入砂型时,由于砂型中的水分蒸发,有机物燃烧、分解和挥发以及型腔中的空气膨胀等,将产生大量气体。若在金属凝固前不能使气体逸出,则会在铸件内形成气孔。若用粒度粗大、均匀、圆形的砂子造型,其透气性好;若用粗细不匀的砂、细粒砂、含过量粉尘和灰分的砂、或紧实过度的型砂,会因空隙减少而降低透气性。

　　②强度。紧实后的型砂在外力作用下不变形、不破坏的性能称为强度。足够的强度可保证砂型和型芯在制造、搬运及金属液的冲击和压力作用下,不致变形和破坏。强度不足时,会使铸件产生冲砂、夹砂和砂眼等缺陷;强度过高时,因砂型紧实过度,会降低透气性,并阻碍铸件收缩,使铸件产生气孔、变形和裂纹等铸造缺陷。

　　型砂的强度是依赖于砂粒表面形成的黏结剂薄膜而建立的。黏结剂的性能越优良,其型砂强度越好;砂型的紧实度大,其强度也增加。

　　③耐火性。型砂在高温金属液的作用下不软化、不熔化、不烧结的性能称为耐火性。耐火性不高的型砂会被高温金属液熔化,黏结在铸件表面,形成粘砂。粘砂严重时,不但铸件清理困难,且难以进行切削加工,有时甚至使铸件成为废品。

　　耐火性主要与砂子的纯度有关。石英砂中 SiO_2 含量越高、含碱性物质和杂质越少,其耐火性则越好。此外,圆形粗粒砂比多角形细粒砂的耐火性好。

　　④退让性。铸件凝固后冷却收缩过程中,型砂体积能被压缩的性能称为退让性。型(芯)砂的退让性不好,铸件收缩时受到的阻力增大,易使铸件内应力增大,甚至产生变形和裂纹。在型(芯)砂中混入少量木屑等附加物或采用有机黏结剂,可改善其退让性。

　　(2)型(芯)砂的组成及种类

　　①原砂。铸造用砂即原砂,因其与高温金属液接触,故用于铸造的原砂应控制以下几个指标。

　　化学成分。石英(SiO_2)的熔点高达1713℃,含 SiO_2 85%～97%的天然石英砂能承受一般铸造合金的高温作用,且资源丰富、价格便宜,故在铸造生产中得到广泛应用。高熔点合金(如合金钢等)铸造时,还需选用熔点更高的锆砂和铬铁矿砂等非石英质砂。

粒度与形状。原砂的粒度可用标准筛对其进行筛分确定。一般铸造高熔点合金或大件用粗砂,铸铁件用中粗砂,而低熔点非铁合金件用细砂。砂粒的形状有圆形、多角形和尖角形,以圆形为好。圆形砂粒表面积小,消耗黏结剂量最少。

②黏结剂。作为黏结剂的材料有:

黏土。黏土需用适量的水分润湿,形成黏土膜后,方能黏结砂粒。黏土分为普通黏土和膨润土,前者主要用于干型(芯)砂,后者多用于湿型(芯)砂。黏土是价格最低廉、资源最丰富的黏结剂,具有一定的黏结强度,且可重复使用,广泛应用于铸造生产中。

水玻璃。水玻璃(俗称泡花碱)是硅酸钠($NaO \cdot nSiO_2$)的水溶液,一般型砂中加入量为 5%~7%,它在加热或吹二氧化碳的条件下,能生成硅酸凝胶,将砂粒牢固地黏结在一起,迅速使型芯或砂型产生化学硬化,形成比黏土砂更高的强度,并可在砂型(芯)硬化后,再起模和拆除芯盒,有利于提高铸件尺寸精度。水玻璃为无机化学黏结剂,无毒、价廉,其不足之处是铸件上易出现化学粘砂,同时型(芯)砂在浇注后结成硬块,难以落砂清理。此外,这种型(芯)砂的回用需要增加专用设备,以进行旧砂再生处理。

有机黏结剂。有机黏结剂在加热或催化剂作用下,能迅速产生化学反应,牢固地将砂粒黏结,产生很高的黏结强度,而在金属液浇注后,有机黏结剂会逐渐烧掉而丧失强度,使型(芯)砂容易从铸件中清除。因此,它们是制造型(芯)砂的理想黏结剂。目前常用的有机黏结剂有合成树脂(呋喃和酚醛树脂为主)、合脂(合成脂肪酸残渣)及油类黏结剂(桐油、亚麻仁油等)。

③附加物。为改善型(芯)砂的某些性能而加入的辅助材料称为附加物。

防粘砂材料煤粉、重油是这类材料的代表。浇注时它们因不完全燃烧,形成还原性气体薄膜,隔绝高温金属液与砂型或型芯表面,使其不直接接触,减少金属液的热力和化学作用,有助于得到表面光洁的铸件。

增加型(芯)砂空隙率材料,如锯木屑等纤维物质加入到需烘烤的砂型或型芯中,烘烤时木屑烧掉从而增加砂中的空隙率。

④涂料和扑料。为提高铸件表面质量,可在砂型和型芯表面上涂覆涂料或扑料。干砂型或型芯用石墨加少量黏土与水调成涂料,刷涂到型腔内表面上;湿砂型则将石墨粉装入布袋内,抖在型腔内表面上。

(3)型(芯)砂的配置

型(芯)的各组分须按比例配制,以保证一定的性能。旧砂曾与高温金属液接触,性能有所降低,需加入一定量的新砂,重新配制才能使用。

小型铸件的型砂比例是:新砂 2%~20%,旧砂 80%~98%;另加黏土 4%~5%,水 4%~5.5%,煤粉 2%~3%。工厂一般用混砂机(如图 2-5 所示)配砂。混砂工艺是将新砂、黏土及已筛除铁豆等杂质的旧砂依次加入混砂机中,先干混数分钟,混拌均匀后,加一定量的水进行湿混约 10 min,砂粒表面均匀地被包覆一层黏土膜后,即可打开混砂机碾盘上的卸料口出砂。

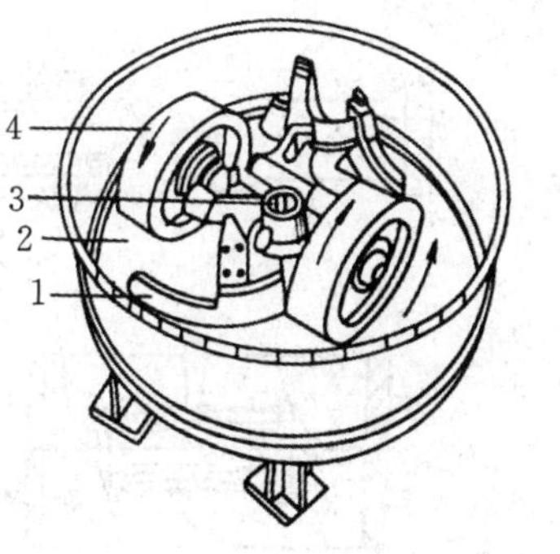

2. 造型

造型分为手工造型和机器造型两类。

(1)手工造型

手工造型是指全部用手工或手动工具完成的造型工序。手工造型按起模特点分为整模、分模、挖砂、活块、三箱等造型方法。

图 2-5 碾轮式混砂机
1—刮板;2—碾盘;
3—主轴;4—碾轮

①整模造型。如果模样的最大截面处于一端且为平面,使该端位于分型面处即可起模,这种造型方法称为整模造型。整模造型的模样是整体结构,操作简单,不会产生错型缺陷,适用于形状简单的铸件,如盘类、齿轮、轴承座等铸件。整模造型过程如图 2-6所示。

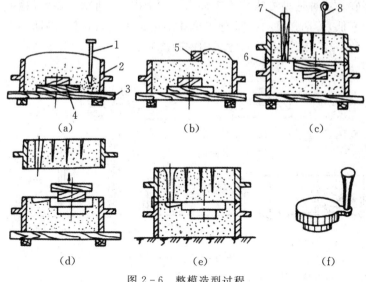

图 2-6 整模造型过程

(a)造下型,填砂、春砂;(b)刮平、翻箱;(c)造上型,扎出气孔、划合型线;
(d)敞箱、起模、开浇道;(e)合型浇注;(f)落砂后带浇道的铸件
1—砂春子;2—砂箱;3—底板;4—模样;5—刮板;
6—合型线;7—直浇道;8—通气针

②分模造型。如果模样的最大截面处于中间部位,可以将模样从最大截面处分开,在上砂箱和下砂箱中分别造出上半型和下半型,这种造型方法称为分模造型,如图 2-7所示。显然,采用分模造型方法铸造回转体类铸件非常方便,但上、下型定位不准时将产生错型缺陷。其造型过程与整模造型基本相同。

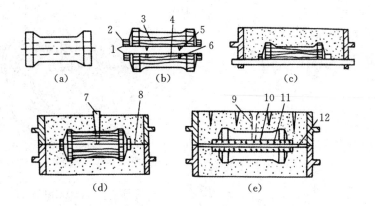

图 2-7　分模造型

(a)铸件;(b)上下半模样;(c)用下半模造下型;

(d)用上半模造上型;(e)起模、放型芯、合型

1—分模面;2—**芯头**;3—上半模;4—下半模;5—销钉;6—销孔;7—直浇道棒;

8—分型面;9—直浇道;10—型芯;11—型芯通气孔;12—排气道

专业术语

芯头

ئۆزەك بېشى

core print

③挖砂造型。如果模样的一端为台阶面或曲面,则必须先挖去阻碍起模的型砂。这种造型方法称为挖砂造型,如图2-8所示。显然,挖砂造型的生产率低,劳动强度大。只有在单件小批量生产时,对于端面不平又不便分模的带轮、手轮等零件,才采用挖砂造型。

专业术语

曲面

ئەگرى يۈز

hook face, curve

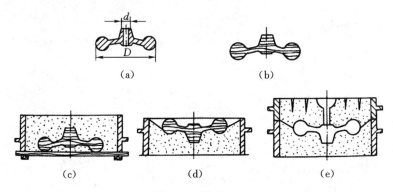

图 2-8　挖砂造型

(a)手轮零件;(b)手轮模样;(c)造下型;(d)翻转、挖出分型面;

(e)造上型、起模、合型

在成批生产时,为避免每型挖砂,可采用假箱造型。先挖砂造假箱下型,再造假箱上型;然后在假箱上型上承托模样造一批下型,再在一批下型上造上型。假箱不用来组成铸型,不参与浇注,假箱造型过程如图2-9所示。还可采用成形模板造型,成形模板造型如图2-10所示。这样可大大提高生产率,还可提高铸件质量。

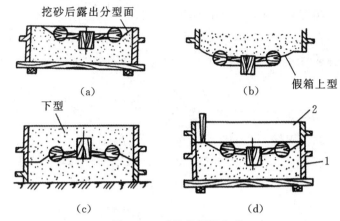

图 2-9 手轮的假箱造型

(a)挖砂造假箱下型;(b)造假箱上型;

(c)翻转假箱上型模样放在假箱上造下型;(d)翻下型待造上型

1—下型;2—上型

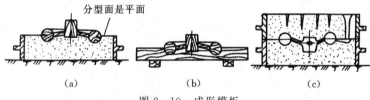

图 2-10 成形模板

(a)假箱;(b)成形模板;(c)合型图

④活块造型。如果模样上有妨碍起模的部分,应将这部分做成活块。造型时先取出模样的主体部分,如图 2-11(a)所示,再从旁侧小心地取出活块,如图 2-11(b)所示。这种造型方法称为活块造型。显然,采用活块造型方法操作难度较大。在单件小批量生产中,常用活块造型来铸造具有凸台类铸件。成批生产时,可用外砂芯取代活块,如图 2-12 所示。

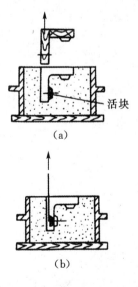

图 2-11 活块造型图

(a)取主体;

(b)取活块

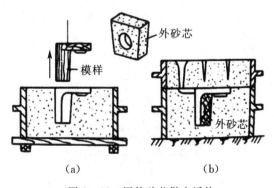

图 2-12 用外砂芯做出活块

⑤三箱造型。如果模样两端截面大而中间小,需采用三个砂箱,从两个分型面处分别取出模样。槽轮的三箱造型过程如图2-13所示。显然,采用三

箱造型方法操作复杂,生产率低,且要求中砂箱的高度应与中型的模样的高度基本相当。在单件小批量生产中,常用于铸造两端截面较大一类零件的毛坯。在成批大量生产中,可采用带外型芯的分模两箱造型,如图2-14所示。如果槽轮较小,质量要求较高,也可用带外型芯的整模两箱造型,如图 2-15所示。

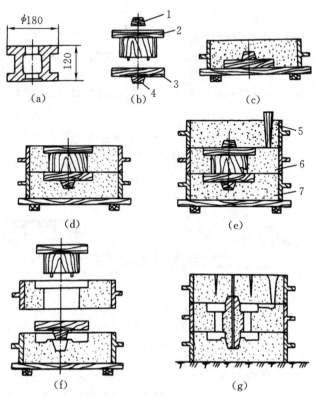

图 2-13　槽轮的三箱造型过程

(a)铸件;(b)模样;(c)造下型;(d)翻箱,造中型;(e)造上型;

(f)依次敞箱、起模;(g)下芯、合型

1—上芯头;2—中箱模样;3—下箱模样;4—下芯头;

5—上型;6—中型;7—下型

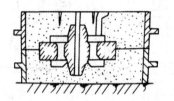

图 2-14　采用外型芯的分模两箱造型

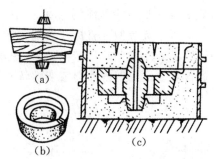

图 2-15　带外型芯的整模两箱造型
(a)模样；(b)外型芯；
(c)带外型芯的整模两箱造型

⑥刮板造型。如果铸造尺寸较大的回转体或等截面形状的铸件，不用模样而采用特制刮板进行造型的方法称为刮板造型。根据砂型型腔(或砂芯)的表面形状，引导刮板做旋转、直线或曲线运动，如图 2-16 和图 2-17 所示。刮板造型能节省制模材料和工时，但对造型工人的技术要求较高，生产率低，多用于单件小批量生产。

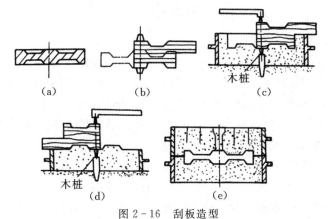

图 2-16　刮板造型
(a)带轮铸件；(b)刮板；(c)刮制下型；(d)刮制上型；(e)合型

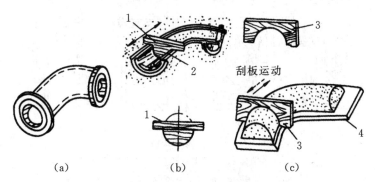

图 2-17　用往复移动式刮板造型(芯)
(a)弯管铸件；(b)用造型刮板造内型腔；(c)用造芯刮板造芯
1—造型刮板；2—导板；3—造芯刮板；4—底板

⑦地坑造型。如果是大型铸件单件生产时,为节省砂箱,降低砂型高度,便于浇注操作,可采用地坑造型。直接在铸造车间的地面坑内造型的方法称为地坑造型。较小铸件可在软砂床内造型,即在地面挖一个坑,填入型砂,放入模样,进行造型。大型铸件则需要在特制的地坑(称硬砂床)内造型,如图2-18所示。

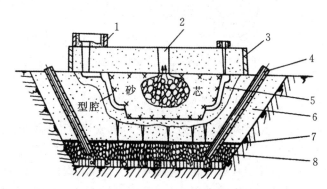

图 2-18　地坑造型(硬砂床)合型图

1—浇口盆;2—通气道;3—上型;4—排气管;

5—面砂层;6—填充砂;7—草袋;8—焦炭

(2)机器造型

机器造型是用机器完成全部或至少完成紧砂操作的造型工序,是现代化砂型铸造生产的基本方式。与手工造型相比,机器造型可显著提高铸件质量和铸造生产率,改善工人的劳动条件。但是,机器造型用的设备和工装模具投资较大,生产准备周期较长,对产品变化的适应性比手工造型差,因此,机器造型主要用于成批大量生产。

机器造型常用的方法有以下几种。

①震实造型。震实造型应用震实和压实紧砂的优点,型砂紧实均匀,是目前生产中应用较多的一种造型方法,震实式造型机,如图2-19所示。

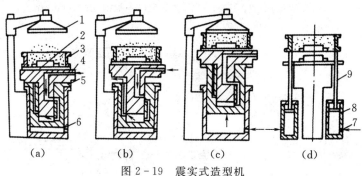

图 2-19　震实式造型机

(a)填砂;(b)震实;(c)压实;(d)起模

1—压头;2—模板;3—砂箱;4—震击活塞;5—压实活塞;

6—压实气缸;7—进气孔;8—气缸;9—顶杆

填砂过程如图 2-19(a)所示。将砂箱 3 放在模板(模样与造型底板的组合体)2 上,由输送带送来的型砂通过漏斗填满砂箱。

震实过程如图 2-19(b)所示,使压缩空气经震击活塞 4、压实活塞 5 中的通道进入震击活塞的底部,顶起活塞、模板及砂箱。当活塞上升到出气孔位置,就将气体排入大气。震击活塞、模板、砂箱等因自重一起下落,发生撞击震动。然后,压缩空气再次进入震击活塞底部,如此循环,连续撞击震动,使砂箱下部型砂被震实。

压实过程如图 2-19(c)所示。将压头 1 转到砂箱上方。然后,使压缩空气通过进气孔进入压实气缸 6 的底部,使压实活塞 5 上升将型砂压实。压实后,压实活塞退回原位,压头转到一边。

起模过程如图 2-19(d)所示。压缩空气通过进气孔 7 进入气缸 8 底部,推动活塞及顶杆 9 上升,使砂箱被顶起而脱离模板,实现起模。

显然,机器造型必须使用模板造型。通过模板与砂箱机械地分离而实现起模。模板不易更换,通常使用两台造型机分别造上型和下型。因此,机器造型只能实现两箱造型。为提高生产率,采用机器造型的铸件应避免使用活块,尽可能不用或少用型芯。

②微震压造型。微震压造型是在高**频率**(700~1000 次/分钟)、低振幅(5~10 mm)震动下利用型砂惯性紧实作用,同时或随后加压的造型方法。它不仅噪声小,且型砂紧实度更均匀,生产率更高。

③射砂造型(芯)。射砂造型(芯)是利用压缩空气将型(芯)砂高速射入砂箱(芯盒)而进行紧实的方法,由于填砂和紧实同时进行,故生产率高,目前主要用于造芯。

④气冲造型。气冲造型是利用突然释放出的压缩空气或利用可燃气体燃烧爆炸产生的冲击波作用在砂箱里的型砂上,使其紧实成型的方法。具有生产率高,铸型紧实度高且均匀,铸件精度好、表面质量高,噪声小、没有有毒烟气,环境卫生好,机器易维修,造型成本低等优点,是发展很快的造型方法。

此外,还有无箱射压造型、多触头离压式造型、薄壳压模式造型、负压造型、冷冻造型、磁型造型等。

机器造型的起模方式,除如图 2-19(d)所示的顶箱起模外,还有落模起模、翻台起模、漏模起模等,如图 2-20 所示。

3. 造芯

型芯(又称芯、芯子)的主要作用是形成铸件的内腔,有时也形成铸件外形上妨碍起模的凸台和凹槽,甚至有些复杂铸件,如水轮机转子,其砂型全部由型芯拼装组成(即组芯造型),如图 2-21 所示。

(1)型芯的结构和造芯工艺特点

浇注时型芯被金属液流冲刷和包围,因此要求型芯有更好的强度、透气性、耐火性和退让性,并易于从铸件内消除。除用性能好的芯砂制芯外,一般还要采取下列工艺措施。

专业术语

频率
چاستۆتا
frequency

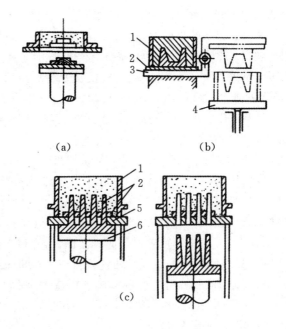

图 2-20 起模方式

(a)落模起模;(b)翻台起模;(c)漏模起模

1—砂箱;2—模底板;3—翻台;4—接箱台;5—漏板;6—工作台

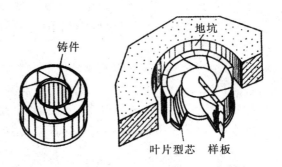

图 2-21 组芯造型

①在型芯里放芯骨。芯骨(又称型芯骨)的作用是加强型芯的强度。小型芯的芯骨用铁丝、铁钉制出,大、中型芯的芯骨则用铸铁浇注成与型芯相应的形状。芯骨应伸入型芯头,但不能露出型芯表面,应有 20~50 mm 的吃砂量,以免阻碍铸件收缩。大型芯骨还需做出吊环,以利吊运,如图 2-22(a)所示。

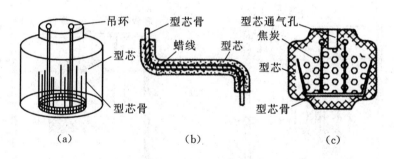

图 2 - 22 型芯的结构
(a)型芯骨；(b)用蜡线通气；(c)用焦碳通气

②开通气道。为提高型芯透气能力，应在型芯内部做出通气道，并与砂型上的通气孔贯通。形状简单的小型芯可用通气针或工具开出通气道；复杂型芯可在型芯中埋蜡线，待型芯烘烤时，将蜡熔失，形成通气道（如图 2 - 22(b)所示）；大型芯可用焦炭或炉渣填充在型芯内帮助通气（如图 2 - 22(c)所示）。

③上涂料及烘干。为提高铸件内腔表面质量，在型芯与金属液接触的部位上涂料。铸铁件用石墨涂料，铸钢件用石英粉涂料。

型芯一般需要烘干以增强透气性和强度。黏土砂型芯烘干温度为 250～350℃，保温 3～6 h；油砂型芯烘干温度为 200～220℃，保温 1～2 h。

(2)型芯的定位

型芯在砂型中的定位主要靠型芯头（简称芯头）。对于模样上的突出部分，在型腔内形成芯座，放置型芯上的芯头，使型芯定位，以防止浇注时金属液移动型芯位置。一般通孔铸件常采用垂直或水平型芯（如图 2 - 23(a)、(b)所示），依型芯在铸件的位置不同，其定位方式有多种。而盲孔铸件可采用吊芯（适于重要件）或是悬臂型芯（如图 2 - 23(c)、(d)所示）。为了便于下芯，芯头与芯座之间多留有间隙 S（如图 2 - 23(a)所示），但会降低铸孔的尺寸精度。若铸件形状特殊，芯头不足以使型芯定位时，可使用型芯撑（如图2 - 24所示）。型芯撑的形状应与型芯吻合，其材料应与铸件相同，并要镀锌、烘干，使其在浇注后能与铸件熔焊在一起。型芯撑熔焊处的致密性较差，常引起铸件渗漏，故型芯撑不宜用于需试压的、密封性好的铸件。

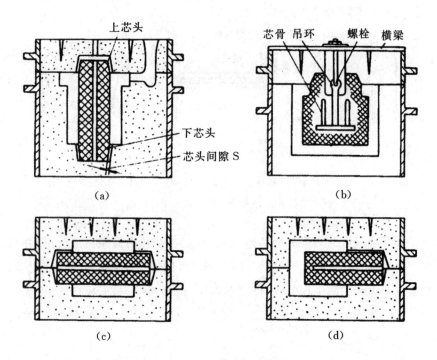

图 2 - 23 型芯的定位方式
(a)垂直型芯;(b)水平型芯;(c)吊芯;(d)悬臂型芯

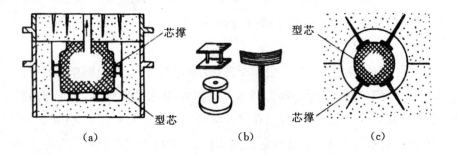

图 2 - 24 芯撑及其应用
(a)用双面芯撑支撑大型芯;(b)不同形状的芯撑;(c)用单面芯撑支撑型芯

(3)造芯方法

①手工造芯。

用芯盒造芯。大多数型芯都是在芯盒中制造的。单件小批生产时用木质芯盒(如图 2 - 25 所示),成批生产时用金属芯盒。

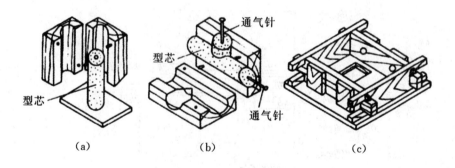

图 2-25　手工造芯用芯盒
(a)垂直分开式；(b)水平分开式；(c)拆开式

车、刮板造芯。尺寸较大且截面为圆形或回转体的型芯，可采用车、刮板造芯，如图 2-26、图 2-27 所示。

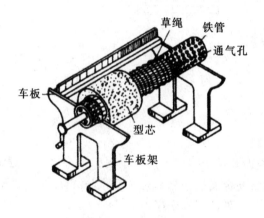

图 2-26　车板造芯图

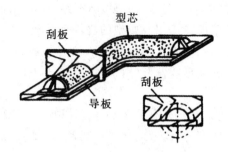

图 2-27　导向刮板造芯

②机器造芯。大批量生产型芯时，为提高生产率及保证型芯质量，可用机器制出。黏土、合脂砂芯多用震击式造型机，水玻璃砂芯用射芯机，树脂砂芯用射芯机和壳芯机。图 2-28 所示为射芯机造芯示意图。

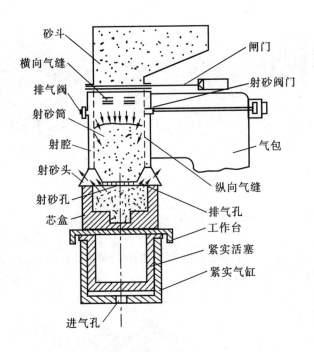

图 2-28　射芯机造芯示意图

4. 浇注系统与合型

（1）浇注系统

为填充型腔而开设于铸型中的一系列引入金属液的通道称为浇注系统。它的作用是：使金属液平稳地充满型腔，避免冲坏型壁和型芯；避免熔渣进入型腔；调节铸件的凝固顺序。

浇注系统对获得合格铸件、减少金属的消耗有重要影响，不合理的浇注系统，会使铸件产生冲砂、砂眼、渣眼、浇不到、气孔和缩孔等缺陷。

①浇注系统的组成及作用。典型的浇注系统包括浇口杯、直浇道、横浇道、内浇道，如图 2-29 所示。

浇口杯形状为漏斗形或盆形（用于大件）。它的作用是缓冲金属液流，使之平稳流入直浇道。

直浇道是横断面为圆形、有锥度的垂直通道。它的作用是使金属液产生静压力。直浇道越高，金属液的填充压力越大，越容易充满型腔的细薄部位。

横浇道的横断面多为梯形。它的作用是挡渣和减缓金属液流的速度，使之平稳地分流至内浇道。横浇道多开在内浇道上面，末端应超出内浇道 20～30 mm，以利集渣。

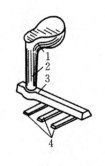

图 2-29　浇注系统的组成
1—浇口杯；2—直浇道；
3—横浇道；4—内浇道

内浇道是金属液直接流入型腔的通道，横断面多为扁梯形或三角形，小件的内浇道长度为 20～35 mm。内浇道的作用是控制金属液流入型腔的方向和速度，调节铸件各部分的冷却速度，对铸件质量影响很大，故内浇道的开设应注意下列要点:不应开在铸件的重要部位(如重要加工面和定位基准面),因为内浇道处的金属液冷却慢,**晶粒**粗大,力学性能差;内浇道的方向不要正对砂型壁和型芯,以防止铸件产生冲砂及粘砂缺陷。

②内浇道位置的确定。依铸件形状、大小、合金种类及造型方法不同,内浇道与型腔连接位置有不同方式,常见的浇注系统形式如图 2-30 所示。

顶注式内浇道设在铸件顶部。顶注式浇道使金属液自上而下流入型腔,利于充满型腔和补充铸件收缩,但充型不平稳,会引起金属飞溅、吸气、氧化及冲砂等弊病。顶注式浇注系统适用于高度较小、形状简单的薄壁件,易氧化合金铸件不宜采用。

底注式内浇道设在型腔底部。金属液从下而上平稳充型,易于排气,多用于易氧化的非铁金属铸件及形状复杂、要求较高的黑色金属铸件。底注式浇道使型腔上部的金属液温度低,而下部温度高,故补缩效果差。

中间注入式内浇道从型腔中间注入金属液。内浇道位于两箱造型的分型面上,开浇道操作方便,应用较广泛。

阶梯式浇注系统沿型腔不同高度开设内浇道。金属液首先从型腔底部充型,待液面上升后,再从上部充型。它兼有顶注式和底注式的优点,但开浇道操作较麻烦。适用于高度较高的复杂铸件。

(2)合型

合型是将铸型的各个组元,如上型、下型、型芯、浇口杯等组成一个完整铸型的操作过程。合型是决定砂型型腔形状及尺寸精度的关键工序,如操作不当,会造成跑火、错箱、塌箱等铸造缺陷。

合型的步骤如下。

①吹净型腔,将型芯装入型腔,并使型芯通气道与砂型通气道相连接,使气体能从砂型中引出,如图 2-31 所示。同时还要在芯头与芯座的间隙中,用泥条或干砂密封,以防止金属液从间隙中流入芯头端面,堵塞型芯通气道。

专业术语

晶粒

کریستال دانچسی

crystalline grain

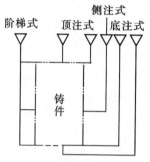

图 2-30　常见浇注系统的形式

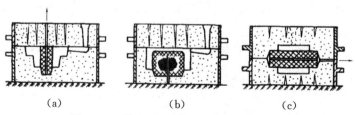

图 2-31　将型芯的气体从砂型中引出型外

(a)从上箱引气;(b)从下箱引气;(c)从分型面引气

②合型后在上箱上加压铁,或用夹具夹紧上、下箱(如图2-32所示),防止浇注时金属液的浮力将上箱抬起,造成金属液从分型面流出(称为跑火)。

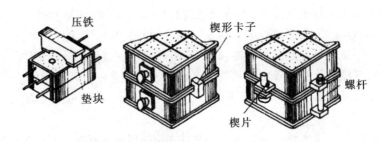

图 2 - 32　压铁及砂箱紧固装置

5. 熔炼

　　常用的铸造合金有铸铁、铸钢和铸造非铁合金,其中铸铁是应用最多的合金。合金熔炼的任务是:最经济地获得温度和化学成分合格的金属液。

　　铸铁是含碳 $2.7\%\sim3.6\%$、含硅 $1.1\%\sim2.5\%$,以铁为主的铁碳合金。铸铁中的碳有两种形态,即碳化铁(FeC)和石墨。当碳以碳化铁存在时,铸铁的断口呈银白色,称为白口铸铁;当碳主要以石墨存在时,铸铁的断口呈暗灰色,称为灰铸铁。铸铁中含 C、Si 量少,或冷却速度大,则易得到白口铸铁。白口铸铁脆性大,硬度极高,很难切削加工,其应用范围有限。灰铸铁易于铸造和切削加工,它的抗拉强度和塑性低于钢,但其耐磨性、减振性好,价格低廉,因此得到广泛应用。

　　铸铁可用反射炉、电炉或冲天炉熔炼。目前我国以冲天炉应用最广泛,冲天炉的优点是结构简单、操作方便、熔炼效率高、成本低,而且能连续生产。

　　(1) 冲天炉的结构

　　冲天炉是圆柱形井式炉,如图 2 - 33 所示。炉身和烟囱由钢板制成,内砌耐火砖。炉身上部有加料口、烟囱,下部有风带,风带内侧有几排风口与炉身相通,每排风口数量有多个,沿炉身圆周均匀分布,最下面一排称为主风口,其他各排称为辅助风口。鼓风机鼓出的风经风管、风带、风口进入炉内供焦炭燃烧用。

　　风口以下为炉缸,熔炼的铁水经炉缸流入前炉,前炉的作用是储存铁水,前炉下部有出铁口,侧上方有出渣口。

　　炉身一般装设在炉底板上,炉底板用四根炉脚支撑。炉底板上装有炉底门,炉底门关闭后,用支柱撑住。

　　冲天炉的大小以每小时能熔炼铁水的吨位表示。常用冲天炉的大小为 $1.5\sim10$ t/h。

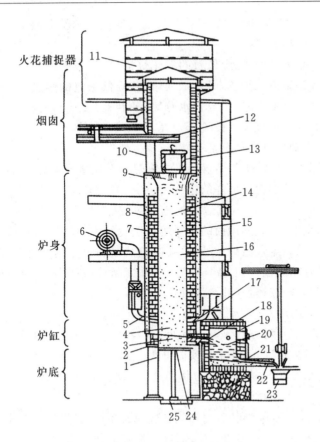

图 2-33　冲天炉的构造

1—支柱；2—底板；3—炉床；4—底焦；5—风带；6—风机；7—耐火砖；
8—炉壳；9—铁砖；10—加料口；11—火花捕捉器；12—加料装置；
13—加料桶；14—氟石；15—层焦；16—层铁；17—风口；18—过桥；19—前炉；
20—出渣口；21—出铁口；22—出铁槽；23—浇包；24—炉底门；25—基础

（2）炉料

金属料

①新生铁。主要是不同成分的铸造生铁。

②回炉铁。包括浇冒口、废铸件等。充分利用回炉料可降低铸件成本，但回炉料过多，会降低铸铁的性能。

③废钢。可降低铁水含碳量，提高铸件的力学性能。

④铁合金。包括硅铁、锰铁、铬铁和稀土合金等，用以调整化学成分或生产合金铸铁。

各种金属料的加入量应根据铸件的成分及性能要求，同时考虑熔炼中元素的烧损进行配料计算，并且炉料的块度不宜过大，以防止卡料和影响正常熔炼。

燃料。冲天炉的主要燃料是焦炭。用于熔铁的焦炭含固定碳要高，含挥发物、灰分、硫要少，并有一定的块度要求。炉中底层最先加入的焦炭称为底焦,之后随每批炉料加入的焦炭称为层焦。底焦需承受上面整个炉料的压力,故要用大块的焦炭。

熔剂。熔炼过程中,金属料的氧化烧损、炉衬被侵蚀及焦炭中的灰分等均会形成高熔点的炉渣,必须加入熔剂,降低炉渣的熔点,提高流动性,使之不黏在底焦上,并易于与铁水分离,顺利地从出渣口排出。常用的熔剂是石灰石($CaCO_3$)或萤石(CaF_2)等。

(3)冲天炉熔炼原理及基本操作

①熔炼原理。冲天炉熔炼铸铁是靠热的对流传导进行的,即在高温炉气上升和炉料从加料口下降的过程中,产生对流热交换,炉料不断吸收炉气中的热量。同时,鼓风机送入炉内的风,从下部风口往上升,使底焦燃烧,产生大量的热,底焦顶面的铸铁熔炼温度约为1200℃。熔炼后的铁水沿底焦的缝隙滴流入前炉,并同时被高温炉气和炽热焦炭再次加热(称为过热)。铁水滴的温度可达1500℃。熔炼后的铁水成分与原来的配料成分有所变化,碳、硫增加,硅、锰烧损。

②基本操作:

a. 修炉。用耐火砖、耐火泥将冲天炉各处损坏的部位修补好,然后闭上炉底门,在炉底门上用旧砂捣实向出铁口倾斜5°~7°的炉底。

b. 点火,烘干。从炉后的工作门放入刨花、木屑,点火并关闭工作门,再从加料口加入木材烘炉。

c. 加底焦。木柴烧旺后,分2~3次加入底焦,底焦高度应控制在主风口以上0.6~1 m处。底焦全部烧着后继续鼓风几分钟,将灰分吹掉,并烧旺底焦,然后停止鼓风。

d. 加料。每批炉料按熔剂、金属料和层焦依次加入,直到与加料口平齐为止。每批炉料中层焦的加入量,是根据1 kg焦炭可熔炼8~12 kg铁来确定的,焦铁比为1∶8~1∶12。熔剂的加入量约为层焦的20%~30%。

e. 鼓风,熔炼。打开风口放出风管内残留的CO气体,待炉料预热15~30 min再鼓风,然后关闭风口。鼓风后5~10 min铁料就开始熔炼。最初熔炼的铁水温度低、质量差,需放出,待温度提高后,即用耐火泥堵塞住出铁口。在熔炼过程中要勤通风口,保持风口通畅。同时应保持炉料与加料口齐平,维持底焦高度不变,使铁料熔炼所消耗的底焦被上面的层焦所补充,以控制铁水的温度及成分。

f. 出渣、出铁。当前炉内积存较多数量铁水时,可通开出渣口放出熔渣,然后通开出铁口放出铁水,铁水温度为1300~1400℃。

g. 停风、打炉。估计铁水量足够浇完剩余铸型时,便停止加料和鼓风。放完铁水和熔渣,打开炉底门,使剩余底焦及炉料落下,并用水熄灭。

6. 浇注与清理

将金属液从浇包注入铸型的操作称为浇注。浇注对铸件质量有很大的影响,浇注不当,常引起浇不到、冷隔、胀箱、气孔、缩孔和夹渣等铸造缺陷。浇注前应使浇注场地通畅、地面干燥无积水,防止铁水遇水引起爆炸。

浇注时应控制好浇注温度和浇注速度。浇注温度与合金种类、铸件大小和壁厚有关,一般中小铸铁件浇注温度为1200~1350℃。浇注速度应适中,开始慢浇,减少金属液流对砂型的冲击,并有利型中气体逸出,防止铸件产生气孔;中间快浇可防止冷隔;型腔快浇满时应慢浇,以减小对上砂型的抬箱力。

铸件清理包括:去除浇冒口、清除型芯及芯骨、清除铸件表面的粘砂及飞边、毛刺等。铸铁件性脆,可用锤子敲掉浇冒口。打浇道时应注意锤击方向(如图2-34所示),以免将铸件敲坏。

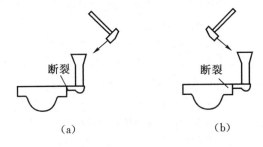

断裂　　　　　断裂

(a)　　　　　(b)

图2-34　锤敲击浇冒口时应注意方向
(a)正确;(b)错误

铸件的表面清理一般用钢丝刷、錾子、风铲、手提式砂轮等工具进行手工清理。手工清理劳动条件差、生产效率低,可用机械化代替。清理滚筒是最简单、应用最普遍的清理设备(如图2-35所示),该筒内装有高硬度的白口星铁,滚筒转动时,星铁对铸件碰撞、摩擦,使得铸件表面清理干净。清理过程中的灰尘可由抽风口抽走。

7. 铸件质量检验与缺陷分析

(1)铸件的质量检验

铸件质量包括内在质量和外观质量。内在质量包括化学成分、物理和力学性能、金相组织以及存在于铸件内部的孔洞、裂缝、夹杂物等缺陷;外观质量包括铸件的尺寸精度、形状精度、位置精度、表面粗糙度、重量偏差及表面缺陷等。根据产品的技术要求应对铸件质量进行检验,常用的检验方法有:外观检验、无损探伤检验、金相检验及水压试验等。

(2)铸件的缺陷分析

铸件质量好坏,关系到机械(产品)的质量及生产成本,也直接关系到经济效益和社会效益。铸件结构、原材料、铸造工艺过程及管理状况等均会影响铸件质量。

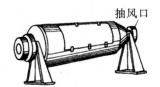

抽风口

图2-35　清理滚筒

具有缺陷的铸件是否定为废品,必须根据铸件的用途和要求,以及缺陷产生的部位和严重程度来确定。一般情况下,铸件有轻微缺陷,可以直接使用;铸件有中等缺陷,允许修补后使用;铸件有严重缺陷则只能报废。常见铸件缺陷的特征及产生的原因见表2-2。

表 2 - 2　常见铸件缺陷的特征及产生的原因

类别	缺陷名称与特征	主要原因分析
孔 眼	气孔:铸件内部或表面有大小不等的孔眼,孔的内壁光滑,多呈圆形	1.型砂舂得太紧或型砂透气性差 2.型砂太湿,起模、修型时刷水过多 3.砂芯通气孔堵塞或砂芯未烘干 4.浇注系统不正确,气体排不出 5.金属液中含气太多,浇注温度太低
	缩孔:铸件厚断面处出现形状不规则的孔眼,孔的内壁粗糙	1.冒口设计不正确 2.合金成分不合格,收缩过大 3.浇注温度过高 4.铸件设计不合理,无法进行补缩
	砂眼:铸件内部或表面有充满砂粒的孔眼,孔形不规则	1.型砂强度不够或局部没舂紧,掉砂 2.型腔、浇道内散砂未吹尽 3.合型时砂型局部挤坏,掉砂 4.浇注系统不合理,冲坏砂型(芯) 5.铸件结构不合理,无回角或圆角太小
	渣眼:孔眼内充满溶渣、孔形不规则	1.浇注温度太低,渣子不易上浮 2.浇注时没挡住渣子 3.浇注系统不正确,挡渣作用差
形 状 尺 寸 不 合 格	偏芯:铸件局部形状和尺寸由于砂芯位置偏移而变动	1.砂芯变形 2.下芯时放偏 3.砂芯没固定好,合型时被碰歪或者浇注时被冲偏
	浇不到:铸件未浇满,形状不完整	1.浇注温度太低 2.浇注时液体金属量不够 3.浇道太小或未开出气口 4.铸件结构不合理,局部过薄
	错型:铸件在分型面处错开	1.合型时上、下型未对准 2.定位销不准 3.造型时上、下模样未对准

类别	缺陷名称与特征		主要原因分析
表面缺陷	冷隔:铸件有未完全融合的缝隙,接头处边缘圆滑		1.浇注温度过低 2.浇注时断流或浇注速度太慢 3.浇道位置不当或浇道太小 4.铸件结构设计不合理,壁厚太薄 5.合金流动性较差
	粘砂:铸件表面粘着一层难以除掉的砂粒,表面粗糙		1.砂型舂得太松 2.浇注温度过高 3.型砂耐火性差
	夹砂:铸件表面有一层突起的金属片状物,表面粗糙,在金属片和铸件之间夹有一层型砂	金属片状物	1.型砂受热膨胀,表层鼓起或开裂 2.型砂湿压强度较低 3.砂型局部过紧,水分过多 4.内浇道过于集中,使局部砂型烘烤严重 5.浇注温度过高,浇注速度太慢
裂纹	热裂:铸件开裂,裂纹处表面氧化,呈蓝色 冷裂:裂纹处表面不氧化,并发亮	裂纹	1.铸件设计不合理,薄厚差别大 2.合金化学成分不当,收缩大 3.砂型(芯)退让性差,阻碍铸件收缩 4.浇注系统开设不当,使铸件各部分冷却及收缩不均匀,造成过大的内应力 5.合金含磷、硫较高
其他	铸件的化学成分、组织和性能不合格		1.炉料成分、质量不符合要求 2.熔化时配料不准或熔化操作不当 3.热处理未按照规范进行

8.砂型铸造实例分析

砂型铸造工艺分析实例如表 2 - 3 所示。

表 2 - 3 砂型铸造实例工艺分析

I	做模样	按图纸上的加工件加余量,做铸造模样	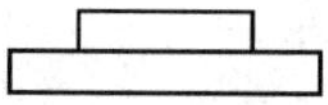
II	造下型	砂箱和模样放在底板上,确定模样位置后填砂,用砂春子春实砂子	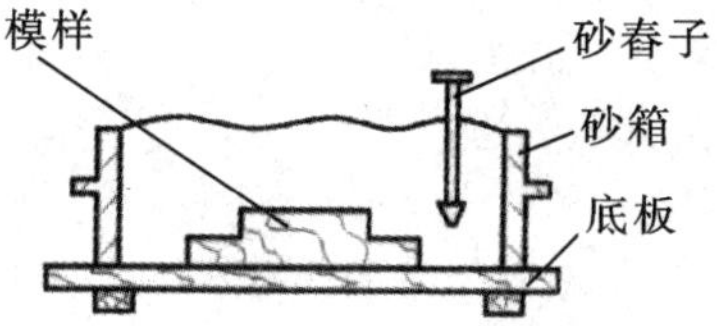
III	翻箱	砂箱充满砂子后,砂箱上面用刮板刮平,然后把砂箱翻 180°	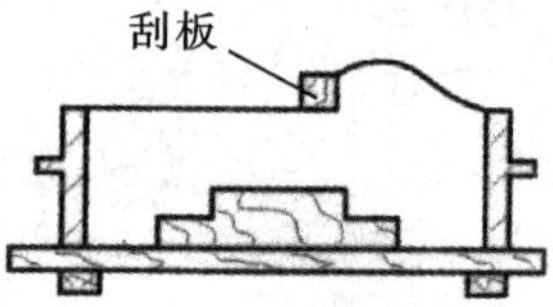
IV	造上型	上箱和下箱对齐固定后,在离模样 30～50 mm 处放个浇口棒,上箱填沙子春实,在模样上面用气孔针插几个气孔	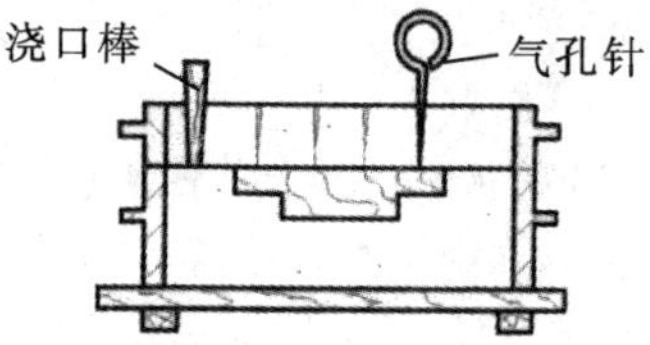
V	敞箱起模	先把浇口棒取掉后,上箱取下来,然后把模样取掉,在浇口棒和模样位置之间开个如图一样的浇口	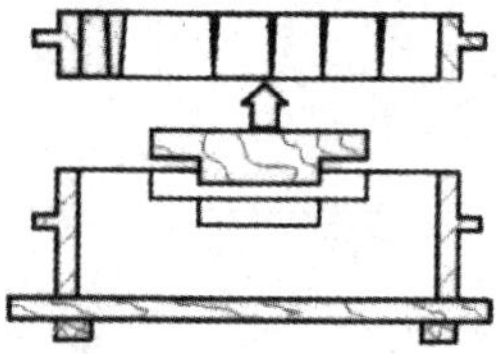
VI	合箱	开完浇口,上箱按原标记放在下箱上固定后,可以进行浇铸	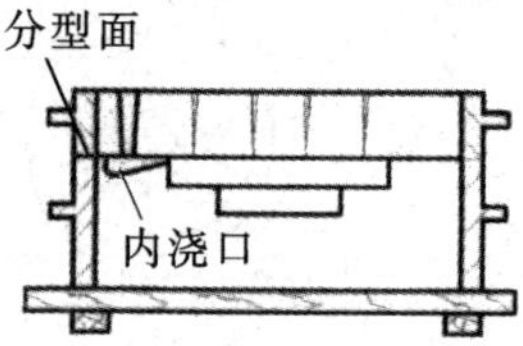
VII	铸件	铸件铸出来后,把浇口的多余部分打掉,可以进行加工	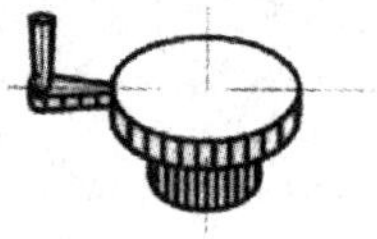

2.3 特种铸造

  特种铸造是指与砂型铸造不同的其他铸造方法。特种铸造方法很多,各有其特点和适用范围,它们从各个不同的侧面弥补了砂型铸造的不足。常用的特种铸造有如下几种。

2.3.1 熔模铸造

熔模铸造亦称失蜡铸造,其工艺过程如图 2 - 36 所示。

熔模铸造由于不需起模,并采用高耐火性的涂料,具有如下优点:

①铸件精度和表面质量高,精度为 IT11～IT14 级,表面粗糙度值 R_a 为 12.5～6.3 μm。因此,熔模铸件可少、无切削加工。

②适用于各种合金,尤其适合高熔点合金及难切削加工合金的复杂铸件生产,如耐热合金钢、磁钢等。

③生产批量不受限制,可单件小批生产,亦可批量生产。

但熔模铸造的工艺过程复杂,生产周期长,一型也只能浇注一次,并且每型需要一个蜡模,因而生产效率低、成本高。还因蜡模强度不高,易受温度影响而变形,故熔模铸造一般不宜铸造大铸件。

熔模铸造广泛用于生产汽轮机、燃气轮机、蜗轮发动机的叶片,切削刀具,汽车、拖拉机、纺织机、风动工具和机床等的小型精密、复杂件等。

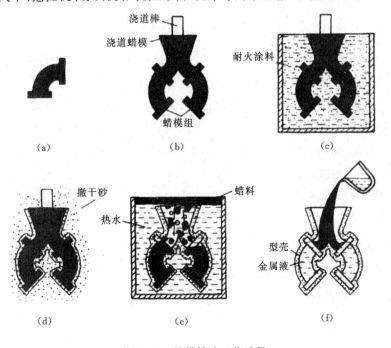

图 2 - 36 熔模铸造工艺过程

(a)压制蜡模;(b)焊蜡模组;(c)蜡模浸挂耐火涂料;
(d)涂挂料后取出,及时撒一层干砂粘附,风干,随后浸入硬化液硬化成型壳,型壳应反复结 5～7 层;(e)在 95 ℃左右的热水(或电炉)中脱蜡;(f)脱蜡后的型壳于电炉中经 800～850 ℃熔烧后,趁热浇注,铸件冷凝后,打破型壳取出铸件

2.3.2 金属型铸造

金属型铸造是将液态金属在重力作用下浇入金属铸型以获得铸件的方法,如图 2-37 所示。金属型不同于砂型,它可一型多铸,一般可使用几百次到几万次,故又称永久型铸造。

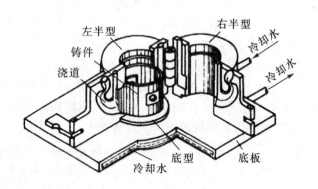

图 2-37 金属型铸造

金属型一般用铸铁或铸钢制造。与砂型相比,它没有透气性和退让性,耐火性比砂型低;金属型散热快、对铸件有激冷作用,因此应在金属型上开设排气道,浇注前应将金属型预热,上涂料保护,并严格控制铸件在型中的停留时间,以防止铸件产生气孔、裂纹、白口和浇不到等缺陷。

金属型铸造的生产率高,所得铸件的尺寸精度和表面质量较好,其精度为 IT12~IT14,表面粗糙度值 R_a 为 12.5~6.3 μm。金属型的激冷作用使铸件晶粒细密、力学性能好。但金属型的制造成本高、加工周期长,铸件形状愈复杂则金属型的结构设计和制造也愈困难。

金属型铸造主要适用于大批量生产非铁合金铸件,如发动机的铝活塞、泵体及铜合金轴瓦、轴套等,有时也用于铸铁和铸钢件的生产。

2.3.3 压力铸造

压力铸造(简称压铸)是将金属液在高压、高速下压入铸型,并在压力下凝固,获得铸件的方法。高压、高速充填压铸型是压铸的两大特点,常用压射比压为 500~15000 N/cm^2,压射速度为 0.5~50 m/s,充型时间为 0.01~0.2 s。因为要承受高压、高速金属液流的冲击,压铸型须用耐热合金钢制造。压铸是在压铸机上进行的,压铸机种类较多,目前应用较多的是卧式冷压室压铸机,其工作原理如图 2-38 所示。

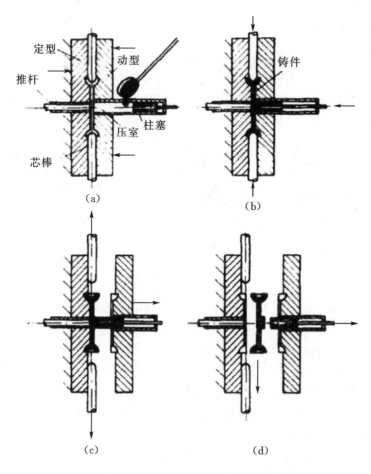

图 2-38 卧式冷压室压铸机工作原理

(a)合型、向压室注入液体金属；(b)将液体金属压入铸型；

(c)芯棒退出，铸型分开；(d)柱塞退回，推出铸件

压铸件是在高压下成形的，故可铸出形状复杂的薄壁铸件，也能直接铸出各种小孔、螺纹和齿轮，铸件的精度和表面质量比金属型铸造更高，精度为IT11～IT13，表面粗糙度 R_a 值为 0.8～3.2 μm。压铸件一般不需进行切削加工就可直接装配使用。压铸的生产率很高，可达 50～500 次/小时，易于实现自动化。

压铸件虽表面质量好，但由于金属液在高压高速下充型，型内气体很难排出，压铸件内部易产生皮下气孔，当压铸件受热时，气孔内的气体会膨胀，导致压铸件表面凸瘤或破裂。因此，压铸件不宜在高温下工作，也不能进行热处理。此外，压铸设备投资大，压铸型制造费用昂贵、周期更长，只有在大量生产时，经济上才合算。

压铸适用于铝、镁、锌等非铁合金薄壁复杂件的大量生产，广泛用于航空、汽车、电器及仪表等工业领域。

2.3.4　离心铸造

将金属液浇入高速旋转(一般为 250~1500 r/min)的铸型中,在离心力作用下,使金属凝固成形获得铸件的方法,称为离心铸造。

离心铸造适用于金属型,亦可用于砂型。它既适合浇铸中空回转体铸件,又能铸造成形铸件,如图 2-39 所示。

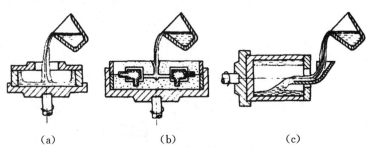

（a）　　　　　　　　　（b）　　　　　　　　　（c）

图 2-39　离心铸造示意图

(a)立式离心铸造轮盘类铸件;(b)立式离心铸造成形铸件;
(c)卧式离心铸造轴套类铸件

离心铸造的铸件是在离心力作用下结晶,内部晶粒组织致密,无缩孔、气孔及夹渣等铸造缺陷,力学性能好。铸造管形铸件时,可省去型芯和浇注系统,提高了金属利用率。还可铸造"双金属铸件",如钢套内镶铜轴承等。但铸件内表面质量较粗糙,内孔尺寸不准确,需采用较大的加工余量。

目前离心铸造已广泛用于制造铸铁管、汽缸套、铜轴套,也可将熔模铸造型壳进行离心浇铸,铸造刀具、泵轮、蜗轮等成形件。

2.3.5　实型铸造

实型铸造又称"消失模铸造"或"气化模造型"等。实型铸造是采用聚苯乙烯泡沫模样代替普通模样,造型后不取出模样就浇入金属液,在灼热液体金属的热作用下,烧掉泡沫塑料模而占据空间位置(即型腔),冷却凝固后即可获得所需的铸件。

(1)实型铸造过程

实型铸造过程如图 2-40 所示。

专业术语
实型铸造
ئەمەلىي قېلىپلىق قۇيۇش
full mold casting

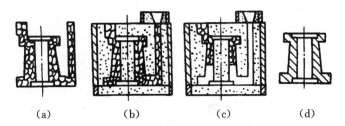

（a）　　　　　　（b）　　　　　　（c）　　　　　　（d）

图 2-40　实型铸造工艺过程示意图

(a)泡沫塑料模样;(b)造好的铸型;(c)浇注过程;(d)铸件

（2）实型铸造的特点及应用

①铸件尺寸精度较高。实型铸造不起模、不分型，没有铸造斜度和活块，浇注位置的选择非常灵活、方便，在许多情况下可取消型芯，有时型芯只用来制造水平小孔，避免普通砂型铸造时因起模、组芯及合型等所引起的铸件尺寸误差和缺陷，提高了铸件尺寸精度。

②增大了设计铸造零件的自由度。实型铸造改变了砂型铸造时铸件结构工艺性的内涵，很多砂型铸造难以实现的问题用实型铸造根本不存在任何困难，产品设计者可根据总体的需要设计铸件的结构，增大了设计铸造零件的自由度。

③简化了铸件生产工序，缩短了生产周期，提高了劳动生产率。

④减少了材料消耗，降低了铸造成本。

实型铸造被国内外铸造界誉为"21 世纪的铸造新技术"。但实型铸造存在聚苯乙烯泡沫塑料模只能浇注一次，在浇注过程中气化、燃烧，产生大量的烟雾和碳氢化合物，铸件易产生皱皮缺陷等问题，有待进一步解决。

实型铸造在汽车、造船、机床等行业中用来生产模具、曲轴、箱体、阀门、缸座、缸盖、刹车盘、排气管等较复杂的铸件。

2.3.6　砂型 3D 打印技术

在铸件生产时，砂型铸造是一种常用的铸造工艺。砂型 **3D 打印**技术就是针对铸件结构形状复杂、难以进行铸模造型而出现的一种新型特种铸造方法。**快速成型**技术使得成形过程的难度与待成形物理实体形状的复杂程度无关。因此，目前砂型铸模的许多造型任务都要用 3D 打印机来完成，这一宝贵技术特征使它能最好地适应当代制造业市场的竞争环境而飞速地发展起来。

快速原型技术应用于铸造模具，可以实现砂型铸造、熔模铸造、陶瓷型精密铸造、石膏型精密铸造。直接 3D 打印砂型，省去了传统工艺的模型，按照铸型 **CAD 模型**（包括浇注系统等工艺信息）的几何信息精确控制造型材料的堆积过程，直接制造铸型，是传统铸造过程的重大变革。图 2－41 为复杂的 3D 打印砂型模具。

1. 砂型 3D 打印成型工艺介绍

（1）PCM

无模铸型制造（Patternless Casting Manufacturing，PCM）工艺，是将快速制造理论引入树脂砂造型工艺中，采用轮廓扫描喷射固化工艺，实现了无模型铸型的快速制造。该工艺由清华大学开发成功，并推出商品化机型。

首先从零件 CAD 模型得到铸型 CAD 模型，分别喷射树脂和固化剂的两个喷头在每一层铺好压实的型砂上分别精确地喷射黏结剂和催化剂。黏结剂与催化剂发生胶联反应，两者共同作用处砂被固化在一起，其他地方型砂仍为颗粒态干砂。固化完一层后再黏结下一层，所有层黏结完之后就可以得到一个三维实体，原砂在黏结剂没有喷射的地方仍是干砂，比较

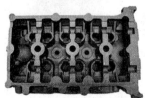

图 2－41　复杂的 3D 打印砂型模具

容易清除。清理出中间未固化的干砂就可以得到一个有一定壁厚的铸型，在砂型的内表面涂敷或浸渍涂料之后就可用于浇铸金属。

（2）SLS

选择性激光烧结（Selective Laser Sinterin，SLS）工艺是利用粉末状材料成形的。将材料粉末铺撒在已成形零件的上表面并刮平；用高强度的CO_2激光器在刚铺的新层上扫描出零件截面；材料粉末在高强度的激光照射下被烧结在一起，得到零件的截面，并与下面已成形的部分黏结；在非烧结区的粉末仍呈松散状，作为工件和下一层粉末的支撑。当一层截面烧结完后，铺上新的一层材料粉末，有选择地烧结下层截面，如此循环，最终形成三维实体。

粉末材料可以是金属、陶瓷、石蜡、聚碳酸酯等聚合物粉末，也可以是铸造用覆膜砂，用包覆黏结剂的陶瓷粉末或覆膜砂作为成形材料，按照铸型 CAD 模型（包括浇注系统等工艺信息）的轮廓信息精确控制激光束在造型材料粉末层进行扫描，使包覆在陶瓷粉末或覆膜砂表面的黏结剂熔化黏结，逐步堆积得到铸型的型壳，清理出型腔内未烧结的松散粉末，就可用于浇注金属零件。铸型和砂芯可分别制造再装配成完整铸型，也可一体化制造，减少下芯装配带来的误差。SLS 工艺用于制造铸型型壳，若选用粒度较细的陶瓷粉和覆膜砂，选择较小的分层厚度，可以得到表面质量较好的铸型。但受成形设备成形空间和成形速度的限制，只适合于制造中小件。

（3）3DP

三维印刷（Three Dimensional Printing，3DP）工艺采用逐点喷洒黏结剂来黏结粉末材料的方法制造原型。3DP 工艺与 SLS 工艺类似，采用粉末材料成形，如陶瓷粉末、金属粉末。所不同的是材料粉末不是通过烧结连接起来的，而是通过多通道喷头用黏结剂（如硅胶）将零件的截面"印刷"在材料粉末上面，黏结时只进行一次扫描，由于用黏结剂黏结的强度较低，还必须将其置于加热炉中，做进一步固化或烧结，以提高黏结强度。

2. 砂型 3D 打印的特点

砂型 3D 打印铸型制造工艺和传统的铸型制造技术相比具有无可比拟的优越性，它不仅使铸造过程高度自动化、柔性化、敏捷化，降低了工人劳动强度，而且在技术上突破了传统工艺的许多障碍，使设计、制造的约束条件大大减少，具体表现在以下几个方面。

（1）无需模型

在传统铸造生产中，模型制造是一个重要环节。模样一般用木材、塑料、金属等材料由手工或机器加工而成，有时需要钳工修理，费时耗资，且精度不易保证。对一些形状复杂的铸件，例如发动机叶片、船用螺旋桨、汽车缸体、缸盖等，虽然目前有一些模样的加工采用数控机床、仿形铣床等先进的设备和工艺，但由于**编程**复杂以及刀具干涉对几何形状的制约都使难度增大，造成成本高、周期长，而直接铸型制造工艺则完全避免了传统铸型制造技术的这一最大缺陷,在缩短砂型制造时间、降低砂型制造成本等诸多方面,都使砂型制造技术有了一个质的飞跃。

（2）制造时间短

铸型的制造时间是指从铸型设计结束到制造完成用于浇铸之前的这一段时间。传统方法制造铸型必须先加工模样,无论是普通加工还是**数控加工**,模样的制造周期都比较长。对于大中型铸件来说,铸型的制造周期一般以月为单位计算。由于采用计算机自动处理,直接铸型制造工艺的信息处理过程一般花费几小时至几十小时。相对于整个铸造过程而言,这一段时间可以忽略。

专业术语

数控加工

رەققەملىك كونترول قىلىپ
پىششىقلاپ ئىشلەش

numerical control
machining

（3）一体化造型

传统造型由于需要将模型从铸型中取出,所以必须沿铸件最大截面处(分型面)将其分开,也就是采用分型造型。这样往往限制了铸件设计的自由度,某些型面和内腔复杂的铸型不得不采用多个分型面,使造型、合箱过程的难度大大增加,易使铸件产生错箱、飞边等缺陷,加大了清理工作量和加工量。直接铸型制造工艺采用堆积成形原理,没有起模过程,所以分型面的设计并不是主要障碍。分型面的设计甚至可以根据需要不设置在铸件的最大截面处,而是设在铸件的非关键部位。对于某些铸件,完全可以采用一体化造型方法,即上、下型同时成形。一体化造型的最显著的优点是省去合箱,减少设计约束和机加工量,使铸件的尺寸精度更容易控制。

（4）型、芯同时成形

由于采用离散/堆积成形原理,因此直接铸型制造工艺很容易实现型、芯同时成形。传统工艺出于起模考虑,型腔内部的一些结构设计成型芯,型、芯分开制造,然后再下芯将二者装配起来,装配过程需要准确定位,还必须考虑芯子的稳定性。直接铸型制造工艺制造的铸型,型芯可同时堆积而成,无需下芯装配,位置精度更易保证。

（5）无拔模斜度

由于直接铸型制造工艺是无模样的直接堆积造型,没有拔模问题,所以传统铸型设计必不可少的拔模斜度等约束在此失去意义,因而可减轻铸件重量。

（6）可制造含自由曲面(曲线)的铸型

传统工艺中,采用普通加工方法制造模样的精度难以保证;数控加工编程复杂,另外刀具干涉等障碍无法克服。所以传统工艺制造含自由曲面或曲线的铸件精度不易保证。而基于离散/堆积成形原理的直接铸型制造工艺,不存在成形的几何约束,因而能够很容易地实现任意复杂形状的造型,且易保证精度。

（7）可制造组合零件(功能零件)

由于传统铸造工艺的限制,在零件的设计制造过程中,某功能件需要分成几个零件分别进行铸造和加工,然后装配而成。而基于离散/堆积成形原理的直接铸型制造工艺,无需模型,不存在起模问题对零件的形状限制,可以将传统工艺下的几个零件组合成功能零件一次成形,减少了机加工和装配工作量,彻底消除了加工和装配误差带来的精度损失。可见这项新工艺还可以带来设计思想的变革,可大幅度提高生产效率,降低制造成本。

(8)铸型 CAD 一体化

在铸件 CAD 模型的基础上,可以用计算机绘制浇注铸型:补偿收缩的尺寸定标,添加圆角;同时确定铸型参数与浇注系统类型。可将铸件制造过程中的收缩、变形通过有限元模拟和误差数据统计,实现早期的、多回路的、闭环控制的误差反馈系统;进一步可用流动/固化软件来模拟检查原 CAD 模型的设计和工艺参数的合理性,以便预测、发现并解决铸造过程中的各种问题,从而实现了铸造过程的计算机集成制造。

2.3.7　几种铸造方法的比较

每种铸造方法均有其优、缺点,在选用时应结合具体的生产实际进行全面的分析、比较。表 2-4 为几种铸造方法的比较。

表 2-4　几种铸造方法比较

比较项目	砂型铸造	金属型铸造	压力铸造	熔模铸造	离心铸造	实型铸造
适用合金	各种合金	各种合金,以铸造非铁合金为主	铸造非铁合金	碳钢、合金钢、铸造非铁合金	铸钢、铸铁、铜合金	钢铁、铜合金、铝合金
适用铸件大小	不受限制	中小铸件	中小铸件	小铸件	大中小铸件	大中小铸造
铸件最小壁厚 /mm	>4	铸铝>3 铸铁>5	铝合金0.5 锌合金0.3 铜合金2.0	0.5～0.7,孔 ϕ0.5～2.0	优于同类铸型的常压铸造	>3
表面粗糙度 R_a /μm	50～12.5	12.5～6.3	3.2～0.8	6.3～1.6	取决于铸型材料	6.3～1.6
铸件尺寸公差 /mm	100±1.0	100±0.4	100±0.3	100±0.3	取决于铸型材料	70～90
工艺出品率(%)	30～50	40～50	60	60	85～95	100±0.3
毛坯利用率(%)	70	70	95	90	70～90	90
投产的最小批量	单件	700～1000	1000	1000	100～1000	单件、批量、大量
生产率(一般机械化程度)	低中	中高	最高	低中	中高	中高
应用举例	机床床身、箱体、支座、轴承盖、曲轴、气缸体、气缸盖、水轮机转子等	铝活塞、水暖器材、水轮机叶片、一般铸造非铁合金铸件等	汽车化油器、缸体、仪表和照相机的壳体和支架等	刀具、叶片、自行车零件、机床零件、刀杆、风动工具等	各种铸铁管、套筒、环叶轮、滑动轴承等	模具、气缸头、曲轴、壳体、基座、机身、工艺品等

注:毛坯利用率=零件重/铸件重×100%

影响铸造经济性的因素很多,如质量要求、生产批量、现有设备条件等。表2-5为几种铸造方法的经济性的比较。

表2-5　几种铸造方法经济性比较

比较项目	砂型铸造	金属型铸造	压力铸造	熔模铸造	离心铸造	实型铸造
小批生产时的适应性	最好	良好	不好	良好	不好	不好
大量生产时的适应性	良好	良好	最好	良好	良好	良好
模样或铸型制造成本	最低	中等	最高	较高	中等	较低
铸件的机械加工余量	最大	较大	最小	较小	内孔大	很小
工艺出品率	较差	较好	较好	较差	较好	较好
切削加工费用	中等	较小	最小	较小	中等	较小
设备费用	低、中	较低	较高	较高	中等	较高

第3章 焊 接

3.1 焊接概述

焊接是通过加热、加压、或两者并用,并且用或不用填充材料,使焊件达到原子或分子结合的连接方法。

由于被焊金属表面存在着微观凸凹不平、氧化膜、水、气体和污物,阻碍了分离表面间原子或分子的键合。而采用加热或加压可以消除凸凹不平,打碎和消除氯化膜、水、气体和污物,从而使两个洁净表面的原子或分子能够充分靠近,并产生键合,形成共同的晶粒或分子集团。

根据所采用加热和加压方式的不同,焊接可分为**熔焊**、**压焊**和**钎焊**。

熔焊是在焊接过程中将焊件接头加热至熔化状态,不加压而形成焊接接头的方法。熔焊包括气焊、电弧焊、电渣焊、电子束焊和激光焊等,应用最多的是**电弧焊**和气焊。

压焊是在焊接过程中必须对焊件施加压力(加热或不加热),以完成焊接的方法。压焊包括电阻焊、冷压焊、扩散焊、超声波焊、摩擦焊和爆炸焊等,应用最多的是电阻焊。

钎焊是采用比母材熔点低的金属材料作钎料,将焊件和钎料加热到高于钎料熔点、低于母材熔点的温度,利用液态钎料润湿母材、铺展和填充接头间隙并与母材相互扩散,凝固后将两个分离的表面连接成一个整体的方法。钎焊包括软钎焊和硬钎焊两种。

焊接是目前应用极为广泛的连接方法,与机械连接法(如铆接、螺栓连接等)相比,它具有以下优点。

①接头质量良好。焊缝具有良好的力学性能,能耐高温、高压、低温;具有良好的密封性、导电性、耐腐蚀性、耐磨性等。

②省料省工成本低。采用焊接连接金属,一般比铆接节省金属材料10%～20%。焊接加工快、工时少、生产周期短、易于实现机械化和自动化、生产率高。采用焊接可制成双金属结构,还可实现铸-焊、或锻-焊结合,制造大型工件和形状复杂的零件,也可修补铸、锻件的缺陷和磨损的机器零件。

由于焊接技术具有上述的优点,它被广泛地用于造船、车辆、桥梁、钢结构、航空航天、电力、重型机械、石油化工等工业领域。如焊接油轮船体、电视塔、电站锅炉、汽轮机转子、叶轮、化工压力容器、压力机轧辊,以及超大规模集成电路导线的连接等。

3.2 手弧焊

手弧焊即手工电弧焊的简称,它是以电弧作热源,用手工操纵焊条进行焊接的方法。该方法操作方便灵活,主要用于单件、小批生产的 2 mm 以上各种常用金属的全位置焊接。

3.2.1 焊接电弧及焊缝形成过程

1. 焊接电弧

焊接电弧是两**电极**间气体介质中的气体放电的一种形式。如图 3 - 1 所示,气体导电不同于金属导体导电,其电压和电流的关系不遵循欧姆定律,而呈现复杂关系。气体放电分为非自持放电和自持放电两个区。在非自持放电区,气体放电自身不能维持其放电所需的带电粒子,而需外加措施(加热和施加一定能量的光量子等)来制造带电粒子,且需要高的外加电压。在自持放电区,一旦在外加措施诱发下产生放电,则放电过程就可以继续下去。气体放电在自持放电区又分为暗放电、辉光放电和电弧放电。其中电弧放电电压最低、电流最大、温度最高、发光最强,因此,将电弧放电用作焊接热源,既安全,加热效率也高。

专业术语

焊接电弧
كەپشەرلەش ئېلېكتر يايى
welding arc

电极
ئېلېكترود، ئېلېكتر قۇتۇبى
electrode Pole

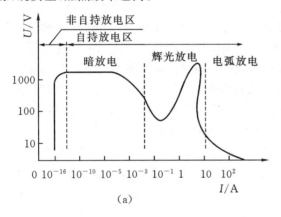

(a)

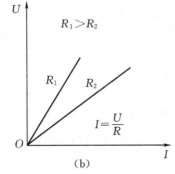

(b)

图 3 - 1　气体放电与金属导电的伏安特性

(a)气体放电;(b)金属导电

专业术语

正极
مۇسبەت قۇتۇپ
positive pole

负极
مەنپىي قۇتۇپ
negative pole

专业术语

阳极
مۇسبەت قۇتۇپ، ئانود
anode

阴极
مەنپىي قۇتۇپ، كاتود
cathode

电弧放电需外加措施引燃电弧,这种外加措施在电弧焊中一般为电极短路引燃和电极间高频振荡引燃。手弧焊是通过短路引燃,即先将**正极**和**负极**接触,并快速分开,如图 3-2 所示。这时,因两电极短路使接触点温度急剧升高,当电极分开时,被强烈加热的**阴极**表面在外加电场的作用下产生强烈的热电子发射,并加速移向**阳极**。两极间的气体介质也由于高温加热和电子撞击而电离,成为导电的粒子遂使电流通过,这时电弧就产生了。只要维持两电极间一定的电压(电弧电压),即可维持电弧的稳定燃烧。电弧愈长,需要电压愈高,否则电弧就会熄灭。但一般电弧电压取安全电压 36 V 以下,所以弧长不宜过长。

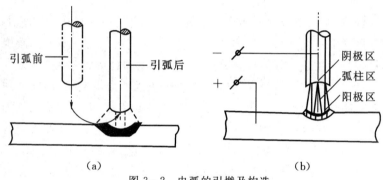

图 3-2 电弧的引燃及构造
(a)敲击法引弧;(b)电弧的组成

电弧燃烧放出大量的热和强烈的光。电弧热量的多少与焊接电流有关,焊接电流愈大,则电弧热量也愈大。所以可通过调节电流大小来控制电弧热量。电弧的热量和温度分布是不均匀的。焊接电弧可分为三个区域:阴极区、阳极区和弧柱区。阴极区和阳极区的厚度很薄、压降较大,所以电场强度很高。阴极区因需发射电子,需消耗一部分能量,所以阴极区的热量和温度较低(占电弧热量的 36%,平均温度为 2400 K)。而阳极区不发射电子,只接收电子,因而阳极区的热量和温度较高(占电弧热量的 43%,平均温度为 2600 K)。弧柱区的能量密度较低,因电子与弧柱中气体粒子的不断碰撞,反应非常剧烈;沿弧柱中心线上电流密度最大,且弧柱温度不受电极材料的限制,因而弧柱区温度最高,一般可达 5000～8000 K。但弧柱的热量不能直接用于焊条或母材的加热,故焊条和工件靠阳极和阴极的产热来熔化。以上为直流电弧的特点。对于交流电弧,两极区的发热量和温度均趋于一致。当采用直流电焊机时,导线的连接就有正接法和反接法之分。如图 3-3 所示。

生产上可根据焊条的性质和焊件所需的热量多少来选用正接法或反接法。例如,对于酸性焊条一般用正接法,以增加熔深,提高生产率;但若钢板很薄,则应选用反接法以防烧穿钢板;用碱性焊条时,则必须按规定采用不同接法,才能使电弧稳定。

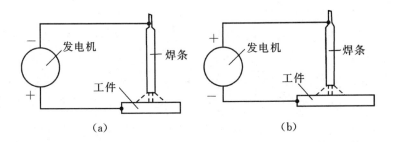

图 3-3　用直流电焊机时的接线法

(a)正接法——工件接电焊机的正极；(b)反接法——工件接电焊机的负极

2. 焊缝形成过程

首先将电焊机的输出端两极分别与工件和焊钳连接，再用焊钳夹持焊条(如图 3-4 所示)。焊接时，利用焊条与工件的接触并快速拉开以引燃电弧；当电弧稳定燃烧时，工件和焊条两极区的高温将使工件局部熔化并形成熔池，熔化的焊条以珠滴形式过渡到熔池中。随着焊条(热源)沿焊接方向的移动，其后的熔池金属迅速冷却、凝固并形成焊缝，使分离的工件连成整体。

焊条外层的药皮被电弧熔化后，形成熔渣保护焊缝，冷凝后形成一层渣壳被清除掉。

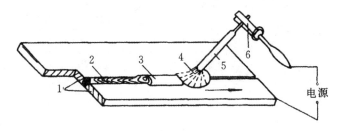

图 3-4　手弧焊焊缝形成过程

1—工件；2—焊缝；3—渣壳；4—电弧；5—焊条；6—焊钳

3.2.2　手弧焊设备

手弧焊设备主要指供给弧焊电能的电源。为使电弧容易引燃、电弧稳定、满足焊接工艺的需要，手弧焊设备应满足以下要求。

①有一定的空载电压。空载电压是电弧未引燃时两端输出的电压。弧焊变压器的空载电压为 55~80 V，弧焊整流器的空载电压为 45~70 V，既能顺利起弧，又能保障操作者的安全。

②有适当的短路电流。在起弧的瞬间，弧焊变压器处于短路状态，短路电流过大会使弧焊变压器温升过高，甚至烧坏；短路电流过小会使热电子发射困难，不易起弧。为此，要将弧焊电源的短路电流控制为焊接电流的 1.5~2 倍。

③焊接电流应能方便地调节。

④当电弧长度发生变化时,要求焊接电流的波动小,以保持电弧和焊接规范的稳定性。

根据电流性质的不同,手弧焊电源分为交流**弧焊机**(又称弧焊变压器)和直流弧焊机(又称弧焊整流器)。

1. 交流弧焊机

交流弧焊机是一种特殊的变压器。普通变压器的输出电压是恒定的,而弧焊变压器的输出电压随输出电流(负载)的变化而变化,空载时为 $60 \sim 80$ V,既能满足顺利起弧的需要,又对人身比较安全。起弧后,电压会自动下降到电弧正常工作所需的 $20 \sim 30$ V。当短路起弧时,电压会自动降到趋近于零,使短路电流不致过大而烧毁电路或变压器。图 3-5 是 BX3-300 型动圈式单相弧焊变压器外形图,其额定输出电流 300 A。通过调节手柄可使次级线圈上下移动,实现电流的细调,如图 3-6 所示。

专业术语

弧焊机

يايلىق كەپشەرلەش
ماشىنسى

arc welding machine

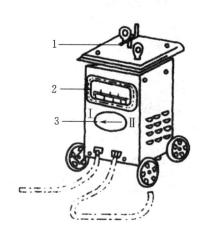

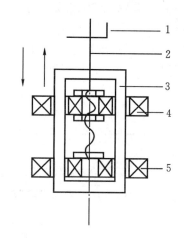

图 3-5   BX-300 型弧焊变压器
1—调节手柄;2—电流指示牌;
3—转换开关

图 3-6   线圈移动示意图
1—调节手柄;2—调节螺杆;3—铁芯;
4—可动次级线圈;5—初级线圈

调节时,通过改变初级线圈的圈数,可使电流在较大范围调整,即当图 3-5 中的转换开关的箭头指向 I 时,焊接电流较小,此挡称为小挡;反之,当箭头指向 II 位时的挡位称为大挡。BX3-300 型弧焊机的技术参数如表 3-1 所示。

表 3 - 1　典型弧焊机的技术参数

型号	初级电压	空载电压/V Ⅰ　　Ⅱ		工作电压 /V	额定焊接 电流/A	额定输入 容量/kV·A	电流调节范 围ⅠⅡ/A	额定负载 持续率 %
BX3 - 300	380 V	75	70	32	300	23.4	35～135 125～400	60
AX - 320	三相,380 V	50～80		30	320	14	45～320	50
ZXG - 300	三相,380 V	70		25～30	300	21～25.7	15～300 50～376	60

2. 直流弧焊机

　　直流弧焊机供给焊接用直流电,其输出端有正负极之分。常用的直流弧焊机有两大类。

　　①发电机式直流弧焊机由一台具有特殊性能的、能满足焊接要求的直流发电机供给焊接电流,发电机由一台同轴的交流电动机带动,两者装在一个机壳里,组成一台直流弧焊机。图 3-7 是 AX-320 型发电机式直流弧焊机的外形及原理图。主要技术数见表 3-1。

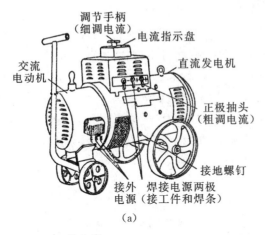

（a）

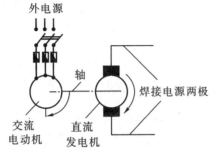

（b）

图 3-7　AX-320 型发电机式直流弧焊机

（a）直流电焊机外形；（b）直流电焊机原理

②弧焊整流器由大功率的硅整流元件组成,将符合焊接需要的交流电源整流成直流,供焊接使用。图 3-8 是 ZXG-300 型磁放大器式硅整流弧焊机的外形图,其主要技术参数见表3-1。与发电机式直流弧焊机比较,这种直流弧焊机没有旋转部分,结构简单,维修容易,噪音小,应用较普遍。

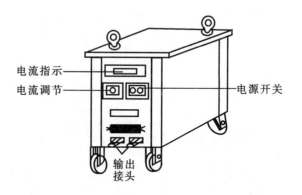

图 3-8　ZXG-300 型直流弧焊机

3.2.3　手弧焊焊条

焊条由焊芯和外层涂敷的药皮两部分组成(如图 3-9 所示)。焊芯的作用:一是作为电弧的电极,传导电流;二是作为填充金属,熔化后与母材一起形成焊缝。手弧焊时,焊芯金属约占整个焊缝金属的 $50\% \sim 70\%$,因此,焊接用焊芯钢丝一般为高级优质钢丝。如结构钢焊条的焊芯,常用牌号为 H08 和 H08A,其中,H 代表焊接用钢丝,08 表示含碳量平均为 0.08%,A 代表高级优质钢。焊条直径一般指焊芯直径,常用范围为 $2.5 \sim 4.5$ mm,每根焊条长为 $350 \sim 450$ mm。

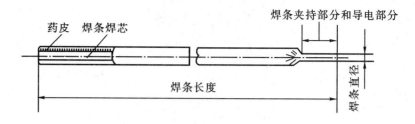

图 3-9　焊条结构图

焊条药皮由多种矿石粉和铁合金粉配成,再与水玻璃等黏结剂混均后通过压涂和烘干后粘涂在焊芯外面。由于药皮内有稳弧剂、造气剂和造渣剂等(如表 3-2 所示),所以有如下作用。

①稳弧作用。药皮中某些成分可促使气体粒子电离,从而使电弧容易引燃并稳定燃烧。

②保护作用。在高温电弧作用下产生熔渣和气体,包围和覆盖熔池,

隔绝空气,防止氧化。

③进行有益的冶金反应、脱氧和合金化,减轻熔池中杂质的不利影响,提高焊缝性能。

表 3 - 2   焊条药皮原料及作用

原料种类	原料名称	作用
稳弧剂	K_2CO_3、Na_2CO_3、长石、大理石($CaCO_3$)、钛白粉	改善引弧性,提高稳弧性
造气剂	大理石、淀粉、纤维素等	造成气体保护熔池和熔滴
造渣剂	大理石、萤石、菱苦土、长石、钛铁矿、锰矿等	造成熔渣保护熔池和焊缝
脱氧剂	锰铁、硅铁、钛铁等	使熔化的金属脱氧
合金剂	锰铁、硅铁、钛铁等	使焊缝获得必要的合金成分
黏结剂	钾水、玻璃钠、水玻璃	使药皮牢固地粘在焊芯上

焊条的型号由国家标准局及国际标准组织(ISO)制定。焊条型号编制的规则如下:

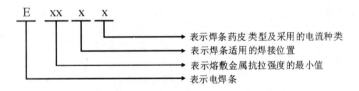

如 E4303 表示熔敷金属抗拉强度不低于 43 kgf/mm²(420 MPa),适于全位置焊的钛钙型交直流都适用的焊条。

焊条的牌号是焊接材料行业统一的焊条代号,且焊条牌号的标注要符合国家标准的要求,如 GB/T 5117—2012 和 GB/T 5118—2012 分别对碳钢和低合金钢焊条进行规范。焊条牌号的编制规则如下:

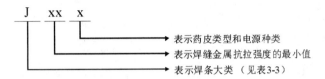

例如,J422 焊条为钛钙型、交直流两用结构钢焊条,焊缝金属的抗拉强度大于 420 MPa。生产厂家必须在 J422 牌号边上标明"符合 GB/T 5117—2012   E4303 型",以便用户选用。结构钢焊条的选用如表 3 - 3 所示。

表 3 - 3　结构钢焊条的选用

钢种	钢号	一般结构	承受动载荷、复杂和厚板结构的受压容器
低碳钢	Q235 Q255 08 10 15 20	J422　J423　J424　J425	J426 J427
	Q275 20 30	J502 J503	J506 J507
普低钢	09Mn2 09MnV	J422 J423	J426 J427
	16Mn 16MnCu	J502 J503	J506 J507
	15MnV 15MnTi	J506 J556 J507 J557	J506 J556 J507 J557
	15MnVN	J556 J557 J606 J607	J556 J557 J606 J607

焊条型号与牌号的关系如表 3 - 4 所示。

表 3 - 4　焊条型号和牌号关系

国家标准与焊条型号			焊条牌号			
焊条大类（按化学成分分类）			焊条大类（按用途分类）			
国家标准编号	名称	代号	类别	名称	代号 字母	汉字
GB/T 5117—2012	碳钢焊条	E	一	结构钢焊条	J	结
GB/T 5118—2012	低合金钢焊条	E	一	结构钢焊条	J	结
			二	钼和铬钼耐热钢焊条	R	热
			三	低温钢焊条	W	温
GB/T 983—1995	不锈钢焊条	E	四	不锈钢焊条	G	铬
					A	奥
GB/T 984—2001	堆焊焊条	ED	五	堆焊焊条	D	堆
—	—	—	六	铸铁焊条	Z	铸
—	—	—	七	镍及镍合金焊条	Ni	镍
GB/T 3670—1995	铜及铜合金焊条	ECu	八	铜及铜合金焊条	T	铜
GB/T 3669—1995	铝及铝合金焊条	EAl	九	铝及铝合金焊条	L	铝
—	—	—	十	特殊用途焊条	TS	特

3.2.4 焊接接头设计

1. 焊接接头

最基本的接头形式有对接、搭接、角接和 T 型接接头，如图 3 - 10 所示。

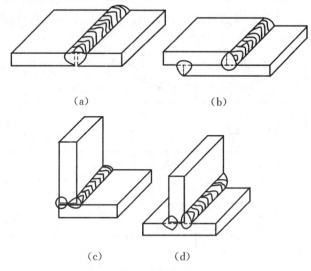

图 3 - 10　焊接接头形式

(a)对接；(b)接搭；(c)角接；(d)T 型接

2. 焊缝坡口

为使焊缝全焊透，当工件厚度大于 6 mm 时就要开**坡口**。坡口包括斜边和钝边，根据斜边的形式不同分为 Y 型、双 Y 型、U 型、双 U 型，见图 3 - 11(a)～(d)。当工件厚度小于 6 mm 时可不开坡口，但接缝处应留有 0～2 mm 的间隙，见图 3 - 11(e)。

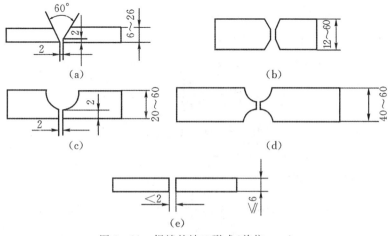

图 3 - 11　焊缝的坡口形式(单位:mm)

(a)Y 型坡口；(b)双 Y 型坡口；(c)带钝边 U 型坡口；

(d)双 U 型带钝边坡口；(e)I 型坡口

3. 焊缝的空间位置

焊缝在空间有四种不同的位置,分别为平焊缝、横焊缝、立焊缝和仰焊缝,如图 3-12 所示,其中平焊缝最易操作,焊缝质量也好。立焊缝和仰焊缝因熔池铁水在重力作用下有下滴的趋势,操作难度大,生产率低,质量也不易保证。所以应尽量采用平焊。对有角焊缝的零件,应采用船形位置焊(如图 3-13(a)所示,以获得平焊的优点。典型工字梁的焊缝空间位置如图 3-13(b)所示。

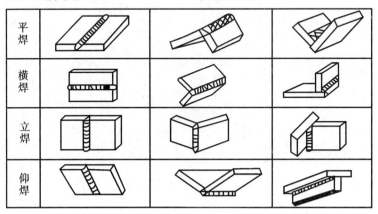

平焊			
横焊			
立焊			
仰焊			

图 3-12 焊缝空间位置

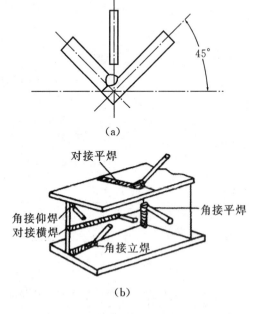

(a)

(b)

图 3-13 焊接接头形式和空间位置实例

(a)角焊缝的船形焊;

(b)工字梁焊件中的各种焊缝位置

3.2.5　焊接工艺参数的选择

焊接工艺参数是焊接时为保证焊接质量而选定的各项参数。焊接工艺参数主要有焊条直径和焊接电流,有时还要选定电弧电压、焊接速度和焊接层数等。

1.焊条直径的选择

焊条直径是根据钢板厚度、接头形式、焊接位置等来选择的。平板对接时焊条直径的选择可参考表3-5。

表3-5　焊条直径的选择

钢板厚度/mm	≤1.5	2.0	3	4～7	8～12	≥13
焊条直径/mm	1.6	1.6～2.0	2.5～3.2	3.2～4.0	4.0～4.5	4.0～5.8

在进行立焊、横焊和仰焊时,焊条直径不得超过4 mm,以免熔池过大,液态金属和熔渣下流。

2.焊接电流的选择

焊接电流是主要的工艺参数,其大小应与焊条直径相配合,焊条直径愈大,使用的焊接电流也相应增大。各种直径焊条的常用焊接电流范围如表3-6所示。

表3-6　焊接电流的选择

焊条直径/mm	1.6	2.0	2.5	3.2	4.0	5.0	5.8
焊接电流/A	25～40	40～70	70～90	100～130	160～200	200～270	260～300

一般平焊且用酸性焊条时,可用大的焊接电流,但用碱性焊条时,焊接电流应小一些。在立焊、横焊时,电流要比平焊小10%～20%。一般碱性焊条按规定应用直流正接或反接法。

3.电弧电压和焊接速度

电弧电压取决于电弧长度(弧长),并与其成正比。

焊接速度是指焊条沿焊缝方向移动的速度。

手弧焊一般不规定电弧电压和焊接速度,由焊工根据具体情况自行决定。

3.2.6　平焊

对于水平位置的直线焊接,主要应掌握好"三度",即电弧长度、焊条角度和焊接速度。

①电弧长度。在焊条不断熔化的过程中,操作者必须保持电弧长度的稳定,一般合理的电弧长度约等于焊条直径。

②焊条角度。焊条与焊缝及工件之间的正确角度关系如图3-14所示。即焊缝宽度方向与焊条的夹角相等(平板为90°),焊接方向与焊条的

夹角为 $70°\sim80°$。

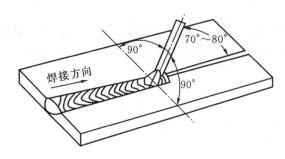

图 3 - 14 焊条角度

③焊接速度。合适的焊接速度应使所得焊道的熔宽约等于焊条直径的两倍,表面平整,波纹细密。焊速太高时焊道窄而高,波纹粗糙,熔合不良;焊速太低时,熔宽过大,焊件容易被烧穿。

初学者练习时应注意:应选择合适的焊接电流,焊条应对正,电弧要短,焊速不要快,力求均匀。

3.3 气焊

专业术语

气焊
گاز كەپشەر
gas welding

气焊是利用燃烧的气体火焰作为热源的焊接方法。所使用的可燃烧气体有乙炔、丙烷、甲烷和丁烷等。氧-乙炔焊是最常用的气焊形式,如图 3 - 15 所示。它利用乙炔和氧气燃烧火焰将焊件和**焊丝**加热熔化,冷凝后形成焊缝。与电弧焊相比,气焊的设备简单,不需要电源,操作简便,在各种场合(包括野外)使用都十分方便。但气焊热源温度较低,热量分散、生产率低,焊件变形大,焊接质量较差,所以应用不如电弧焊广泛,已逐渐被其他先进的焊接方法所代替。目前气焊主要用于焊接厚度在 3 mm 以下的薄钢板,质量要求不高的铜、铝等非铁合金和低熔点材料的焊接,以及铸铁的补焊,且仅限于单件生产。

专业术语

焊丝
كەپشەر سىمى
solder wire

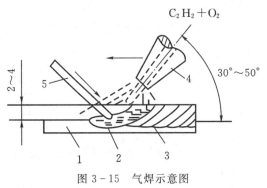

图 3 - 15 气焊示意图
1—焊件;2—熔池;3—焊缝;4—焊嘴;5—焊丝

3.3.1　气焊设备

气焊所用的设备及气路连接如图 3 - 16 所示,主要有氧气瓶、乙炔瓶、减压器、回火防止器及焊炬等。

①氧气瓶。氧气瓶是运输和贮存高压氧气的容器。容积为 40 L,最大压强为 14.7 MPa。氧气瓶属易爆危险品,要严格按产品说明使用和保管。

②乙炔瓶。乙炔瓶是运送和贮存乙炔的容器,如图 3 - 17 所示。乙炔瓶容积为 40 L,限压为 1.52 MPa。乙炔是一种易燃易爆的气体,要按要求正确保管和使用,注意安全。

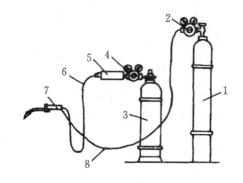

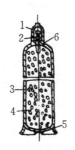

图 3 - 16　气焊设备及连接
1—氧气瓶;2—氧气减压器;3—乙炔瓶;
4—乙炔减压器;5—回火防止器;6—乙炔管;
7—焊炬;8—氧气管

图 3 - 17　乙炔瓶
1—瓶帽;2—瓶阀;
3—瓶体;4—多孔性填材;
5—瓶座;6—石棉

③减压器。减压器是将高压气体降为低压气体的调节装置。气焊时所需的工作压力一般较低,如所需氧气压强为 0.2～0.4 MPa,所需乙炔气体压强一般不超过 0.15 MPa。使用前需要用减压器将瓶内输出的气体压强降低到工作压强。常用的氧气减压器的构造如图 3 - 18 所示。每种气体都有专用的减压器,禁止换用和替用。使用减压器时,先缓慢打开氧气瓶(或乙炔瓶)阀门,再旋转减压器调压手柄,直至工作压力达到所需的数值为止。停止工作时,先松开调压手柄,然后关闭氧气瓶(或乙炔瓶)阀门。

④回火防止器。回火防止器是装在气路上防止火焰沿气路回烧的安全装置。正常气焊时,火焰在焊嘴外面燃烧,但当气体压力不足、焊嘴堵塞、焊嘴过热或焊嘴离焊件太近时,火焰会进入喷嘴沿气路逆向燃烧,这种现象称为回火。如果火焰蔓延到乙炔瓶就会发生严重的爆炸事故,所以在乙炔瓶的输出管道上必须装置回火防止器。图 3 - 19 所示为水封式回火防止器的结构示意图。

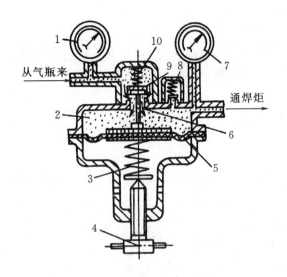

图 3 - 18 减压器的构造

1—高压表；2—低压室；3—调压弹簧；4—调压手柄；5—薄膜；

6—通道；7—低压表；8—安全帽；9—活门；10—活门弹簧

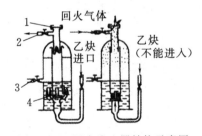

图 3 - 19 回火防止器结构示意图

1—防爆膜；2—出气管；3—水位阀；4—止回阀

⑤焊炬。焊炬是用于控制气体混合比、流量及火焰并进行焊接的工具。常用的焊炬型号有 H01 - 2 和 H01 - 6 等。图 3 - 20 所示为射吸式焊炬的外形构造图。打开氧气与乙炔阀门，两种气体便进入混合管，均匀混合后从焊嘴喷出，点火后即燃烧。各种型号的焊炬均配有 3～5 个大小不同的喷嘴，使用时可根据焊件的厚度进行选择。

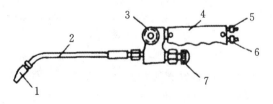

图 3 - 20 焊炬

1—焊嘴；2—混合管；3—乙炔阀门；4—手把；

5—乙炔管；6—氧气管；7—氧气阀门

3.3.2 焊丝和焊剂

气焊的焊丝在焊接时作为填充金属与母材一起形成焊缝,一般为金属丝。焊接低碳钢常用气焊丝为 H08 和 H08A。焊丝直径应根据焊件厚度来选择,一般为 2～4 mm。

除焊低碳钢外,气焊时一般要使用**焊剂**。焊剂的作用是保护熔池金属,去除焊接过程中产生的氧化物,增加液态金属的流动性和润湿性。

3.3.3 气焊火焰

(1)气焊点火、调整火焰和灭火

点火时,先将氧气阀门稍微打开一点,再打开乙炔阀门,用明火点燃火焰,然后逐渐开大氧气阀门来调节火焰的状态。在点火过程中,若出现放炮声或火焰熄灭,应立即减少氧气或放掉不纯的乙炔,再点火。灭火时,应先关闭乙炔阀门,后关闭氧气阀门。

(2)火焰类型

改变乙炔和氧气的混合比例,可以获得三种性质不同的火焰,即中性焰、碳化焰和**氧化焰**,如图 3-21 所示。

①中性焰。当氧气和乙炔的体积比为 1.1～1.2 时,燃烧所形成的火焰称为中性焰,又称为正常焰。它由焰心、内焰和外焰三部分组成。靠近喷嘴处为焰心,呈白亮色,其外层呈蓝紫色的部分为内焰,最外层为外焰,呈桔红色。中性焰的乙炔燃烧充分,火焰温度高,最高温度位于焰心前端 2～4 mm 的内焰区,可达 3150℃。中性焰应用最为广泛,适用于焊接低碳钢、中碳钢、合金钢、不锈钢、纯铜和铝合金等材料。

②碳化焰。当氧气和乙炔的体积比小于 1.1 时形成的火焰称为碳化焰。碳化焰也由内焰、外焰和焰心三部分组成,但比中性焰的火焰长,火焰的最高温度为 3000 ℃。由于氧气不足,燃烧不完全,火焰中含有游离碳,具有较强的还原性和一定的渗碳作用。

碳化焰适用于焊接高碳钢、铸铁和硬质合金等材料。

③氧化焰。当氧气和乙炔的体积比大于 1.2 时,形成的火焰称为氧化焰。由于氧气过量,燃烧剧烈,火焰明显缩短,且只有焰心和外焰两部分组成,火焰的最高温度为 3300 ℃。由于过剩的氧对熔池金属有强烈的氧化作用,焊缝质量不好,所以氧化焰应用较少,仅用于焊接黄铜和镀锌钢板,

专业术语

焊剂

كەپشەر خۇرۇۇچى

welding flux

专业术语

氧化焰

ئوكسىدلانغان يالقۇن

oxidizing flame

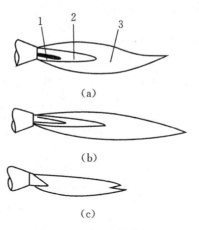

(a)

(b)

(c)

图 3-21 氧-乙炔火焰

(a)中性焰;(b)碳化焰;(c)氧化焰

1—焰心;2—内焰;3—外焰

以利用其氧化性在熔池表面形成一层氧化物薄膜,防止低沸点的锌蒸发。

3.4　切割

切割方法主要用于下料,也可对工件进行机械加工,目前已广泛地用于机械制造、建材生产和建筑装潢等领域。常用的切割方法有:机械切割、氧气切割、等离子切割、电火花切割、激光切割和水射流切割等。这里仅简要介绍氧气切割、等离子切割、激光切割和水射流切割方法。

3.4.1　氧气切割

1. 氧气切割过程

氧气切割(简称为气割)是利用气体火焰(如氧-乙炔火焰)的热能,将工件切割处预热到燃点,然后喷出高速切割氧气流,使高温的金属剧烈燃烧,生成氧化物并放出热量,同时高速氧气流将切割处生成的氧化物熔渣吹走,从而形成切口。切割示意图如图 3-22 所示。

随着割嘴沿切割线向前运动,会不断地重复进行预热—燃烧—吹渣形成切口这一过程,最后形成连续的切口。在切割过程中,金属并不熔化,实质上是在纯氧中燃烧。

2. 气割设备

气割时,除了用割炬代替焊炬,其余设备与气焊基本相同。手工气割割炬如图 3-23 所示。割嘴中心是切割氧气出口,四周是预热用的乙炔与氧的混合气体出口。

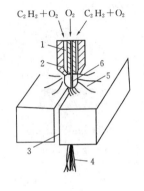

图 3-22　气割示意图
1—割嘴;2—预热嘴;
3—切口;4—氧化渣;
5—预热火焰;6—切割氧

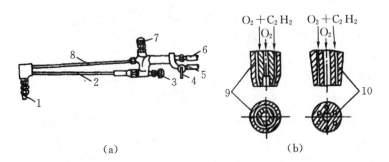

（a）　　　　　　　　　　　　（b）

图 3-23　射吸式割炬构造及割嘴形状
（a)割炬;（b)割嘴形状
1—割嘴;2—混合气管;3—预热氧气阀;4—乙炔气阀;5—乙炔管接头;
6—氧气管接头;7—切割氧气阀;8—切割氧气管;9—环形割嘴;10—梅花形割嘴

3. 气割对材料的要求

金属材料只有满足下列条件才能进行气割:

①金属材料的燃点应低于熔点,否则在气割时金属先熔化,变为熔割

过程,不能形成整齐的切口。

②燃烧生成的金属氧化物的熔点应低于金属本身的熔点。这就保证生成的氧化物能及时熔化并被吹走,使下层的金属能与氧气流接触而继续燃烧。

③金属材料燃烧时能放出大量的热,而且本身的导热性要低。这是为了保证下层金属有足够的预热温度,产生燃烧反应。

根据上述条件,低碳钢、中碳钢和低合金结构钢适合气割。而高碳钢、铸铁、高合金钢、不锈钢及铜、铝等非铁合金难于进行气割。

3.4.2 等离子弧切割

等离子弧是一种弧柱截面被压缩得很小、弧柱区完全电离、能量非常集中的压缩电弧。它是普通电弧利用一些装置的机械、热、电磁三种形式的压缩效应形成的。等离子弧的热量集中、温度高(16000~33000 K)、速度极快(1000 m/s),弧柱细而稳定,可用于金属材料加工、切割与焊接等多种用途。

等离子弧用于切割称为等离子弧切割。如图 3-24 所示为等离子弧切割示意图。等离子弧切割切口窄、速度快,切割速率比氧乙炔切割高1~3倍,可用于切割高碳钢、高合金钢、铸铁及铜、铝等非铁金属。

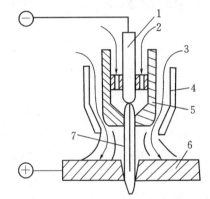

图 3-24 等离子弧切割示意图

1—电极;2—工作气体;3—辅助气体;4—保护罩

5—喷嘴;6—工件;7—等离子弧

3.4.3 激光切割

激光切割是利用经聚焦的高能密度激光束使材料气化或烧蚀,同时借助高速气流吹除熔融切口,从而实现切割工件的一种热切割方法。图3-25所示为激光切割示意图。

激光切割的优点是:切口窄,切割热变形小,切割速度快,精度高,易于实现自动化;既可切割金属材料,又可切割非金属材料。特别是对不锈钢、钛及钛合金等难熔金属和陶瓷可进行精密切割。

其缺点是设备投资大,切割厚度受功率限制,只适宜切割厚度薄的工件。

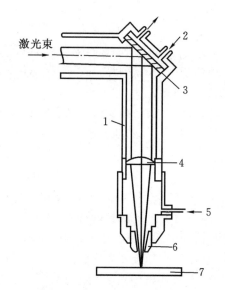

图 3-25　激光切割示意图
1—割炬体;2—冷却水通道;3—反射镜;4—聚焦透镜;
5—辅助气体进口;6—喷嘴;7—工件

3.4.4　水射流切割

水射流切割是利用高压、高速水射流对工件的冲击作用实现切割的。切割时,液体经增压器增压后,压力可达到 70～400 MPa,从孔径为 0.1～0.5 mm 的喷嘴中以 300～900 m/s 的高速度直接喷射到切割部位。

水射流切割具有一些独特的特点:

①采用常温切割。对材料不会造成结构变形或热变形,水射流十分适合许多热敏感材料的切割,是其他切割所不能比拟的。

②切割力强。水射流可切割 180 mm 厚的钢板和 250 mm 厚的钛板等。

③切口质量高。水射流切口的表面平整光滑、无毛刺,切口公差可达 ±(0.06～0.25)mm,同时切口可窄至 0.015 mm,可节省大量的材料,尤其对节省贵重材料更为有利。

④可进行全方位切割。由于水射流切割的流体性质,因此可从材料的任一点开始进行全方位切割,特别适宜复杂工件的切割,也便于实现自动控制。

⑤清洁卫生且安全。由于水射流切割属湿性切割,工作环境清洁卫生,也不存在火灾与爆炸危险。

水射流切割整个系统比较复杂,初始投资大;在使用**磨料**水射流切割时,喷嘴磨损严重。尽管如此,水射流切割技术仍发展很快。

水射流切割可用于切割塑料、皮革、木材、水泥制品等材料。若用加磨料的水切割,可切割高强度钢、复合材料、玻璃等材料。

专业术语

磨料
سىلىقلاش ماتېرىيالى
abrasive

3.5 其他常用焊接方法简介

3.5.1 埋弧焊

埋弧焊是电弧在焊剂层下燃烧进行焊接的方法,其引弧、电弧运动,直到收弧等都是由焊机自动完成的。埋弧焊焊缝形成过程如图 3-26 所示,焊接时,连续送进的焊丝起到焊条焊芯的作用,作为电极与焊件一起产生电弧,形成熔池,并填充焊缝。颗粒状的焊剂相当于焊条的药皮,对焊缝进行有效的保护。

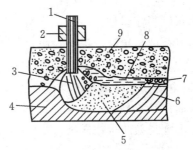

图 3-26 埋弧焊焊缝形成过程

1—焊丝;2—导电嘴;3—电弧;4—焊件;5—熔池;
6—焊缝;7—渣壳;8—熔渣;9—焊剂

专业术语

埋弧焊

يوشۇرۇن يايلىق كەپشەرلەش

submerged-arc welding

MZ-1000 型埋弧焊机是一种常用的埋弧焊机,其设备组成如图 3-27 所示。

埋弧焊具有以下特点:

①焊接质最好。熔融的焊剂在熔池及焊缝周围形成严密的保护层,焊接工艺参数自动控制,焊接成形美观,质量高而稳定。

②生产效率高。可使用大电流(1000 A 以上),熔深大,对较厚的焊件可不开坡口,不像焊条电弧焊那样频繁更换焊条。

③劳动条件好。弧光不外露,烟尘小,焊接过程机械化、自动化。

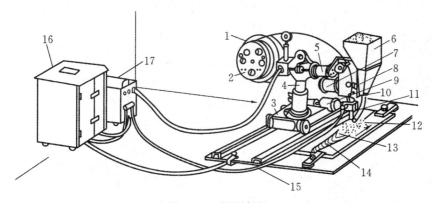

图 3-27 埋弧焊机

1—焊丝;2—操纵盘;3—焊接小车;4—立柱;5—横梁;6—焊剂漏斗;7—送丝电动机;
8—送丝滚轮;9—小车电动机;10—机头;11—导电嘴;12—焊剂;13—渣壳;14—焊缝;
15—焊接电缆;16—焊接电源;17—控制箱

埋弧焊缺点是设备复杂、适应性差,只适合于水平位置,焊接长直焊缝或者具有较大直径的环形焊缝。目前埋弧焊在造船、锅炉、车辆和容器制造等工业生产中得到广泛应用。

3.5.2 气体保护焊

气体保护焊是用外加气体作为电弧介质并保护电弧和焊接区的一种电弧焊方法。常用的气体保护焊有二氧化碳气体保护焊和氩弧焊。

1. 二氧化碳气体保护焊

二氧化碳气体保护焊是利用 CO_2 气体作为保护气体的气体保护焊，简称 CO_2 焊。它用焊丝作为电极，靠焊丝和焊件之间产生的电弧熔化焊件和焊丝，以自动或半自动方式进行焊接。半自动焊焊丝靠机械自动送进，电弧的移动由手工操作。焊接过程如图 3-28 所示，焊接时，焊丝由送丝机构经导电嘴自动向熔池送进，CO_2 气体连续从喷嘴喷出，对接头及附近区域进行保护。

二氧化碳气体保护焊的焊接设备主要由弧焊电源、供气系统、送丝机构、控制系统及焊枪等部分组成，如图 3-29 所示。

CO_2 焊的弧焊电源多使用弧焊整流器，它常和控制系统装在一个壳体内，组成电源控制箱。供气系统由 CO_2 气瓶、预热器、减压器、干燥器、流量计及电磁气阀组成。控制系统可对焊接过程实施全面控制，包括焊丝的送进与停止，引弧时提前供气，焊接时保持气流的稳定，结束时滞后停气等。

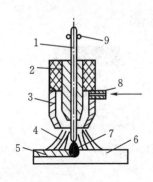

图 3-28 CO_2 焊的焊接示意图
1—焊丝；2—导电嘴；
3—喷嘴；4—CO_2 气体；
5—焊缝；6—焊件；
7—电弧；8—CO_2 气体入口；
9—送丝轮

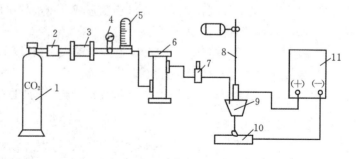

图 3-29 CO_2 气体保护焊的焊接设备示意图
1—CO_2 气瓶；2—预热器；3—高压干燥器；4—减压器；
5—流量计；6—低压干燥器；7—气阀；8—焊丝；
9—喷嘴；10—焊件；11—电源控制箱

CO_2 焊用廉价的 CO_2 作为保护气体，成本只有埋弧焊或焊条电弧焊的 $40\%\sim50\%$；焊接电流密度大，熔化速度快，焊后不需清渣，生产率比普通的焊条电弧焊高 2~4 倍；由于是明弧焊，操作方便灵活，适合于全位置焊接。其缺点是电弧稳定性差、飞溅大、焊缝成形较差；CO_2 气体高温时有氧化性，造成合金元素烧损；焊接设备较复杂、维修不便。所以 CO_2 焊主要用来焊接低碳钢、低合金钢，不适合于焊接高合金钢和非铁金属。

2. 氩弧焊

氩弧焊是利用氩气（Ar）作为保护气体的气体保护焊。按照电极不同

专业术语

氩弧焊
ئارگون يايلىق
كەپشەرلەش
argon arc welding

可分为钨极氩弧焊和熔化极氩弧焊。

钨极氩弧焊利用钨极和焊件之间产生的电弧进行加热,焊接时,钨极不熔化,焊丝从一侧送入熔池,填充焊缝,如图3-30所示。钨极氩弧焊的电源通常采用直流正接,使钨极处在阴极,焊接时使用较小的焊接电流,以减小钨极的烧损。因此,钨极氩弧焊一般只能焊接较薄的焊件。焊接铝、镁合金时,应采用交流电源,这是因为钨极处在负半周期时,具有强烈的清除熔池表面氧化膜的能力,非常有利于焊件焊合。

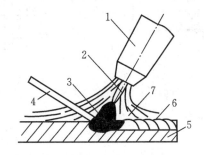

图3-30　钨极氩弧焊的焊接示意图

1—喷嘴;2—钨极;3—熔池;4—焊丝;5—焊件;6—焊缝;7—氩气

熔化极氩弧焊是利用焊丝作为电极并兼作填充金属。焊丝由送丝机构自动连续送进。焊接时电源采用直流反接,可使用较大的焊接电流,适合焊接较厚的焊件。

氩弧焊具有以下特点:

①氩气是一种惰性气体,它既不与熔池金属发生冶金反应,又能对电极、焊缝及周围区域提供良好的保护,因此可获得高质量的焊缝。

②氩弧焊是一种明弧焊,焊后无需消渣,便于观察,易于实现自动化。

③氩气是单原子气体,高温时不分解、不与金属反应;电弧在氩气中燃烧很稳定,且热量集中。因此焊接速度快,焊后焊件变形小,焊缝光洁美观。

④氩气价格贵,焊接成本高。此外,氩弧焊设备复杂。

氩弧焊主要用于焊接不锈钢、高合金钢和铝、镁、锌、铜等非铁合金。

3.5.2　电渣焊

电渣焊是利用电流通过熔融的熔渣产生的电阻热作为热源进行焊接的,生产中常见的丝极电渣焊如图3-31所示。焊接前使两焊件接头相距25～35 mm,利用焊丝和引弧板引弧,产生电弧,电弧热将焊剂熔化形成渣池,随着渣池液面升高,电弧就被淹没而熄灭,电流通过渣池产生电阻热,将连续送进的焊丝和焊件接头表面金属熔化形成熔池。渣池由于密度较小而浮在熔池上面,熔池底部的金属液则逐渐凝固形成焊缝。

电渣焊适合于焊接厚大焊件,生产率高,对任何厚度焊件都不需开坡口,只需在接头之间保持20～40 mm间隙,节省材料,成本低。由于溶池

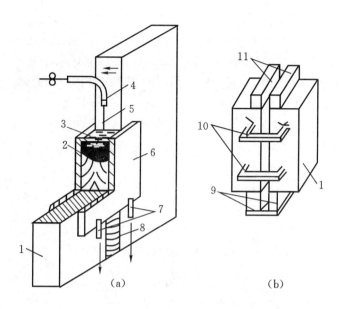

图 3 - 31　丝极电渣焊示意图

(a)电渣焊剖面图;(b)焊件装配图

1—焊件;2—金属熔池;3—渣池;4—导丝管;5—焊丝;

6—冷却滑块;7—冷却水进、出管;8—焊缝;

9—引弧板;10—∩形"马";11—引出板

存在的时间长、熔渣的保护作用良好,接头不易产生气孔、夹渣和裂纹等缺陷。但电渣焊焊缝的热影响区大,易产生过热组织。通常焊后要进行正火处理以细化晶粒,改善力学性能。电渣焊主要用来焊接厚度大于 40 mm的焊件,被广泛地用于重型机械、电站锅炉、造船、石油化工等工业领域,如制造水轮机、轧钢机、水压机等大型设备时,利用电渣焊实现"以焊代铸""以焊代锻",减轻结构质量,简化生产工艺。

3.5.4　堆焊

堆焊是在金属材料或零件表面熔焊上一层金属的工艺过程。其目的不是为了连接,而是一方面使零件表面获得耐磨、耐蚀等特殊性能的熔敷金属层,对零件表面进行改性;另一方面可以恢复零件因磨损或加工失误造成尺寸的不足,或制造金属零部件。即堆焊是对零件表面进行强化、修复,或节省贵重金属的方法。

3.5.5　电阻焊

专业术语

电阻焊

ئېلېكتر قارشىلىقلىق
كەپشەرلەش

resistance welding

电阻焊是利用电流通过焊件接头的接触区及邻近区域产生的电阻热,把焊件加热到塑性状态或熔化状态,再在压力作用下形成牢固接头的一种焊接方法。电阻焊使用低电压(1~12 V)、大电流的大功率焊机,完成一个焊接接头的时间极短,因此具有生产率高、焊接变形小、劳动条件好、易于实现自动化等优点。常用的电阻焊方法有点焊、缝焊、对焊三种,如图3-32所示。

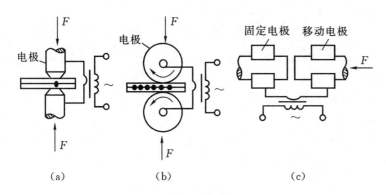

图3-32 电阻焊类型示意图
(a)点焊;(b)缝焊;(c)对焊

1. 点焊

点焊是将焊件装配成搭接接头,并压紧在两柱状的电极之间,利用电阻热熔化母材金属形成焊点的电阻焊方法。

点焊机主要由机身、焊接电源、电极与电极臂、加压机构、冷却水路和控制系统等组成,如图3-33所示。上下电极与电极臂既用于传导焊接电流,又用于传递压力。冷却水路通过焊接电源、电极等导电部分,用来散热。点焊的焊接过程如图3-34所示。

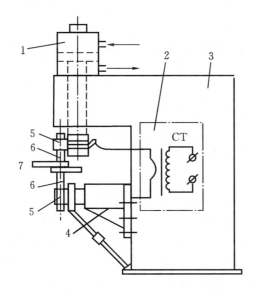

图3-33 点焊机结构示意图
1—加压机构;2—焊接电源;3—机身;4—支座;5—电极臂;
6—电极;7—焊件

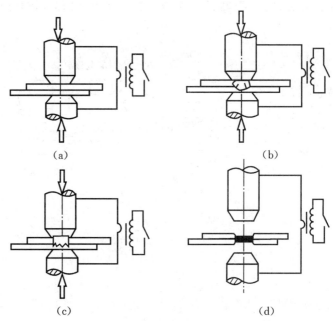

图 3 - 34 点焊的焊接过程

(a)加压;(b)通电;(c)断电;(d)退压

点焊主要用于无密封要求的薄板冲压件搭接、薄板与型钢构件的焊接,被焊材料厚度宜相等或相近,厚度比不超过 1∶3。可焊板的最大厚度,低碳钢为 3 mm,特殊情况可达 10 mm。

2. 缝焊

缝焊又称为滚焊,其焊接过程与点焊相似,只是用旋转的圆盘状电极代替了柱状电极,如图 3 - 33(b)所示。焊接时,盘状电极压紧焊件并旋转,带动焊件连续送进,配合断续通电便在焊件接触处形成一条由连续重叠的焊点组成的焊缝,因此称为缝焊。

缝焊适用于厚度在 3 mm 以下、要求密封或接头强度较高的薄板搭接件的焊接,如油缸、管道、自行车钢圈等的焊接。

3. 对焊

按操作方法不同,对焊分为电阻对焊和闪光对焊。

电阻对焊是将两焊件装夹在对焊机的电极钳口中,先施加预压力使两焊件端面紧密接触,然后通电,利用焊件接触面的电阻热使之迅速加热到高温塑性状态,再施加顶锻力使两焊件焊合。电阻对焊焊接如图 3 - 35 (a)所示。这种焊接方法操作简单,接头表面光滑,但接头内部易有残余夹杂物存在,焊接质量不高。

闪光对焊是在焊件未接触之前先接通电源,然后使两焊件逐渐接触,如图 3 - 35(b)所示。开始表面局部点接触,接触点电流密度极高,产生巨大的电阻热使接触点附近的金属迅速熔化并蒸发、爆破,以火花的形式飞出,形成"闪光";持续地送进焊件,直至端面全面接触熔化为止;然后迅速

专业术语

缝焊

تىكىپ كەپشەرلەش

seam welding

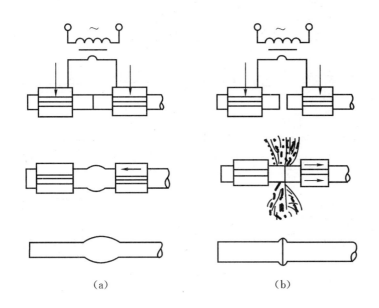

图 3 - 35   对焊

(a)电阻对焊；(b)闪光对焊

断电，并施加较大顶锻力将熔化的金属挤出，从而将焊件连接在一起。闪光对焊端面内部夹杂物少，接头质量高，应用较普遍。

对焊广泛地用于端面形状相同或相似的杆状类零件的焊接。

3.5.6 钎焊

钎焊是将熔点比焊件金属低的钎料加热熔化后，利用毛细作用填充焊缝间隙，使钎料与焊件相互扩散，待冷却凝固后将处于固态的两焊件连接成整体的焊接方法。钎焊的加热方法有：火焰加热、电阻加热、炉内加热、真空加热、感应加热及盐浴加热等形式，焊接时可根据需要进行选择。钎焊时一般都要加钎剂，作用是改善钎料的润湿性，消除接头表面的氧化物及杂质。根据钎料熔点的不同，可将其分为软钎焊和硬钎焊两种。

1. 软钎焊

软钎焊的钎料熔点低于 450℃，接头强度较低(一般不超过 70 MPa)。常用的钎料是锡铅合金(又称锡焊)，以松香、氧化锌等作为钎剂。软钎焊适合于焊接受力不大、工作温度较低的焊件，如电器、仪表与线路接头的焊接。

2. 硬钎焊

硬钎焊的钎料熔点高于 450℃，接头强度较高(达 400～500 MPa)。常用的钎料有铜基、银基、镍基和铝基等合金，钎剂由硼砂、硼酸、氧化物和氯化物等组成。硬钎焊主要用于受力较大、工作温度较高的钢铁和铜合金构件及工具的焊接，如带锯、硬质合金刀具都用铜钎焊进行焊接。

　　　　钎焊构件的接头形式须用搭接或者套件镶接,如图3-36所示。这些
接头的结合面较大,用以弥补钎焊强度不足。

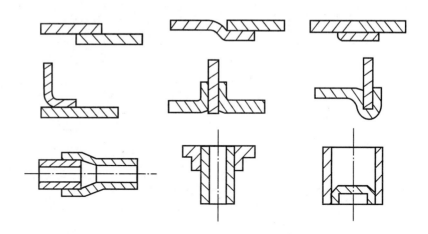

图3-36　钎焊接头形式实例

　　　　与一般熔化焊相比,钎焊的主要优点是:加热温度低,焊件组织和力学
性能变化很小,焊接应力和变形小,焊件的尺寸精度高;可以焊接性能差异
很大的异种金属和厚薄悬殊的焊件。它多用于精密仪表、电器零件、异种
金属的焊接。

3.6　常见的焊接缺陷及检验

3.6.1　常见焊接缺陷

　　　　在焊接生产中,由于材料(工件材料、焊条等)选择不当,焊前准备工作
(清理、装配、开坡口、焊条烘干、工件预热等)做得不好,焊接规范不合适或
操作技术不熟练等原因,常会造成各种焊接缺陷,影响焊接接头的性能。
手弧焊常见的焊接缺陷如图3-37所示。

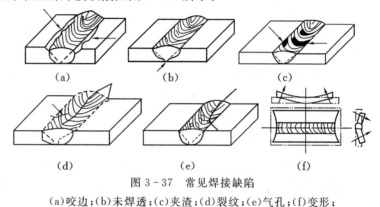

图3-37　常见焊接缺陷

(a)咬边;(b)未焊透;(c)夹渣;(d)裂纹;(e)气孔;(f)变形;

1. 咬边

在靠近焊缝的边缘上所形成的凹陷称为**咬边**,如图 3-37(a)所示。这是由于焊件被熔化到一定深度,而填充金属的补充不足所形成的。

2. 未焊透

焊件金属与焊缝金属局部未熔合好的现象称为未焊透。一种是根部未焊透,另一种是侧面未焊透,如图 3-39(b)所示。

3. 夹渣

焊后在焊缝中残留熔渣称为夹渣,如图 3-37(c)所示。

4. 裂纹

焊接过程中或焊接后,在焊缝和焊缝附近的区域内出现的破裂现象称为裂纹,如图 3-37(d)所示。裂纹是最危险的一种缺陷。凡是出现裂纹都要彻底铲除重焊。

5. 气孔

焊接过程中,焊缝金属中的气体在金属凝固以前来不及逸出,而在焊缝中形成的孔穴称为气孔,如图 3-37(e)所示。气孔有表面气孔和内部气孔两种。

6. 烧穿

焊接过程中,熔化金属自坡口背面流出形成穿孔的缺陷称为烧穿。产生烧穿的原因是焊速过慢、电流过大或电弧在某处停留时间过长等。装配间隙过大或开坡口时留的钝边太小,也都容易出现烧穿现象。应针对产生的原因采取相应的防止措施。

7. 变形

焊件出现上凸、下凹和翘曲等现象的缺陷称为变形,如图 3-37(f)。

3.6.2 焊接检验方法

1. 外观检验

用肉眼或低倍数(小于 20 倍)放大镜检查焊缝区是否有可见的缺陷,如表面气孔、咬边、未焊透、裂缝等,并检查焊缝外形及尺寸是否合格。外观检验合格以后,才能进行下一步,用其他方法检验。

2. 磁粉检验

在强磁场中的焊缝表面撒上铁粉时,磁扰乱部位的铁粉就吸附在裂缝等缺陷之上,其他部位铁粉并不吸附。因此可通过焊缝上铁粉吸附情况,判定焊缝中缺陷的所在位置和大小。

3. 着色检验

在焊缝表面涂着色剂(含有苏丹红的染料),待着色剂渗透到焊缝表面缺陷内,将焊缝表面擦净,涂上一层白色显示液,使缺陷内残留的着色剂渗至表面,显示出缺陷的形状、尺寸和位置。

4. 超声波检验

超声波具有能透入金属材料深处的特性,若焊缝及其附近内部存在缺陷,则根据**脉冲**反射波形的相对位置及形状,即可判断出缺陷的位置、种类和大小。

5. X 射线和 γ 射线检验

X 射线和 γ 射线都是电磁波,都能不同程度地透过金属。当经过不同物质时,会引起不同程度的衰减,从而使在金属另一面的照相底片得到不同程度的感光。若焊缝中有未焊透、裂缝、气孔与夹渣时,则通过缺陷处的射线衰减程度小,因此相应部位的底片感光较强,底片冲洗后就在缺陷部位上显示出明显可见的黑色条纹和斑点。射线探伤质量检验标准应按照 GB/T 3323—2005《金属熔化焊焊接接头射线照像》来评定,共分四级,一级焊缝缺陷最少,质量最高,二、三级焊缝的内部缺陷依次增多,质量逐次下降,直到四级。

第4章 锻 压

锻压包括**锻造**和冲压,其基本加工方法为**自由锻造**、**模型锻造**和冲压(如图4-1所示)。锻压属于压力加工,坯料在外力作用下产生塑性变形,改变形状、尺寸,改善机械性能而成为毛坯或零件。

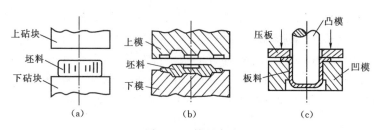

图4-1 锻压方法
(a)自由锻造;(b)模型锻造;(c)冲压

坯料经锻造后,组织致密、均匀,机械性能提高。承受重载、冲击的重要零件,多为**锻件**。冲压用于制造薄壁零件。冲压件强度高、刚性好、重量轻、精度高、表面光洁,一般不需再进行切割加工,即成为零件。

塑性好的钢和某些铜合金、铝合金,常用作锻压材料。坯料需加热到一定的温度,才能进行锻造。

4.1 坯料的加热和锻件的冷却

4.1.1 加热的缺陷

将坯料加热,是为了提高塑性,降低变形抗力,使锻造省力,并能产生大的变形而不破裂。

坯料的温度越高,越易于锻造。但加热温度过高,会加剧钢的氧化、**脱碳**,甚至产生过热、**过烧**的缺陷。

1. 氧化、脱碳

钢加热超过一定的温度后,加热炉中的氧化性气体(O_2,CO_2,H_2O)使钢料表面的Fe急剧氧化。氧化会造成材料损失(烧损),氧化皮会加剧锻模磨损,并使锻件表面不平整。

高温下,钢件表层的碳亦被氧化、烧损,使钢料表层含碳量降低——脱碳。脱碳层必须切除,以免降低表层的强度和硬度。

专业术语

锻压
بازغانلاش ، سوقۇش
forge and press

锻造
بازغانلاپ ياساش ،
سوقۇپ ياساش
forging

自由锻造
ئەركىن بازغانلاش
free forging

模型锻造
قېلىپلىق سوقۇش
drop-forging

坯料
قۇيما ماتېرىياللار ،
خام ماتېرىياللار
blank

锻件
سوقۇلما ،سوقۇپ ياسالغان دېتال
forged part

专业术语

脱碳
كاربونسىزلاندۇرۇش
decarburization

过烧
ئارتۇق كۆيۈش
over-burn

加热的温度越高、时间越长,氧化、脱碳越严重。

2. 过热、过烧

坯料加热温度过高或高温停留时间过长将使内部晶粒变得粗大,这种现象称为过热。过热的坯料既影响锻造,又使锻件机械性能降低。过热形成的粗大晶粒可以通过多次锻造或锻后正火、调质处理加以细化。

过热的钢料在高温停留时间长或继续加热到更高的温度时,晶粒边界将局部熔化,并被严重氧化,从而削弱了晶粒之间的联系,这种现象称为过烧。过烧的钢料一经锻压即碎,只能报废,无法挽救。

4.1.2　锻造温度范围

各种材料在锻造时所允许的最高加热温度称为该材料的始锻温度。受坯料加热缺陷的限制,碳钢的始锻温度一般低于熔点 $200\sim300\,^{\circ}\mathrm{C}$。

锻造中,随着温度的下降,坯料的塑性随之下降,变形抗力相应增加,当温度下降到一定程度后即难以变形,容易断裂。此时必须停止锻造,或重新加热再锻。各种材料冷却至不宜再锻造的温度,称为该材料的终锻温度。

始锻温度和终锻温度之间的温度区间,称为锻造温度范围。常用钢材的锻造温度范围列于表 4-1 中。

表 4-1　锻造温度范围

合金种类		始锻温度/℃	终锻温度/℃
碳素钢	$C\leqslant0.3\%$	$1200\sim1250$	$750\sim800$
	$0.3\%<C\leqslant0.5\%$	$1150\sim1200$	800
	$0.5\%<C\leqslant0.9\%$	$1100\sim1150$	800
	$0.9\%<C\leqslant1.5\%$	$1050\sim1100$	800
合金钢	合金结构钢	$1150\sim1200$	850
	低合金工具钢	$1100\sim1150$	850
	高速钢	$1100\sim1150$	900

碳钢在高温下表面发光的颜色和明暗,会随着温度变化而变化。锻造时,锻工一般都用观察火色的方法来估计工件的温度(见表 4-2)。

表 4-2　碳钢火色与温度的关系

火色	暗棕色	棕红色	暗红色	暗樱红色	樱桃色
温度/℃	$520\sim580$	$580\sim650$	$650\sim750$	$750\sim780$	$780\sim800$
火色	亮桃红色	亮红色	枯黄色	暗黄色	亮黄色
温度/℃	$800\sim830$	$830\sim880$	$880\sim1050$	$1050\sim1150$	$1150\sim1250$

4.1.3 坯料的加热

1. 加热设备

加热炉按热源不同可分为火焰炉和电加热炉两类。

火焰炉用煤(或焦炭)、重油(或废残油)、天燃气(或煤气)作燃料。图4-2所示的反射炉是常用的火焰炉,适用于中小型锻件的中小批量生产。反射炉加热室的温度比较均匀,可达1350℃左右。氧化性火焰被隔火墙隔离,不直接接触坯料,能减少氧化、脱碳。反射炉的加热速度慢,加热质量难以控制。

电加热炉按加热方式可分为电阻加热、直接加热和感应加热。其中电加热的加热速度快,坯料的氧化、脱碳少,温度控制准确,易实现机械化和自动化。

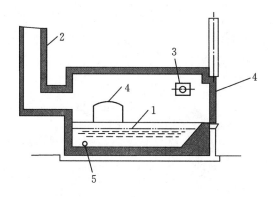

图4-2 火焰反射炉结构示意图
1—熔池;2—烟道;3—烧嘴;4—炉门;5—流口

2. 加热速度

加热速度快,有利于提高生产效率,防止和减少加热缺陷,但如加热速度过快,内外温差大,膨胀不一致,又会使坯料产生内应力,甚至产生裂纹。高碳钢及某些塑性较差的高合金钢产生裂纹的倾向比较大,当锻件尺寸较大,或形状复杂时,在加热时,加热速度和装炉温度必须严格按规范执行。

3. 锻件的冷却

锻件冷却太快,会造成表面硬化及收缩不均匀引起的变形,甚至产生表面裂纹。故必须正确地选择适当的冷却方法。

(1)堆冷

堆冷是将锻件放(堆)在干燥的地面上冷却,适用于低、中碳钢及低合金钢锻件。

(2)坑冷

坑冷是将锻件放在覆盖有石棉灰、干砂、炉灰等隔热层的坑内冷却,适用于合金工具钢、高碳钢锻件。

（3）炉冷

炉冷是将锻件置于 500～700 ℃ 的加热炉中，随炉缓慢冷却，适用于高合金钢、特殊钢锻件。

4.2 自由锻

自由锻是利用简单的通用工具或锻压设备，使坯料在铁砧上或上下抵铁之间产生塑性变形，以获得锻件的一种加工方法。前者称为手工自由锻，后者称为机器自由锻。自由锻时，金属坯料在铁砧上（或抵铁之间）自由伸展变形，其形状、尺寸由锻工操作技能决定。

4.2.1 空气锤

自由锻设备分为对坯料施加冲击力的**空气锤**、蒸汽-空气锤和对坯料施加降压力的水压机。空气锤（如图 4-3 所示）利用了空气被压缩时所产生的压力来推动锤头上下运动，锤击锻件。

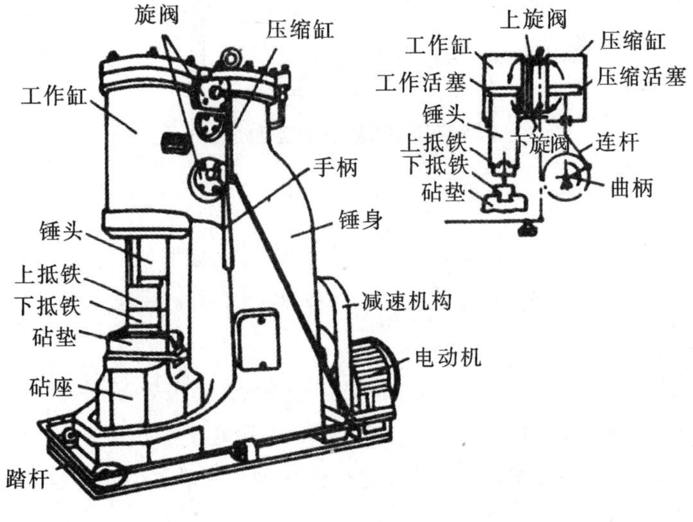

专业术语

空气锤

يەل بازغان

pneumatic hammer

图 4-3 空气锤

其工作原理如下：

电动机通过减速机构带动曲柄连杆机构，使压缩缸中的活塞上下运动，产生压缩空气。压缩空气经上旋阀和下旋阀进入工作的上部或下部空间，推动落下部分（工作缸活塞、锤头、上抵铁）上升或下降。操纵手柄或踏杆，使上下旋阀旋转，接通不同的气路，锤头便实现空转、上悬、下压、单打、连打、轻打、重打等动作。

①空转。压缩缸和工作缸的上、下部分都与大气相通，落下部分靠自重落在下抵铁上。此时电动机和减速机构空转，锤头不工作。

②上悬。工作缸上部和压缩缸上部都经上旋阀与大气连通,压缩空气只能经下旋阀进入工作缸的下部,使锤上悬。此时,可在锤上进行辅助性操作。

③下压。压缩缸上部和工作缸下部与大气连通,压缩空气由压缩缸下部进入工作缸上部,使锤头向下压紧锻件。

④单打。将手柄由上悬位置推到连打位置,并迅速退回到上悬位置,就完成了单次打击。

⑤连打。压缩缸和工作缸都不与大气连通,压缩缸不断将压缩空气压入工作缸的上、下空腔,推动锤头上下往复运动,连续打击锻件。

⑥轻打、重打。控制操作手柄,尽量缩短或加大锤头到锻坯间的行程,即实现轻打或重打。

空气锤的主要技术规格以落下部分的质量划分。国产 8 种空气锤的规格分布在 65～1000 kg 之间,可以锻造 2.5～84 kg 的锻件。

空气锤自带压缩空气装置,使用灵活,多用于小型锻件的锻造。蒸汽-空气锤需要动力站供给 0.4～0.9 MPa 的蒸汽或压缩空气驱动,结构简单,吨位大,其落下部分质量为 1000～5000 kg,适于中型锻件的锻造。水压机是根据静态下液体压强等压传递的帕斯卡原理制成,其压力为 8000～15000 kN,用于大型锻件的锻造。

4.2.2 自由锻基本工序

自由锻的基本工序有:下料、**镦粗**、拔长、冲孔、**扩孔**、弯曲、扭转、错移、锻焊等。其中镦粗、拔长和冲孔应用最多。

1. 镦粗

镦粗是使坯料横截面积增大、高度减小的锻造工序。镦粗分局部镦粗和完全镦粗(见图 4-4)。

镦粗操作应注意:

①坯料的高度应小于直径的 2.5 倍,否则易镦弯,也可能成双鼓形,最终使锻件中部形成折叠(如图 4-5 所示)。

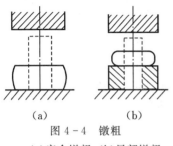

图 4-4 镦粗
(a)完全镦粗;(b)局部镦粗

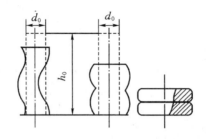

图 4-5 坯料过高的影响($h_0 > 2.5d_0$)

②坯料加热要均匀,以防止镦弯。

③坯料两端面要平整且与轴线垂直,以防镦歪。

④坯料表面要平整,不得有裂纹或凹坑,以免裂纹扩大与产生夹层。

⑤在锤上镦粗时,不仅要有足够的锤击力,而且坯料高度还应小于锤头最大行程的 0.7,否则变形将仅发生在坯料两端面(如图 4-6 所示)。

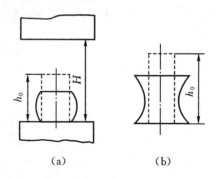

图 4-6　坯料高度对镦粗的影响

2. 拔长

拔长是使坯料横截面积减小、长度增加的锻造工序。

机器拔长的方法有三种:在平砧上拔长(见图 4-7),用赶铁拔长和展宽(见图 4-8),在芯棒上拔长(见图 4-9)。

专业术语
拔长
سوزۇپ تارتش
fullering draw out

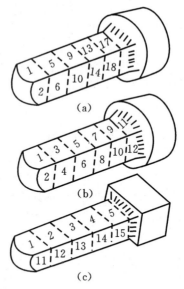

图 4-7　在平砧上拔长
(a)螺旋进料 90°翻转;(b)左右进料 90°翻转;
(c)前后进料 90°翻转

拔长操作应注意:

①要不断翻转坯料,使截面各边均匀受压和冷却,以保证变形均匀。

②截面的宽度与厚度之比应小于等于 2.5,否则,坯料翻转 90°再压时,易产生弯曲、折叠。

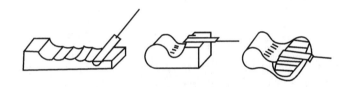

图 4-8　用赶铁拔长和展宽

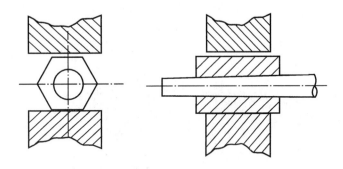

图 4-9　芯棒拔长

③正确选择送进量(进锤量)和压缩量。送进量是坯料每次送入砧内受压的长度,一般为截面宽度的 0.4~0.8。在压力不增大的情况下,送进量小拔长效率高。若送进量过小,则易在坯料受压部分形成夹层;反之,则会使坯料锻不透。压缩量是坯料变形前后的高度差,一般为坯料高度的 0.1~0.2。压缩量过小,锻不透,易形成中心缩孔。

④把尺寸较大的坯料拔成较小的圆形截面时,应先把坯料截面锻成方形,再将棱边压平(变成八角)、滚圆,最后用夹模(模子)锻成圆形(见图 4-10)。如果用圆料锻成方截面,则坯料的直径应是锻件方截面边长的 1.4 倍以上。

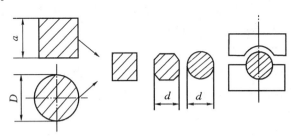

图 4-10　大坯料拔成小圆的过程

3. 冲孔

冲孔是在坯料上锻出通孔或不通孔的锻造工序。冲孔的方法有实心冲子冲孔(见图 4-11)、空心冲子冲孔(见图 4-12)和垫环(漏盘)冲孔(见图 4-13)。实心冲子冲孔操作简单,芯料和连皮损失少,适用于冲制直径小于 ϕ400 mm 的孔。空心冲子冲孔芯料损失大,用于冲直径大于 ϕ400 mm 的孔。

专业术语
冲孔
توشۇك تېشىش
piercing

垫环冲孔用于薄饼锻件。

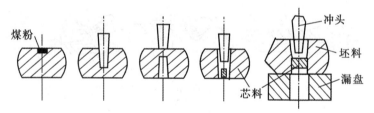

图 4 - 11　实心冲子冲孔

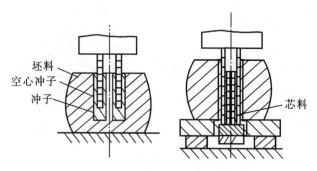

图 4 - 12　空心冲子冲孔

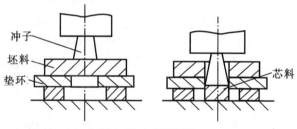

图 4 - 13　垫环冲孔

冲孔操作应注意：

①先镦粗，以尽量减小冲孔深度并使端面平整。由于冲孔时锻件的局部变形量很大，为提高塑性，防止冲裂，工件应在始锻温度冲孔。

②先试冲，即在孔的位置上轻轻冲出孔的痕迹，如果位置不准确，可做修正，然后冲出浅坑，并在浅坑内撒少量煤粉，以便拔出冲子。

③双面冲孔，将孔冲到锻件厚度的 2/3～3/4 深度时，拔出冲子，翻转锻件，然后从反面将孔冲透，这样可以避免在孔的周围冲出毛刺。

对于较薄的工件，可采用单面冲孔。此时应将冲子大头朝下，漏盘孔径不宜过大，且须仔细对正。

4. 基他锻造工艺

弯曲是将坯料弯曲成一定角度的锻造工序；**扭转**是将坯料一部分相对于另一部分旋转一定角度的锻造工序；错移是将坯料一部分相对于另一部分平移错开的锻造工序（分别见图4 - 14、4 - 15、4 - 16）。此外，还有压钳口、**压肩**、分段等辅助工序，以及摔圆、校正、整形等修整工序。

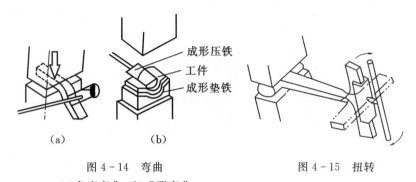

图 4-14 弯曲   图 4-15 扭转
(a)角度弯曲;(b)成形弯曲

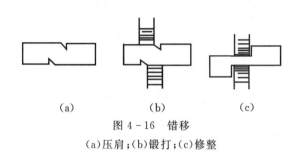

图 4-16 错移
(a)压肩;(b)锻打;(c)修整

4.3 冲压

冲压是通过装在压力机上的模具使板料分离或变形,从而获得毛坯或零件的加工方法。冲压加工多在常温或再结晶温度以下进行,故称为冷冲压。由于冲压材料多系薄板,故亦称薄板冲压。用于冲压的材料是有良好塑性的金属材料和一些非金属板,如橡胶、塑料、纸、石棉等。

冲压件质量高,能实现无屑加工。冲压生产率高,易实现机械化、自动化生产。

4.3.1 冲压设备

冲压设备有剪床、冲床两种。

1.龙门剪床

龙门剪床为常用的一种剪床,它可分为平刃、斜刃两种(见图 4-17),上下刀刃分别固定在滑块和工作台上,滑块在曲柄连杆机构的带动下可做上下运动,板料置于上下刀刃之间。在上刀刃向下运动时压紧装置先将板料压紧,然后使板料分离。

剪床一般用于下料。平刃剪切质量较好,板料平整;斜刃剪切易使条料弯扭,但剪裁力较小。

专业术语

冲压
پرېسلاش، قسسش، پرېس
stamping

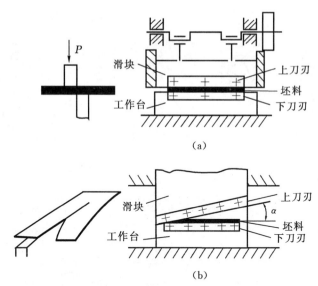

图 4 - 17　龙门剪床剪切示意图
(a)平刃龙门剪床；(b)斜刃龙门剪床

2. 冲床

　　冲床又称压力机。冲床和剪床的传动系统相似。踩踏板，合上离合器，曲轴(曲柄)旋转带动连杆，使滑块上下往复运动。上模固定在滑块上(见图 4 - 18)。

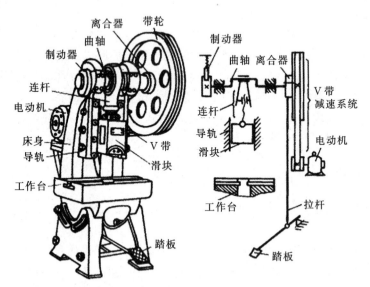

图 4 - 18　开式单动曲轴冲床

4.3.2　冲压的基本工序

1. 剪切

　　剪切是使板料沿不封闭轮廓分离的工序。

2. 冲裁

冲裁是使板料沿封闭轮廓分离的工序。冲裁包括冲孔和落料。冲孔是在板料上冲出所需要的孔；落料则是冲下所需要的产品（见图 4－19）。即前者封闭轮廓之外为产品，后者封闭轮廓之内为产品。

冲裁模冲头和凹模刃口锋利，配合间隙为板厚的 0.05～0.1（单边）。

3. 拉深

拉深是将板斜冲成中空形状零件的工序（见图 4－20）。

拉深模的冲头和凹模边缘上有足够大的圆角，以利于金属变形。冲头和凹模间有略大于板厚的间隙。拉深时，板料和模具上需涂润滑剂。为防止板料起皱，要用压板（压边圈）将板料压紧。

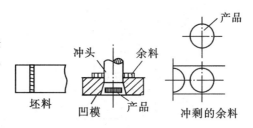

（a）

（b）

图 4－19　冲裁

（a）冲孔；（b）落料

专业术语

冲裁

كىسك

blanking

专业术语

拉深

جراق، جراش

drawing

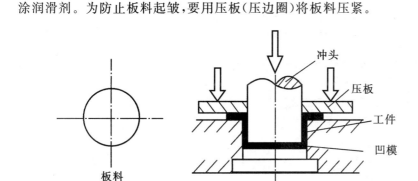

图 4－20　拉深

如工艺要求的拉深变形量较大时，为避免拉裂，需多次拉深，并于两次拉深之间进行再结晶退火，消除冷变形强化，以利于再次拉深。

4. 弯曲

弯曲是将坯料弯成一定角度（圆弧或曲线）的工序（见图4－21）。

弯曲模冲头的端部与凹模的边缘有较大的圆角，以防工件外侧拉裂。

5. 成形

成形是利用模具通过板料的局部变形来改变其形状的工序。起伏、翻边、翻孔、缩

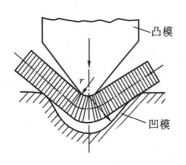

图 4－21　弯曲

口、胀形、旋压等是最常用的成形方法。

　　为了提高生产率,有时将两个以上的基本工序合并成一个复合工序。

4.3.3　冲模

　　冲模结构随冲制零件所需工序的不同而不同,一般都分为上模和下模两部分,冲头向下运动常用导尺引导。图 4 - 22 所示为冲模各部分名称及作用。

专业术语

冲模
پرسسلاش قېلىپى
stamp

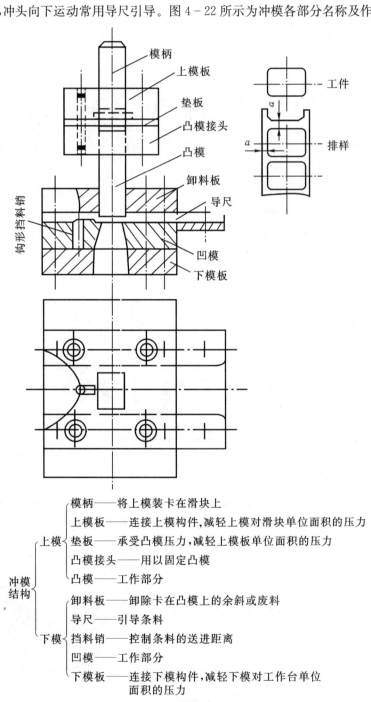

图 4 - 22　冲模结构名称及作用

```
                                              ┌ 模柄——将上模装卡在滑块上
                                              │ 上模板——连接上模构件,减轻上模对滑块单位面积的压力
                                         上模 ┤ 垫板——承受凸模压力,减轻上模板单位面积的压力
                                              │ 凸模接头——用以固定凸模
                                              └ 凸模——工作部分
        冲模
        结构
                                              ┌ 卸料板——卸除卡在凸模上的余斜或废料
                                              │ 导尺——引导条料
                                         下模 ┤ 挡料销——控制条料的送进距离
                                              │ 凹模——工作部分
                                              └ 下模板——连接下模构件,减轻下模对工作台单位
                                                        面积的压力
```

第5章 车削加工

5.1 概述

车削加工是机械加工中最常用的一种方法,车床是车削加工的主要设备。车床的加工范围很广,主要用于加工各种**回转表面**,其中包括:内外圆柱面、内外圆锥面、内外螺纹、成形面。还可以加工端面、**沟槽**以及**滚花**等。车床加工范围如图 5-1 所示。

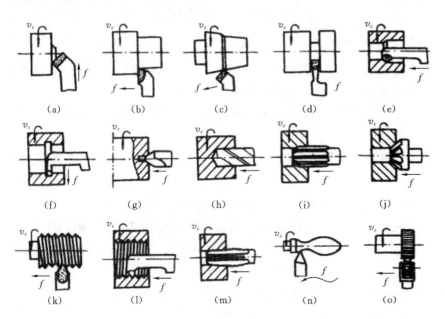

图 5-1 车床加工范围

(a)车端面;(b)车外圆;(c)车外锥面;(d)切槽、切断;(e)**镗孔**;

(f)切内槽;(g)钻中心孔;(h)**钻孔**;(i)铰孔;(j)锪锥孔;

(k)车外螺纹;(l)车内螺纹;(m)攻丝;(n)车**成型面**;(o)滚花

1. 切削运动与形成的表面

在切削过程中,刀具相对于工件的运动称为切削运动。切削运动可以是直线运动,也可以是**回转运动**,按其所起的作用,分为主运动和**进给**运动,如图 5-2 所示。

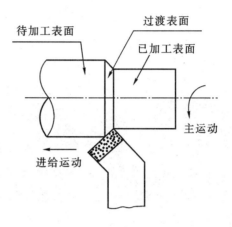

图 5-2　车削原理图

（1）主运动

主运动是指机床提供的主要运动。主运动利用刀具和工件之间产生的相对运动,使刀具的前刀面接近工件并对加工余量进行剥离。在车床上,主运动是机床主轴的回转运动,即车削加工时工件的**旋转运动**。

（2）进给运动

进给运动是指机床提供的使刀具与工件之间产生的附加相对运动。进给运动与主运动相配合,就可以完成切削加工。进给运动是机床**刀架**的直线运动,它可以是纵向的移动,也可以是横向的移动。

在车削加工中,主运动要消耗比较大的能量才能完成切削。

在切削运动作用下,工件上的切削层不断地被车刀切削,并转变为切屑,从而使工件上有三个不断变化的表面。

①已加工表面:工件上经刀具切削后产生的新表面。

②待加工表面:工件上有待切除的表面。

③过渡表面:工件上切削刀刃形成的那部分表面。

2. 切削用量三要素

切削用量是用来表示切削加工中主运动及进给运动参数的数量。切削用量包括**切削速度**、**进给量**、**背吃刀量**三要素。

（1）切削速度（v）

切削加工时,刀具切削刃上的某一点相对于待加工表面在主运动方向上的瞬时速度为切削速度,单位为 m/min。车削时的切削速度为

专业术语

回转运动
ئايلانما ھەرىكەت
rotary motion

进给
يىدۇرمەك ، كىرگۈزۈپ
بەرمەك
feed

专业术语

主运动
ئاساسىي ھەرىكەت
primary movement

旋转运动
ئايلانما ھەرىكەت
rotary motion

进给运动
پچاق كىرگۈزۈش ھەرىكىتى
feed motion

刀架
ستانوكنىڭ پچاق قىسقۇچىسى ،
پچاق جازىسى
carriage

专业术语

切削用量三要素
قىرىش مىقدارى ئۈچ ئاملى
three factors of cutting

进给量
پچاق كىرگۈزۈش مىقدارى
feed

切削速度
قىرىش سۈرئتى
cutting speed

背吃刀量
قىرىلىش مىقدارى
back engagement

$$v = \pi d_{\mathrm{w}} n / 1000$$

式中：v——切削速度，m/min；

　　n——工件的速度，r/min；

　　d_{w}——工件待加工表面的直径，mm。

（2）进给量（f）

对于普通车床，进给量为工件每转一周车刀沿进给方向所移动的距离，单位为 mm/r。

（3）背吃刀量（a_{p}）

背吃刀量（a_{p}）又称为切削深度（亦称吃刀深度），为工件上已加工表面和待加工表面之间的垂直距离，单位为 mm。其计算公式为

$$背吃刀量(a_{\mathrm{p}}) = (d_{\mathrm{w}} - d_{\mathrm{m}})/2$$

式中：a_{p}——切削深度，mm；

　　d_{w}——工件待加工表面的直径，mm；

　　d_{m}——工件已加工表面的直径，mm。

5.2　普通车床

5.2.1　普通车床的分类与编号

车床是用车刀对旋转的工件进行车削加工的机床，应用十分广泛。车床的种类较多，主要有：立式车床、普通卧式车床、转塔车床、半自动车床及**数控车床**等。此外，在大批量生产中还有各种各样的专用车床。在所有车床中，以卧式车床应用最为广泛。

机床均用汉语拼音字母和阿拉伯数字按一定规则组合编号，以表示机床的类型和主要规格。以普通车床 C6132 编号为例，其字母与数字所表示含义为：

C—车床类；6—普通车床组；1—普通车床型；32—最大加工直径为320 mm。

该车床旧型号为 C616，编号中字母和数字的含义为：

C—车床；6—普通车床；16—主轴中心到床面距离的1/10，即中心高为 160 mm。

专业术语

数控车床

ره‌قه‌ملىك كونترول قىلىنىدىغان قىرىش ستانوكى

numerically controlled lathe

5.2.2　普通车床的结构组成及作用

普通车床主要组成部件位置如图 5-3 所示。

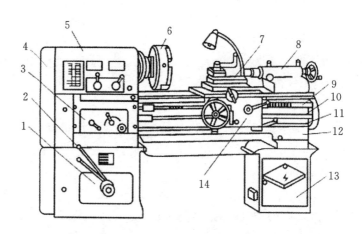

图 5-3　普通车床结构图

1—变速箱;2—主轴变速箱;3—进给箱;4—挂轮箱;5—主轴箱;6—三爪卡盘;
7—刀架;8—尾座;9—丝杠;10—光杠;11—操纵杆;12—床身;13—床腿;14—溜板箱

(1)床身

床身用于安装车床各个部件,并且保持各部件的相对正确位置。床面上有四条平行导轨,外面两条供刀架溜板做纵向移动用。中间两条导轨供安置尾座用,床身固定在床腿上。

(2)主轴箱和变速箱

主轴箱用于支承主轴。主轴为空心结构,便于穿过长棒料。主轴右端有螺纹,用以连接卡盘、拨盘等附件;内有锥孔,用于安装顶尖。变速箱安放在左床腿内腔中,通过变速箱变速机构,再经皮带传动及主轴箱内的变速机构,使主轴获得快慢不同的 12 种转速。

大多数普通车床的主轴箱和变速箱是合成一体的,称为床头箱。C6132 型车床采用分离式结构,目的是减小主轴振动,提高加工精度。

(3)进给箱

进给箱内装进给运动的变速齿轮。主轴的运动由齿轮传入进给箱,再通过箱内各组齿轮的不同组合,使光杠或丝杠获得不同的转速,进而调整进给量的大小,或在车螺纹时调整螺距。

(4)光杠和丝杠

通过光杠或丝杠可将进给箱的运动传给溜板箱。自动进给时用光杠,车螺纹时用丝杠。

(5)溜板箱

溜板箱与刀架相联,是车床进给运动的操纵箱。它能使光杠或丝杠传来的旋转运动通过齿轮和齿条(或丝杠和螺母)带动车刀做直线进给运动。

(6)刀架

刀架用来夹持车刀使其做纵向、横向或斜向进给运动。刀架为多层结构,由纵溜板、横溜板、转盘、小溜板及方刀架组成。

（7）尾座

尾座安装在床身导轨上，可沿导轨移至所需位置。尾座用来安放顶尖，支持较长工件；亦可安装钻头、铰刀等加工孔的刀具；还可安装丝锥等专用刀具；将尾架偏移还可车削锥体。

5.3　车刀

5.3.1　车刀的种类和用途

车削加工时，根据被加工的表面和工件的不同，需采用不同种类的车刀，常用的车刀种类如图 5-4 所示。

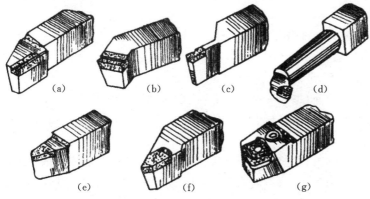

图 5-4　常用车刀种类

(a)偏刀；(b)弯头车刀；(c)切断刀；(d)镗孔刀；
(e)圆头刀；(f)螺纹车刀；(g)硬质合金刀

①偏刀。用来车削工件的外圆、台阶和端面(见图 5-4(a))。

②弯头车刀。用来车削工件的外圆、端面和倒角(见图 5-4(b))。

③切断刀。用来切断工件或在工件上切出沟槽(见图 5-4(c))。

④镗孔刀。用来镗削工件的内孔(见图 5-4(d))。

⑤圆头刀。用来车削工件台阶处的圆角和圆槽，或车削特形面工件(见图 5-4(e))。

⑥螺纹车刀。用来车削螺纹(见图 5-4(f))。

⑦硬质合金不重磨车刀。这种刀片不需焊接，用机械夹固方式安装在刀杆上。当刀片切削刃磨损后，只需转过一角度即可使刀片上新的切削刃继续切削，大大缩短了换刀时间，提高了刀杆利用率，刀片使用寿命较长。(见图 5-4(g))。

5.3.2　车刀的组成及结构形式

1.车刀的组成

车刀由刀头和刀杆所组成，如图 5-5 所示。刀头是车刀的切削部分，刀杆是车刀的夹持部分。

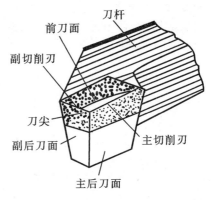

图 5 - 5　车刀组成图

专业术语
前刀面
ئالدى پىچاق يۈزى
face

专业术语
后刀面
ئارقا پىچاق يۈزى
flank

专业术语
主切削刃
ئاساسىي قىرىش بىسى
major cutting edge

专业术语
副切削刃
قوشۇمچە قىرىش بىسى
minor cutting edge

专业术语
整体式车刀
پۈتۈن گەۋدىلىك قىرىش پىچقى
molding lathe tool

机夹式车刀
قىسما شەكىللىك قىرىش پىچقى
clip-type lathe tool

焊接式车刀
كەپشەرلەنگەن قىرىش پىچقى
welding lathe tool

可转位车刀
ئورنى ئايلىنىدىغان قىرىش پىچقى
indexable lathe tool

车刀的切削部分一般由三面、两刃、一尖组成。

(1)三面

①**前刀面**,是切屑沿其流动的表面。

②主**后刀面**,是刀具上与工件切削表面相对的那个面。

③副后刀面,是刀具上与工件的已加工表面相对的那个面。

(2)两刃

①**主切削刃**,是前刀面和主后刀面的交线,它担负着主要的切削任务。

②**副切削刃**,是前刀面和副后刀面的交线,它担负少量的切削任务。

(3)一尖

刀尖是主切削刃和副切削刃的相交部分,它通常是一小段过渡圆弧。

2. 车刀的结构形式

车刀从结构上分为四种形式,即**整体式车刀**、**焊接式车刀**、**机夹式车刀**、**可转位车刀**。其结构形式如图 5 - 6 所示,其特点及应用详见表5 - 1。

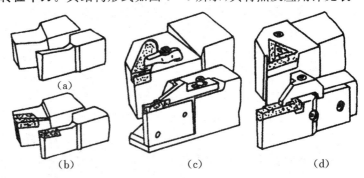

图 5 - 6　车刀的结构形式

(a)整体式;(b)焊接式;(c)机夹式;(d)可转位式

表 5-1 车刀结构特点及应用

名称	特点	适用场合
整体式	整体用高速钢制造,刀口可磨得较锋利	小型车床或加工有色金属
焊接式	焊接硬质合金或高速钢刀片,结构紧凑、使用灵活	各类车刀特别是小刀具
机夹式	避免了焊接产生的应力、裂纹等缺陷,刀杆利用率高,刀片可集中刃磨获得所需参数,使用灵活方便	外圆、端面、镗孔、割断、螺纹车刀等
可转位式	避免了焊接刀的缺点,刀片可快换、转位,生产率高;断屑稳定,可使用涂层刀片	大中型车床加工外圆、端面、镗孔,特别适用于自动线、数控机床

3. 车刀主要角度及作用

车刀的主要角度有前角(γ_0)、后角(α_0)、主偏角(k_r)、副偏角(k_r')和刃倾角(λ_s)。

为了确定车刀的角度,要建立三个相互垂直的坐标平面:即主切削平面、基面和正交平面(又称主剖面)。对车削而言,主切削平面可以认为是铅垂面,基面是水平面;当主切削刃水平时,正交平面为垂直于主切削刃的剖面。构成车刀的辅助平面如图 5-7 所示。

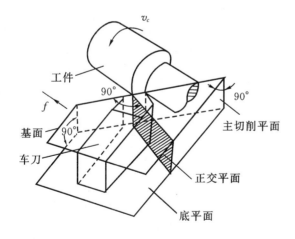

图 5-7 车刀的辅助平面

在刀具静止参考系内,车刀切削部分在辅助平面中的位置形成了车刀的主要角度,如图 5-8 所示。

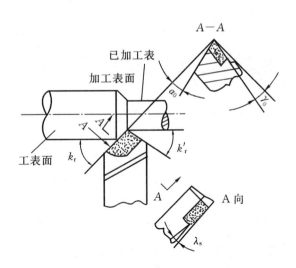

图 5-8　车刀的主要角度

（1）前角 γ_0

前角 γ_0 是前刀面与基面的夹角,在正交平面中测量。其大小主要影响切削刃的锋利程度和切削刃的强度。前角越大,刀刃越锋利,越利于切削,但若前角过大,会削弱切削刃的强度,造成崩刃。前角的大小取决于被加工工件的材料、刀具材料及粗、精加工情况。工件材料和刀具材料硬时前角取小值;精加工时前角取大值。例如,用硬质合金车刀加工钢件时,一般选取 $\gamma_0 = 10° \sim 20°$;加工**脆性材料**时,一般选取 $\gamma_0 = 5° \sim 15°$。

（2）后角 α_0

后角 α_0 是主后刀面与主切削面之间的夹角,在正交平面中测量。其作用是减小车削时主后刀面与工件的摩擦以及刀刃的强度和锋利程度。后角一般为 $3° \sim 12°$。粗加工或切削较硬材料时应选小值,精加工或切削较软材料时应选大值。

（3）主偏角

主偏角 k_r 是主切削刃与进给运动方向的夹角,在基面中测量。其作用是:

①影响进给量的大小。在切削深度相同的情况下,主偏角大时进给量小,主偏角小时进给量大。

②影响径向切削力的大小。在切削力同样大小的情况下,小的主偏角会使工件所受的径向力显著增大。若在车削细长轴时,易将工件顶弯而影响零件的加工精度。因此,主偏角应选大些,常采用 70°或 90°的车刀。车刀常用的主偏角有 45°、60°、75°和 90°等。主偏角改变时的影响如图 5-9 所示。

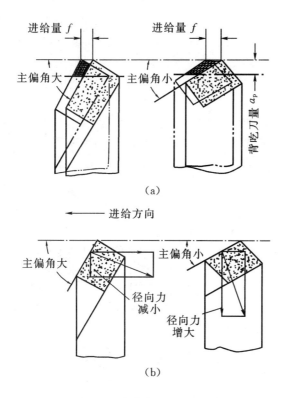

图 5-9 主偏角改变时的影响

(a)主偏角改变时,切削长度与宽度的变化;

(b)主偏角改变时,径向力的变化

(4)副偏角 k_r'

副偏角 k_r' 是副切削刃与进给运动的反方向之间的夹角,在基面中测量。其主要作用是减小副切削刃同已加工表面之间的摩擦,改善已加工表面的粗糙度。减小副偏角,可减小切削后的残留面积,减小已加工表面的粗糙度,如图 5-10 所示。一般取 $k_r'=5°\sim15°$。

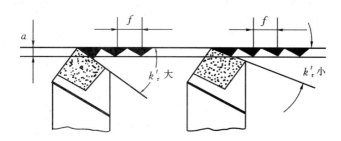

图 5-10 副偏角改变时的影响

(5)刃倾角 λ_s

刃倾角 λ_s 是在主切削平面中测量的主切削刃与基面之间的夹角。其主要作用是影响切屑的流向和刀头的强度。如图 5-11 所示,当刀尖为主切削刃最低点时，λ_s 为负值，切屑流向已加工表面；当刀尖为主切削刃最高点时 λ_s 为正值，切屑流向待加工表面。当主切削刃与基面平行时，$\lambda_s =0°$，切屑沿垂直于主切削刃的方向流出。一般 λ_s 取 $-5°\sim +10°$，精加工时，λ_s 应取正值或零值；粗加工或切削较硬材料时，为提高刀头强度，λ_s 应取负值。

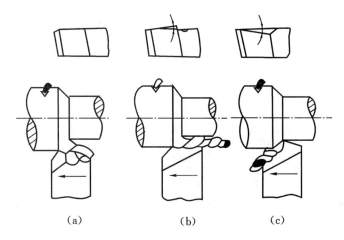

(a)　　　　　　(b)　　　　　　(c)

图 5 - 11　刃倾角对切屑流向的影响
(a)$\lambda_s =0°$；(b)$\lambda_s <0°$；(c)$\lambda_s >0°$

4. 车刀的刃磨

　　未经使用或用钝后的车刀经过刃磨，可以得到所需的形状和角度，使车削过程顺利进行。车刀是在砂轮机上进行刃磨的，磨高速钢车刀或磨硬质合金车刀刀体用氧化铝砂轮(一般为白色)；磨硬质合金刀头用碳化硅砂轮(一般为绿色)。车刀刃磨的步骤和动作如图 5 - 12 所示。

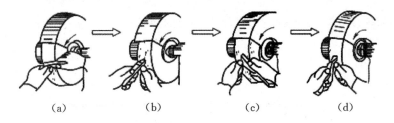

(a)　　　　(b)　　　　(c)　　　　(d)

图 5 - 12　车刀的刃磨
(a)磨主后刀面，使刀杆左偏，磨出主偏角，使刀头上翘，磨出主后角；
(b)磨副后刀面，使刀杆右偏，磨出副偏角，使刀头上翘，磨出副后角；
(c)磨前刀面，磨出前角及刃倾角；
(d)刀尖上翘，磨出后角，使刀尖左右摆动，磨出圆弧

　　车刀刃磨时应注意以下事项：
　　①人应站在砂轮侧面，启动砂轮后双手拿稳车刀，用力要均匀，倾斜角度应合适，并使受磨面轻贴砂轮，切勿用力过猛，以免挤碎砂轮，造成事故。

②刃磨的车刀应在砂轮圆周面上左右移动,使砂轮磨耗均匀,避免出现沟槽,禁止在砂轮两侧面用力粗磨车刀,否则将使砂轮受力偏摆、跳动,甚至破碎。

③磨高速钢车刀时,发热后应置于水中冷却,以防止车刀升温过高而回火软化。但磨硬质合金车刀时,刀头磨热后应将刀杆置于水内冷却,避免刀头过热急冷而产生裂纹。

5. 车刀的安装

车刀安装得是否正确,直接影响切削过程能否顺利进行和工件的加工质量。如果车刀安装得不正确,车刀切削时的工件角度会发生变化。车刀安装(见图5-13)必须注意以下几点。

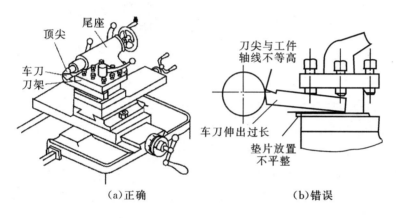

图 5-13　车刀的安装

①车刀刀尖应与车床的主轴轴线等高,可根据尾座顶尖的高度来调整。

②车刀刀杆应与工件轴线垂直。

③刀杆伸出刀架不宜过长,一般应为刀杆厚度的 1.5～2 倍。

④刀杆垫片应平整,尽量用厚垫片,以减少垫片数,一般不超过 3 片。

⑤装好刀具后应检查车刀在工件的加工极限位置时,有无相互干涉或碰撞的可能。

5.4　工件的安装及所用的附件

车床主要用来加工各种轴类和盘套类零件,安装工件时,应使工件加工表面的回转中心和车床主轴的中心线重合,以保证安装位置准确;同时还要把工件夹紧,以承受切削力,保证加工时安全。在车床上常用来装夹工件的附件有三爪卡盘、四爪卡盘、顶尖、中心架、跟刀架、心轴和花盘等。

1. 用三爪卡盘安装工件

如图 5-14 为三爪自定心卡盘的内部构造。当转动小锥齿轮时,可使与它相啮合的大锥齿轮随之转动。大锥齿轮的另一面是平面螺纹,故与它相配的三个卡爪就能同时向心或离心移动,以夹紧或松开工件。由此可见,三爪卡盘的三个卡爪是联动的,并能自动定心,因此最适于装夹中、小型圆柱形棒料、六方形棒料、盘形工件等。工件较长时,可加尾顶尖支撑。三爪卡盘定心的准确度不高(精度为 0.05～0.15 mm),工件上同轴度要求较高的表面应在一次装夹中车出。

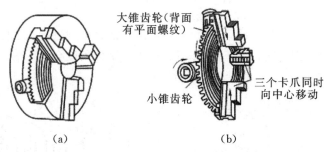

大锥齿轮(背面有平面螺纹)

小锥齿轮

三个卡爪同时向中心移动

(a)　　　　　　　(b)

图 5-14　三爪自定心卡盘

2. 用四爪卡盘安装工件

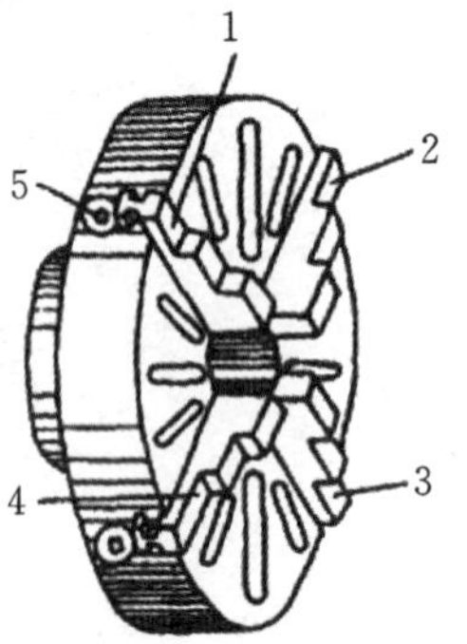

　　四爪卡盘的构造如图 5-15 所示。它的四个卡爪通过四个调整丝杠独立移动。因此它可以装夹方形、矩形、椭圆或其他不规则形状的工件(见图 5-16)。四爪卡盘的夹紧力大,也可用来装夹较大的圆形工件。由于四爪卡盘不能自动定心,装夹工件时需要利用划线盘进行找正(见图 5-17)。如利用百分表找正,安装精度可达 0.01 mm。

图 5-15　四爪卡盘
1,2,3,4—卡爪;5—丝杠

图 5-16　四爪卡盘装夹工件举例

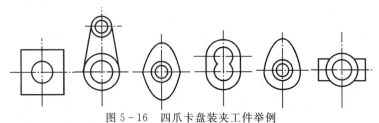

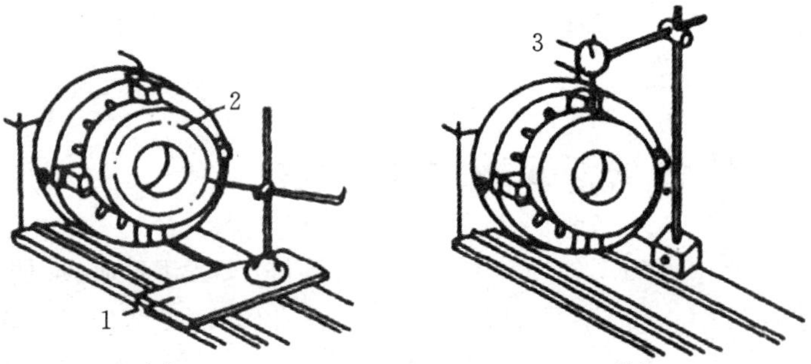

(a)　　　　　　　(b)

图 5-17　四爪卡盘安装工件时的找正
(a)用划线盘找正;(b)用百分表找正
1—木板;2—孔的加工;3—百分表

3. 用顶尖安装工件

较长的轴或在加工过程中需要多次装夹的工件,常采用两顶尖装夹(见图 5-18)。将工件的两端钻出中心孔(见图5-19),通过拨盘和鸡心夹头(卡箍)带动工件旋转。

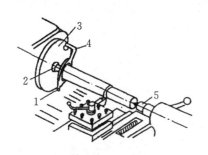

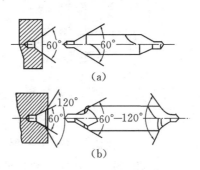

图 5-18 用顶尖安装工件
1—夹紧螺钉;2—前顶尖;
3—拨盘;4—卡箍;5—后顶尖

图 5-19 中心孔和中心钻
(a)加工普通中心孔的 A 型中心钻;
(b)加工双锥面中心孔的 B 型中心钻

顶尖分为前顶尖和后顶尖。有时为了方便,就在三爪卡盘上装一段钢料,车一端 60°圆锥角来代替前顶尖(如图 5-20 所示)。后顶尖又分普通顶尖(也称死顶尖)和活顶尖(如图5-21所示)两种。普通顶尖安装比较稳固,但磨损较大,故目前采用镶硬质合金顶尖,以增强顶尖的耐磨性。活顶尖在加工时与工件一同转动,可以减小摩擦,但刚度较差。

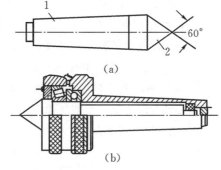

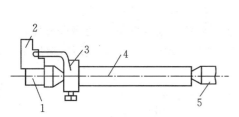

图 5-20 用三爪卡盘代替拨盘
1—前顶尖;2—卡爪;3—鸡心夹头;
4—工件;5—后顶尖

图 5-21 顶尖
(a)死顶尖;(b)活顶尖
1—安装部分(尾部);2—支持工件部分

4. 中心架与跟刀架的使用

车削细长轴时,为防止轴受切削力作用而产生弯曲变形,常用中心架或跟刀架作辅助支承。

车削细长工件的台阶、端面、内孔及沟槽时,常使用中心架(如图5-22所示)。中心架固定在床身导轨上,车削时先在工件中心架的支承处车出凹槽;调整三个支承爪与其接触,再进行车削,然后调头车削另一端。

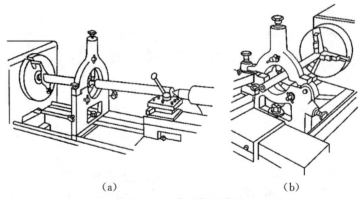

(a)   (b)

图 5 - 22 中心架的应用

(a)应用中心架车长轴;(b)应用中心架车端面

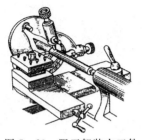

图 5 - 23 跟刀架装夹工件

车削外圆直径相同的细长轴(如光杠、丝杠等)时,常使用跟刀架(如图 5 - 23所示)。跟刀架只有两个支承爪,另一个支承爪被车刀所代替。跟刀架固定在大拖板上,可以随拖板与刀具一起移动,从而有效地增加工件在切削过程中的刚度。车削时先在工件头部车好一段外圆,并调整支承爪与其接触良好。

使用中心架或跟刀架时,工件的支承部分要加机油润滑。工件的转速不能太高,以免工件与支承爪之间摩擦过热而烧坏或磨损支承爪。

5. 用心轴安装工件

盘套类工件用卡盘装夹加工件时,其外圆、孔和两个端面往往不能在一次装夹中全部加工完。这时需要利用已精加工过的孔把工件装在心轴上,再把心轴安装在前后顶尖之间来加工外圆和端面。

心轴的种类很多,常用的有以下几种。

①圆柱体心轴(如图 5 - 24 所示)。这种心轴夹紧力大,多用来加工盘套类工件。用这种心轴,工件的两个端面都需要和孔轴线垂直,以免当螺母拧紧时,心轴弯曲变形。心轴与孔之间常用间隙配合,故定心的精度较低,多用来加工同轴度要求不高的工件。

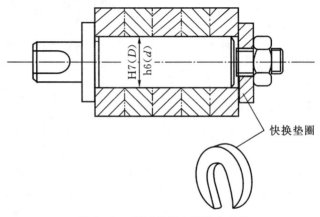

快换垫圈

图 5 - 24 用圆柱面心轴装夹工件

②锥度心轴(如图 5-25 所示)。对加工同轴度要求高的工件可采用锥度心轴。其定位部分带有 1∶1 000～1∶5 000 的锥度。工件靠摩擦力与心轴固紧。这种心轴装卸方便,定心精度高,但不能承受较大的切削力,多用来精加工盘套类工件。

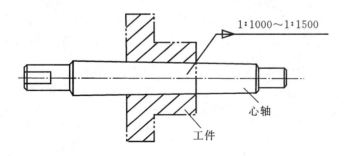

图 5-25　用小锥度心轴装夹工件
1—心轴；2—工件

③可胀开心轴(如图 5-26 所示)。当拧紧螺杆时,螺杆推动锥度套筒向左移动,带有开口的弹性心轴胀开而夹紧工件。这种心轴装卸方便,但结构比较复杂,制造成本较高,适于成批、大批生产中、小型零件,其定心精度通常为 0.01～0.02 mm。

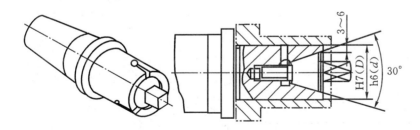

图 5-26　可胀开心轴

6. 用花盘与弯板安装工件

对于形状不规则的工件,或要求工件孔(或外圆)的轴线与安装面垂直,或要求工件的一个面与安装面平行时,可以把工件直接压在花盘上加工(如图 5-27(a)所示)。当要求孔的轴线与安装面平行或要求两孔的轴线垂直相交时,则可将工件安装在花盘的弯板上(如图 5-27(b)所示)。花盘的端面必须平整,并与主轴中心线垂直。弯板上贴紧花盘和装置工件的两个面,应有较高的垂直度要求,弯板装在花盘上要经过仔细的找正。

用花盘、弯板安装工件时,由于重心偏向一边,要在另一边上加配重板予以平衡,以减小转动时的振动。此外,加工时工件转速不宜太高,以免因离心力的影响造成事故。

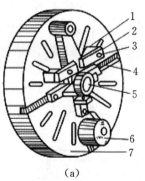
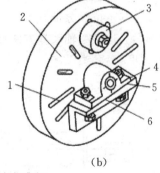

（a）   （b）

图 5-27　花盘与弯板

（a）花盘的结构；　　　　　　　　（b）用花盘和弯板装夹工件

1—垫铁；2—压板；3—螺栓；　　　1—螺栓槽；2—花盘；3—平衡

4—螺拴梢；5—工件；6—平　　　　铁；4—工件；5—安装基面；

衡铁；7—花盘　　　　　　　　　　6—弯板

5.5　榔头柄车削加工实例分析

　　车床上常加工轴套类零件,形状比较简单的零件可以通过车削加工全部表面。榔头柄是常见的学生车工实训项目,其加工图如图 5-28 所示。

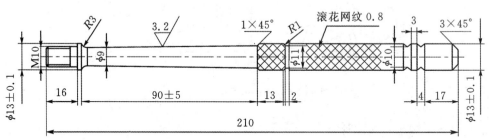

图 5-28　榔头柄加工图纸

1.榔头柄工艺分析

　　（1）工艺分析

　　①结构特点：榔头柄长度达到 210 mm,直径只有13 mm,属于细长轴。轴由螺纹、圆锥、圆柱等组成。

　　②加工顺序安排：因需要半精加工,所以应先安排粗加工,然后安排半精加工。

　　③定位基准选择：因属于细长轴,但没有形位精度要求,可以采用一头夹,一头顶的装夹定位方法。

④主要加工工艺：车端面—打中心孔—车外圆—车锥面—滚花—套丝。

（2）选择毛坯

毛坯尺寸为 $\phi16\times220$ mm。

2. 选择设备

根据被加工毛坯材料和类型、零件的轮廓形状复杂程度、尺寸大小、加工精度、工件数量、现有的生产条件要求，选用 C6140 车床完全能够满足加工的需要。

3. 确定加工参数

刀具与加工参数选择：该零件材料为 45 钢，属于中碳钢，所用刀具主要有外圆车刀、切槽刀、端面刀、滚花刀、板牙等。

粗加工参数可用如下参数：

①主轴转速：$n=360$ r/min；

②进给量：$f=0.3\sim0.4$ mm/r；

③切削深度：$a_p=1\sim2$ mm。

精加工可用如下切削参数：

①主轴转速：$n=360$ r/min；

②进给量：$f=0.07\sim0.14$ mm/r；

③切削深度：$a_p=0.3\sim0.5$ mm。

4. 加工工艺过程

该零件材料为 45 号圆钢，属于中碳钢，切削性能良好，可按照如下的工艺过程安排加工：

切断下料—车端面—打中心孔—车外圆—滚花—**套螺纹**—车锥面—倒角—切槽—检验。

5. 刀具选择

①45# 端面刀，车两个端面。

②90°外圆车刀，车圆柱面及锥面。

③滚花刀，加工 m0.8 网纹。

④板牙、套筒加工螺纹。

⑤切槽刀，加工 $\phi10\times4$ mm 至尺寸。

⑥中心钻，加工两端中心孔。

6. 量具选择

游标卡尺 $0\sim150$ mm，精度 0.02 mm。

7. 加工工艺卡

加工工艺卡见表 5-2。

专业术语

套螺纹

ریز با قاپلاش

thread die cutting

表 5-2　榔头柄普通车床加工工艺卡

工程训练中心	榔头柄加工工艺卡	产品型号	实训产品	零件号	CG001	零件名称	榔头柄	件数	1 件	第 1 页
		产品名称								共 1 页

其余 $\sqrt{6.3}$

零件规格

材料	45 钢 $\phi16$ 圆棒
重量	毛坯料尺寸：$\phi16 \times 220$ mm

零件技术要求

表面无毛刺，加工面可用砂纸或锉刀打磨

零件加工路线						
车间 D103	工序	下料				
放料料位		车端面、打中心孔				
		粗、精车外圆				
		套螺纹				
		滚花、车锥面				
		检验				

序号	工步名称	设备名称	设备型号	工具名称	工序内容	单位工时	主要加工参数
1	找正夹紧	普通车床	C6410	三爪卡盘、刀架扳手等	夹持毛坯外圆伸出 30 mm，找正夹紧	5 min	
2	车端面			45°端面车刀	车端面，保证 220 mm 长度	10 min	$n=360$ r/min，$f=$手动控制，$a_{\mathrm{p}}=0.5$ mm
3	打中心孔			$\phi5$ 中心钻	两端面打中心孔	10 min	$n=958$ r/min，手动

续表 5－2

序号	工步名称	设备名称	设备型号	工具名称	工序内容	单位工时	主要加工参数
4	车外圆			90°外圆车刀、游标卡尺	1. 车外圆 φ15 至长 20 mm 2. 调头夹 φ15×20 mm 处，另一头用顶尖支撑，车外圆至尺寸 φ13±0.1 mm 3. 调头夹 φ13 mm 外圆，另一头用活尖支撑，车长度外形至 φ13 mm×104 mm	60 min	$n=360$ r/min, $f=0.14$ mm/r, $a_p=1$ mm
5	滚花			0.8 的滚花刀	三爪卡盘夹持 φ13 圆柱段，另一端用顶尖顶紧。滚花 φ12.8 至长 104 mm	20 min	
6	车外圆			90°外圆车刀	夹 φ13 外圆，加工 φ10 mm×16 mm 台阶至 φ10±0.1mm，倒角 1×45°	20 min	
7	套螺纹			板牙、套筒	套丝 M10×15.5 mm	20 min	
8	车锥面			外圆车刀、游标卡尺	调头用顶尖支撑，车锥面长度 90 mm，保证小头 φ9 mm，大头 φ11 mm	30 min	
9	倒角			45°端面车刀	调头夹滚花处，车 3×45°角面	10 min	
10	切槽			切槽刀	切槽两处 φ10×4 mm	20 min	
11	检验			游标卡尺		5 min	总长 210 mm，圆柱段直径 13 mm，长度 17 mm。表面粗糙度 R_a 3.2
编制		审核		批准		编制日期	

第6章　铣削加工

6.1　概述

专业术语

铣削加工

شلپ پىششقلاپ ئىشلەش

milling machining

　　铣削加工是用铣刀在铣床上加工工件的过程。铣削与车削的原理不同,铣削时刀具的旋转运动为主运动,工件的直线移动为进给运动。旋转的铣刀是由多个刀刃组合而成的,因此铣削是非连续的切削过程。铣削主要用来加工平面及各种沟槽,如图 6-1 所示。铣削加工精度一般可达 IT8~IT7,表面粗糙度 R_a 值为 1.6~6.3 μm。

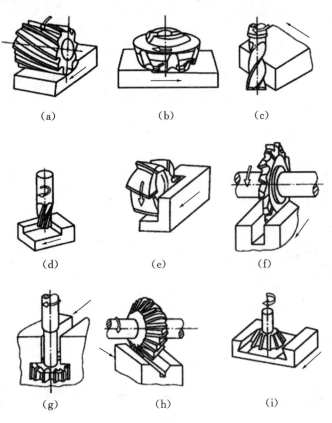

(a)　　　　　　　(b)　　　　　　　(c)

(d)　　　　　　　(e)　　　　　　　(f)

(g)　　　　　　　(h)　　　　　　　(i)

图 6-1　铣削加工范围

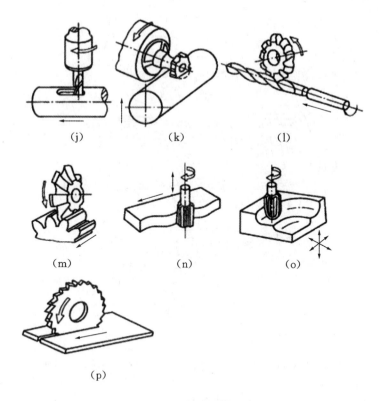

续图 6-1　铣削加工范围
(a)周铣平面;(b)端铣平面;(c)铣垂直平面;(d)铣内凹平面;(e)铣台阶面;
(f)铣直;(g)铣 T 形槽;(h)铣 V 形槽;(i)铣燕尾槽;(j)铣键槽;(k)铣半圆键槽;
(l)铣螺旋槽;(m)铣齿轮;(n)铣曲面;(o)铣内凹成型面;(p)切断

6.2　铣床

铣床种类很多,常用的有卧式铣床、立式铣床,还有龙门铣床和**数控铣床**及镗铣**加工**中心等。在一般工厂,卧式铣床和立式铣床应用最广,其中卧式万能升降台铣床(简称卧式万能铣床)应用最多。

6.2.1　卧式万能升降台铣床

卧式万能升降台铣床主轴是水平的,故称卧式,如图 6-2 所示,是铣床中应用最广的一种。下面以 X6132 铣床为例,介绍万能铣床的主要组成部分及作用。

①床身:用来固定和支承铣床上所有的部件。顶部有水平导轨,前壁有燕尾形的垂直导轨,电动机、主轴及主轴变速机构等安装在它的内部。

②横梁:其上面安装吊架,用来支承刀杆外伸的一端,以加强刀杆的刚性。横梁可沿床身的水平导轨移动以调整其伸出的长度。

③主轴:主轴是空心轴,前端有 7:24 的精密锥孔,其用途是安装铣刀

专业术语

加工中心
پىششقىلاپ ئىشلەش مەركزى
machining center

数控铣床
رەقەملىك كونترول قىلىنىدىغان
شلىش ستانوكى
numerically controlled
milling machine

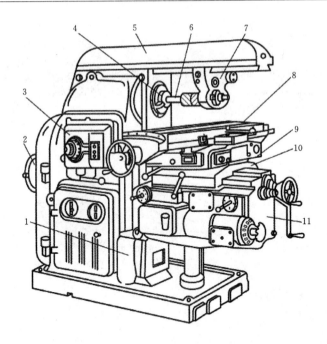

图 6-2 X6132 卧式万能升降台铣床

1—床身;2—电动机;3—变速机构;4—主轴;5—横梁;6—刀杆;

7—刀杆支架;8—纵向工作台;9—转台;10—横向工作台;11—升降台;12—底座

刀杆,并带动铣刀旋转。

④纵向工作台:在转台的导轨上做纵向移动,带动台面上的工件进行纵向进给。

⑤横向工作台:位于升降台上面的水平导轨上,带动纵向工作台一起进行横向进给。

⑥转台:能将纵向工作台在水平面内扳转一定的角度,以便铣削螺旋槽。

⑦升降台:可以使整个工作台沿床身的垂直导轨上、下移动,以调整工作台面到铣刀的距离,并进行垂直进给。

带有转台的卧式铣床,由于其工作台除了能做纵向、横向和垂直方向移动外,还能在水平面内左右扳转 45°,故称为卧式万能铣床。

立式铣床与卧式铣床的区别在于,其主轴与工作台面垂直,而卧式铣床主轴则与工作台面平行。

6.2.2 立式升降台铣床

图 6-3 所示为一立式升降台铣床外观,由于其主轴是垂直布置的,故又简称立铣。立式铣床与卧式铣床有很多相似之处,不同之处在于立式铣床的床身无顶导轨,也无横梁,而前上部有一个主轴头架,其作用是安装主轴和铣刀。通常立式铣床在床身与主轴头架之间还有转盘,可使主轴倾斜

一定角度,用来铣削斜面。

立式升降台铣床装上面铣刀或立铣刀可加工平面、台阶、沟槽、多齿零件和凸轮表面等。

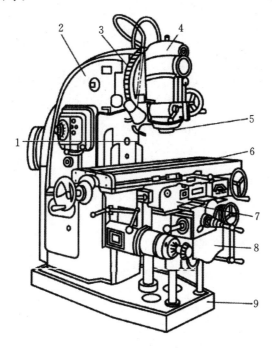

图 6-3 立式升降台铣床
1—电动机；2—床身；3—主轴头架旋转刻度；4—主轴头架；
5—主轴；6—工作台；7—横向工作台；8—升降台；9—底座

6.3 铣刀及其安装

6.3.1 铣刀

铣刀的分类方法很多,根据铣刀安装方法的不同可分为两大类,即带孔铣刀和带柄铣刀。带孔铣刀多用在卧式铣床上,带柄铣刀多用在立式铣床上。带柄铣刀又分为直柄铣刀和锥柄铣刀。

1. 常用的带孔铣刀

常用的带孔铣刀有下列几种。

①圆柱铣刀:其刀齿分布在圆柱表面上,通常分为直齿和斜齿两种,主要用于铣削平面。由于斜齿圆柱铣刀的每个刀齿是逐渐切入和切离工件的,故工作较平稳,加工表面粗糙度数值小,但有轴向切削力产生。

②圆盘铣刀:如三面刃铣刀、锯片铣刀等。三面刃铣刀主要用于加工不同宽度的直角沟槽及小平面、台阶面等,锯片铣刀用于铣窄槽和切断。

③角度铣刀:具有各种不同的角度,用于加工各种角度的沟槽及斜

面等。

④成形铣刀：其切刃呈凸圆弧、凹圆弧、齿槽形等。用于加工与切刃形状对应的成形面。

2. 常用的带柄铣刀

常用的带柄铣刀有如下几种。

①立铣刀：立铣刀有直柄和锥柄两种，多用于加工沟槽、小平面、台阶面等。

②键槽铣刀：专门用于加工封闭式键槽。

③T 形槽铣刀：专门用于加工 T 形槽。

④镶齿端铣刀：一般刀盘上装有硬质合金刀片，加工平面时可以进行高速铣削，以提高工作效率。

6.3.2　铣刀的安装

1. 带孔铣刀的安装

带孔铣刀中的圆柱形、圆盘形铣刀多用长刀杆安装，如图 6-4 所示。长刀杆一端有 7∶24 锥度，是与铣床主轴孔配合、安装刀具的刀杆部分。根据刀孔的大小带孔铣刀可分为不同型号，常用的有 $\phi16$、$\phi22$、$\phi27$、$\phi32$ 等。用长刀杆安装带孔铣刀时，要注意以下两点。

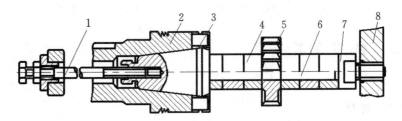

图 6-4　圆盘铣刀的安装

1—拉杆；2—铣床主轴；3—端面键；4—套筒；

5—铣刀；6—刀杆；7—螺母；8—刀杆支架

①铣刀应尽可能地靠近主轴或吊架，以保证铣刀有足够的刚性；套筒的端面与铣刀的端面必须擦干净，以减小铣刀的端跳；拧紧刀杆的压紧螺母时，必须先装上吊架，以防刀杆受力弯曲。

②斜齿圆柱铣刀所产生的轴向切削力应指向主轴轴承，主轴转向与铣刀旋向的选择见表 6-1。

表 6-1 主轴转向与斜齿圆柱铣刀旋向的选择

铣刀安装简图	螺旋线方向	主旋转方向	轴向力的方向	说明
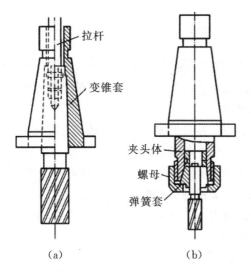	左旋	逆时针方向旋转	向着主轴轴承	正确
	左旋	顺时针方向旋转	离开主轴轴承	不正确

专业术语

顺时针
سائەت ئىستىرېلكىسىنىڭ يۆنىلىشىده
clockwise

逆时针
سائەت ئىستىرېلكىسىنىڭ قارشى يۆنىلىشىده
anticlockwise

带孔铣刀中的端铣刀多用短刀杆安装,如图 6-5 所示。

2. 带柄铣刀的安装

锥柄铣刀的安装如图 6-6(a)所示,根据铣刀锥柄的大小,选择合适的变锥套,安装前将各配合表面擦净,然后用拉杆把铣刀及变锥套一起拉紧在主轴上。

直柄立铣刀多为小直径铣刀(直径一般不超过 $\phi20$ mm),多用弹簧夹先进行安装,如图 6-6(b)所示。铣刀的柱柄插入弹簧套的孔中,用螺母压弹簧套的端面,使弹簧套的外锥面受压而孔径缩小,即可将铣刀抱紧。弹簧套上有 3 个开口,故受力时能收缩。弹簧套有多种孔径,以适应各种尺寸的铣刀。

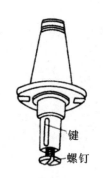

键
螺钉

垫套
铣刀

图 6-5 端铣刀的安装

拉杆
变锥套

夹头体
螺母
弹簧套

(a)　　　　(b)

图 6-6 带柄铣刀的安装
(a)锥柄铣刀的安装;(b)直柄铣刀的安装

6.4　铣床附件及工件的安装

6.4.1　铣床的附件及其应用

　　铣床的主要附件有分度头、平口钳、万能铣头和回转工作台,如图 6 - 7 所示。

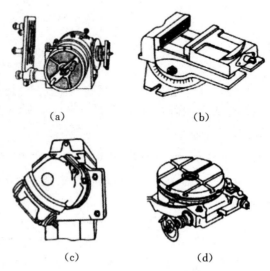

（a）　　　　　　　　　　　　　（b）

（c）　　　　　　　　　　　　　（d）

图 6 - 7　常用铣床附件

(a)分度头;(b)平口钳;(c)万能铣头;(d)回转工作台

1. 分度头

　　在铣削加工中,常会遇到要铣六方、齿轮、花键和刻线的工件,这时就需要利用分度头分度。分度头是万能铣床上的重要附件。

　　(1)分度头的作用

　　①能使工件实现绕自身的轴线周期地转动一定的角度(即进行分度);

　　②利用分度头主轴上的卡盘夹持工件,使被加工工件的轴线相对于铣床工作台在向上 90°和向下 10°的范围内倾斜成需要的角度,以加工各种位置的沟槽、平面等(如铣圆锥齿轮);

　　③与工作台纵向进给运动配合,通过配换挂轮,能使工件连续转动,以加工螺旋沟槽、斜齿轮等。

　　(2)分度头的结构

　　分度头的主轴是空心的,两端均为锥孔。前锥孔可装入顶尖(莫氏 4 号)。后锥孔可装入心轴,以便在差动分度时挂轮,把主轴的运动传给侧轴,带动分度盘旋转。主轴前端外部有螺纹,用来安装三爪卡盘。万能分度头外形如图 6-8 所示。

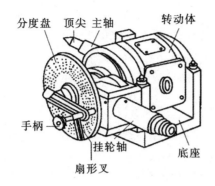

图 6-8　万能分度头外形

松开壳体上部的两个螺钉,主轴可以随转动体在壳体的环形导轨内转动。因此主轴除安装成水平外,还能扳成倾斜位置。主轴倾斜的角度可以从刻度上看出,当主轴调整到所需的位置上时,应拧紧螺钉。

在壳体下面,固定有两个定位块,以便与铣床工作台面的 T 形槽相配合,保证主轴轴线精确平行于工作台的纵向进给方向。

手柄用于紧固或松开主轴,分度时松开、分度后紧固,以防在铣削时主轴松动。另一手柄是控制蜗杆的手柄,它可以使蜗杆和蜗轮联结或脱开(即分度头内部的传动切断或结合)。在切断传动时,可用手转动分度的主轴。

蜗轮与蜗杆之间的间隙可用螺母调整。

(3)分度方法

分度头内部的传动系统如图 6-9(a)所示。可转动分度手柄通过传动机构(传动比 1∶1 的一对齿轮和 1∶40 的蜗轮蜗杆)使分度头主轴带动工件转动一定角度。手柄转一圈,主轴带动工件转 1/40 圈。

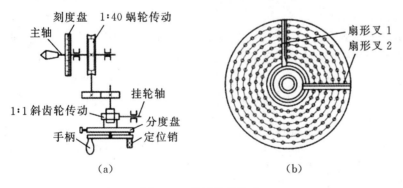

　　　　(a)　　　　　　　　　　　　　(b)

图 6-9　分度头的传动

如果要将工件的圆周等分为 Z 等分,则每次分度工件应转过 $1/Z$ 圈。设每次分度手柄的转数为 n,则手柄转数 n 与工件等分数 Z 之间关系为:

$$1:40 = \frac{1}{Z}:n, \text{即 } n = \frac{40}{Z}$$

分度头分度的方法有直接分度法、简单分度法、角度分度法和差动分度法等。这里仅介绍常用的简单分度法。

例如,铣削加工齿数为 $Z=35$ 的齿轮,需对齿轮毛坯的圆周进行 35 等分,每一次分度时,手柄转数为

$$n=\frac{40}{Z}=\frac{40}{35}=1\frac{1}{7}$$

如果求出的手柄转数不是整数,可利用分度盘上的等分孔距来确定。分度盘如图 6 - 9(b)所示,一般备有两块分度盘。分度盘的两面各钻有不通的许多圈孔,各圈的孔数均不相等,而同一孔圈上的孔距是相等的。

分度头第一块分度盘正面各圈的孔数依次为 24,25,28,30,34,37;反面各圈的孔数依次为 38,39,41,42,43。第二块分度盘正面各圈孔数依次为 46,47, 49, 51,53,54;反面各圈孔数依次为 57,58,59,62,66。

按上例计算结果,即齿轮每分一齿,手柄需转过 $1\frac{1}{7}$ 圈,其中 $\frac{1}{7}$ 圈需通过分度盘来控制。用简单分度法需先将分度盘固定,再将分度手柄上的定位销调整到孔数为 7 的倍数(如 28,42,49)的孔圈上,如调整到孔数为 28 的孔圈上,此时分度手柄转过 1 整圈后,再沿孔数为 28 的孔圈转过 4 个孔距,有

$$n=1\frac{1}{7}=1\frac{4}{28}$$

为了确保手柄转过的孔距数可靠,可调整分度盘上的扇形叉 1,2 间的夹角,使之正好等于上式分子的孔距数。这样依次进行分度时,就可准确无误了。

2. 平口钳

平口钳是一种通用夹具,经常用于安装小型工件。平口钳尺寸规格是以其钳口宽度来区分的,如 X62 W 型铣床配用的平口钳为 160 mm。平口钳分为固定式和回转式两种。回转式平口钳可以绕底座旋转 360°,固定在水平面的任意位置上,因而扩大了其工作范围,是目前平口钳应用的主要类型。平口钳用两个 T 形螺栓固定在铣床上,底座上还有一个定位键,它与工作台上中间的 T 形槽相配合,以提高平口钳安装时的定位精度。

3. 万能铣头

在卧式铣床上装上万能铣头,不仅能完成各种立铣的工作,还可以根据铣削的需要,把铣头主轴扳成任意角度。

万能铣头的底座用螺栓固定在铣床的垂直导轨上。铣床主轴的运动通过铣头内的两对锥齿轮传到铣头主轴上。铣头的壳体可绕铣床主轴轴线偏转任意角度,且铣头主轴的壳体还能在铣头的壳体上偏转任意角度,因此,铣头主轴就能在空间偏转成所需要的任意角度。

4. 回转工作台

回转工作台又称为转盘、平分盘、圆形工作台等,它的内部有一套蜗轮

蜗杆。摇动手轮,通过蜗杆轴就能直接带动与转台相联结的蜗轮转动。转台周围有刻度,用来观察和确定转台位置,拧紧固定螺钉,转台就固定不动。转台中央有一孔,利用它可以方便地确定工件的回转中心。当底座上的槽和铣床工作台的 T 形槽对齐后,即可用螺栓把回转工作台固定在铣床工作台上。铣圆弧槽时,工件安装在回转工作台上,铣刀旋转,用手均匀、缓慢地摇动回转工作台,便可将工件铣出圆弧槽。

6.4.2 工件的安装

铣床上常用的工件安装方法有以下几种。

1. 平口钳安装工件

在铣削加工时,常使用平口钳夹紧工件,如图 6-10 所示。这种方法具有结构简单、夹紧牢固等特点,所以使用广泛。

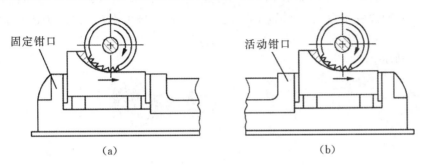

固定钳口　　　　　　　　　　　活动钳口

（a）　　　　　　　　　　（b）

图 6-10　平口钳安装工件

（a）正确；（b）不正确

2. 用压板、螺栓安装工件

对于大型工件或平口钳难以安装的工件,可用压板、螺栓和垫铁将工件直接固定在工作台上,如图 6-11 所示。安装中应注意如下事项。

①压板的位置应安排得当,压点尽量靠近切削面,压力大小适中。粗加工时,压紧力要大,以防止切削中工件移动;精加工时,压紧力要适中,防止工件发生变形。

②工件如果放在垫铁上,要检查工件与垫铁是否贴紧。若没有贴紧,必须垫上铜皮或纸,直到贴紧为止。

③压板必须压在垫铁处,以免工件因受压紧力而变形。

④安装薄壁工件时,在其空心位置处,可用活动支承(千斤顶等)增加刚度。

⑤工件压紧后,要用划针盘复查加工线是否仍然与工作台平行,避免工件在压紧过程中变形或走动。

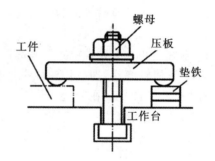

图 6-11 用压板、螺钉安装工件

3. 用分度头安装工件

　　分度头安装工件一般用在等分工件中。既可以将分度头卡盘(或顶尖)与尾架顶尖一起使用安装轴类零件。如图 6-12(a)所示,也可以只使用分度头卡盘安装工件。又由于分度头的主轴可以在垂直平面内转动,因此可以利用分度头在水平、垂直及倾斜位置安装工件,如图 6-12(b),(c)所示。

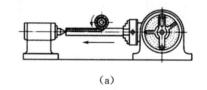

(a)

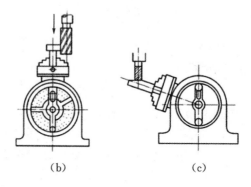

(b)　　　　　　　　　(c)

图 6-12 用分度头安装工件
(a)分度头卡盘与尾架顶尖安装工作;(b)分度头卡盘在垂直位置安装工件;
(c)分度头卡盘在倾斜位置安装工件

　　当零件的生产批量较大时,可采用专用夹具或组合夹具装夹工件,这样既能提高生产效率,又能保证产品质量。

6.5 正六棱柱铣削加工实例分析

　　正六棱柱铣削加工图纸见图 6-13。

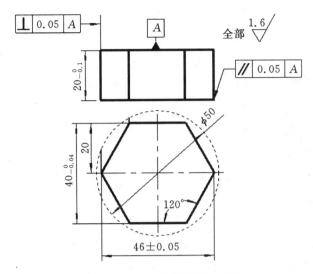

图 6-13　正六棱柱铣削加工图

1. 正六棱柱工艺分析

　　根据图纸可知,该零件的主要加工部位包括 46 mm、40 mm、20 mm 的外形尺寸,要保证平行度与垂直度的要求。

　　(1)尺寸精度

　　由图纸可看出,必须要先加工两个端面,以其中一个端面为定位基准面,以满足垂直度的要求,再加工正六棱柱的外形轮廓。端面采用盘铣刀加工,以保证工件的尺寸精度,**对刀**、测量尺寸时应保证准确无误。

　　(2)表面粗糙度分析

　　工件的外形表面粗糙度要求较高,全部 R_a 为 1.6 mm。为保证表面粗糙度的要求,装夹附件的钳口要平整、光滑,同时可采用铜钳口进行装夹,避免已加工表面产生夹痕。

　　(3)位置精度分析

　　正六棱柱与基准端面有垂直度的要求,在装夹时,要统一以基准面贴在固定钳口,去加工正六棱柱的外轮廓。工件基准面与固定钳口之间要擦拭干净,不能有杂物。

　　为满足平行度的要求,平行垫铁的上下表面与工件和导轨之间要擦拭干净;夹紧后,须用铜棒或木榔头轻轻敲击工件顶面,直到平行垫铁没有松动现象为止。

2. 毛坯选择

　　毛坯材料为 A3 圆钢,棒料大小为 ϕ52 mm×25 mm。

3. 选择设备

　　根据被加工零件的材料和类型,零件的轮廓形状、尺寸、加工精度、工

专业术语

对刀

پچاق توغرىلماق

tool setting

作数量、现有的生产条件要求,可选用 X5320K 立式升降台铣床,该机床能够满足加工需要。

4. 确定零件的定位基准和装夹方式

采用平口钳夹紧毛坯,以 A 为定位基准面,依次加工正六棱柱的轮廓。

5. 确定加工顺序及进给路线

①粗、精加工两端面至尺寸要求。

②选定其中一个端面为基准面,依次进行其余六个表面的加工。

6. 刀具及量具选择

(1)刀具选择

①盘铣刀:$\phi 50$ mm,铣两个端面,用盘铣刀铣端面效果好。

②方肩立铣刀:$\phi 20$ mm,铣正六棱柱的轮廓面。

(2)量具选择

①游标卡尺:0～150 mm,精度 0.02 mm。

②外径千分尺:25～50 mm,精度 0.01 mm。

③表面粗糙度仪。

7. 切削用量选择

(1)主轴转速

该零件加工时,选用的刀具是硬质合金材料,所以在粗加工时主轴转速为 $n=600$ r/min,精加工时 $n=1200$ r/min。

(2)进给速度

加工时,每分钟进给速度为 100 mm/min。

8. 六面体铣削加工

正六棱柱铣削加工工艺表见表 6-2。

表 6-2　正六棱柱加工工艺卡片

单位名称		产品名称	零件名称	零件图号
			正六棱柱	
毛坯材料	实训时间/h	夹具名称	使用设备	车间
45#	3	平口钳	X5032K 立式升降台铣床	铣工实训室
正六棱柱零件图				

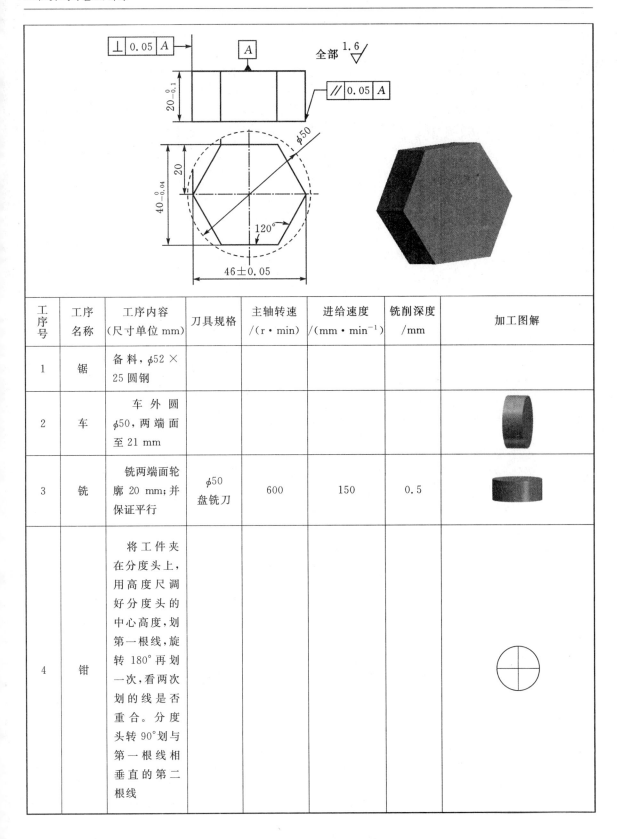

工序号	工序名称	工序内容 （尺寸单位 mm）	刀具规格	主轴转速 /(r·min)	进给速度 /(mm·min⁻¹)	铣削深度 /mm	加工图解
1	锯	备料，ϕ52×25 圆钢					
2	车	车外圆ϕ50，两端面至 21 mm					
3	铣	铣两端面轮廓 20 mm；并保证平行	ϕ50盘铣刀	600	150	0.5	
4	钳	将工件夹在分度头上，用高度尺调好分度头的中心高度，划第一根线，旋转 180°再划一次，看两次划的线是否重合。分度头转 90°划与第一根线相垂直的第二根线					

5	钳	将高度尺在分度头的中心高度基础上升高正六棱柱的半径 21.8 mm，划第三根线；旋转 60°角再划一根线，以此循环					
6	铣	选择其中一个端面为基准面紧贴固定钳口，利用划针盘找正，加工第一个侧面，应注意保证与基准面的相互垂直。保证 45 mm，达到表面粗糙度的要求	$\phi20$ 盘铣刀	800	150	5 mm（分二次加工）	加工第一面
7	铣	倒角去毛刺，将第一面转动 60°，使基准面紧贴固定钳口，利用划针盘找正，加工第二面，并保证与基准面的相互垂直。保证 45 mm，达到表面粗糙度的要求	$\phi20$ 盘铣刀	800	150	5 mm（分二次加工）	加工第二面

8	铣	倒角去毛刺,将第二面转动 60°,使基准面紧贴固定钳口,利用划针盘找正,保证第三个面与基准面的垂直度达到图纸的精度要求。保证 45mm,达到表面粗糙度的要求	ϕ20 盘铣刀	800	150	5 mm（分二次加工）	加工第三面
9	铣	倒角去毛刺,使基准面紧贴固定钳口,第一个面放在平行垫铁上,保证第四个面与第一面的相互平行。保证 40 mm,达到表面粗糙度的要求	ϕ20 盘铣刀	800	150	5 mm（分二次加工）	加工第四面
10	铣	倒角去毛刺,使基准面紧贴固定钳口,第二面放在平行垫铁上,保证第五个面与第二个面的相互平行。保证 40 mm,达到表面粗糙度的要求	ϕ20 盘铣刀	800	150	5 mm（分二次加工）	加工第五面

| 11 | 铣 | 倒角去毛刺,使基准面紧贴固定钳口,第三面放在平行垫铁上,保证第六个面与第三个面的相互平行。保证40 mm,达到表面粗糙度的要求 | ϕ20 盘铣刀 | 800 | 150 | 5 mm (分二次加工) | 加工第六面 |
| 12 | 检验 | 检验尺寸:$40^{0}_{-0.2}$,$20^{0}_{-0.2}$,46 ± 0.05;表面粗糙度全部为$R_a=1.6\ \mu m$ | 外径千分尺、表面粗糙度块规 | | | | |

第7章 刨削加工

7.1 概述

在刨床上用刨刀对工件进行切削加工的过程称为刨削加工。

刨削加工最常用的设备是牛头刨床。在牛头刨床上刨削时,刨刀的**直线往复运动**为主运动,工件的间歇移动为进给运动,刨削过程是间歇切削的过程。刨削加工的主要特点如下。

（1）生产率较低

因刨削是间歇加工,回程时不切削,有空程损失,为减少刨刀与工件间的冲击和回程时的惯性力,刨削时切削速度较低;另外,牛头刨床只能用一把刀具切削,单次刨削的体积小。因此,刨削较铣削生产率低。但刨削狭长平面或在龙门刨床上装夹多件和多刀刨削时,能获得较高的生产率。

（2）加工精度较低

由于刨削运动是断续进行的,有冲击,振动较大,且刨削速度不均匀,因而加工精度较车削低,一般可达 IT10～IT8,表面粗糙度值 $R_a = 25 \sim 1.65\ \mu m$。

（3）用途较广

由于刨床结构简单,机床装夹和调整方便,刨刀制造、刃磨简单经济,生产准备时间短,加工费用低,适应性广,故在单件、小批生产和维修工作中得到广泛应用。刨削加工的基本内容如图 7-1 所示。

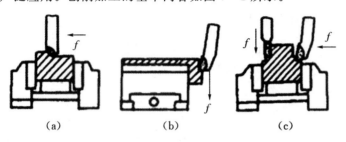

图 7-1 刨削加工的基本内容

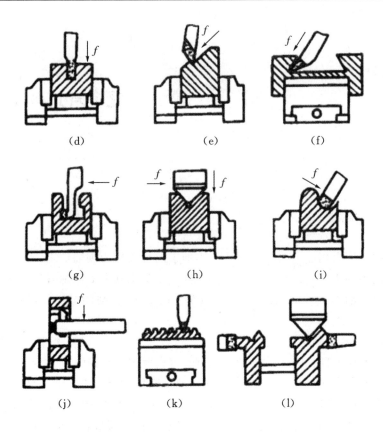

续图 7-1　刨削加工的基本内容

(a)刨平面;(b)刨垂直面;(c)刨台阶;(d)刨直角沟槽;

(e)刨斜面;(f)刨燕尾槽;(g)刨 T 形槽;(h)刨 V 形槽;

(i)刨曲面;(j)刨键槽;(k)刨齿条;(l)刨复合表面

7.2　牛头刨床

7.2.1　牛头刨床各部分名称和用途

　　B6065 型**牛头刨床**是生产中常用的一种刨床,适宜中、小型工件加工。其外形如图 7-2 所示,主要由以下几部分组成:床身、底座、滑枕、刀架、横梁和工作台。

专业术语

牛头刨床

كالا باشلىق رەندىدلەش ستانوكى

shaper

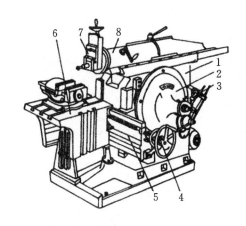

图7-2　B6065型牛头刨床
1—床身；2—摆杆机构；3—变速机构；4—进刀棘轮机构；
5—横梁；6—工作台；7—刀架；8—滑枕

1. 床身与底座

床身支承和连接刨床各部件,其上部导轨供滑枕做往复运动用,侧面导轨供工作台升降,内部有传动机构；底座用来安装床身。

2. 滑枕

滑枕主要用于带动刨刀做直线往复运动。刨刀装在滑枕前端的刀架上。

3. 刀架

刀架用来装夹刨刀,实现垂直和斜向的进给运动(如图7-3)。刀架上装有滑板4与可偏转刀座3,刀座中的抬刀板2可绕刀座销轴向上转动,供返程时将刨刀抬离加工表面,减少刨刀与工件间的摩擦。

4. 横梁与工作台

横梁安装在床身前部垂直导轨上,能上下移动。工作台安装在横梁的水平导轨上,能水平移动。

7.2.2　牛头刨床的传动系统

B6065型牛头刨床的传动系统主要包括如下几部分。

1. 齿轮变速机构

齿轮变速机构的作用是将电动机的旋转运动以不同的速度传到摇杆齿轮,形成滑枕的往复主运动及通过有关机构形成工作台的进给运动,这种变速属于有级变速,通过几组滑移齿轮的不同组合来改变传动比。

2. 摇杆机构

摇杆机构的作用是将电动机传来的旋转运动变为滑枕的往复直线运动,其结构如图7-4所示。摇杆7上端与滑枕内的螺母2相连,下端与支

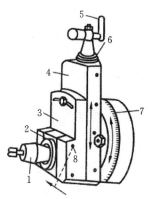

图7-3　刀架
1—刀夹；2—抬刀板；
3—刀座；4—滑板；
5—手柄；6—刻度盘；
7—刻度转盘；8—销轴

专业术语

齿轮变速机构
چشلىق چاقلىق سۆرئەت
ئۆزگەرتىش مېخانىزمى
gear speed change mechanism

专业术语

摇杆机构
جەينەكلىك ئوق تەۋرەنمە
دەستە مېخانىزمى
crank-rocker mechanism

架 5 相连。摇杆齿轮 3 上的偏心滑块 6 与摇杆 7 上的导槽相连。当摇杆齿轮 3 由小齿轮 4 带动旋转时，偏心滑块就在摇杆 7 的导槽内上下滑动，从而带动摇杆 7 以支架 5 为中心左右摆动，于是滑枕便做往复直线运动。摇杆齿轮转动一周，滑枕带动刨刀往复运动一次。

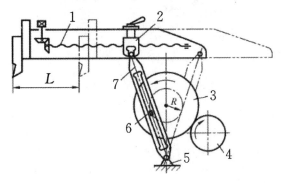

图 7-4　摆杆机构及工作原理
1—丝杠；2—螺母；3—摆杆齿轮；4—小齿轮；
5—支架；6—偏心滑块；7—摇杆

3. 棘轮机构

专业术语
棘轮机构
ھەرە چىشلىق چاق مېخانىزمى
ratchet gearing

棘轮机构的作用是使工作台在滑枕完成回程与刨刀再次切入工件之前的瞬间，做间歇横向进给，横向进给机构如图 7-5(a)所示，棘轮机构的结构如图 7-5(b)所示。齿轮 5 与摆杆齿轮为一体，摆杆齿轮逆时针旋转时，齿轮 5 带动齿轮 6 转动，使连杆 4 带动棘爪 3 逆时针摆动。棘爪 3 逆时针摆动时，其上的垂直面拨动棘轮 2 转过若干齿，使丝杠 8 转过相应的角度，从而实现工作台的横向进给。而当棘轮顺时针摆动时，由于棘爪后面为一斜面，只能从棘轮齿顶滑过，不能拨动棘轮，所以工作台静止不动，这样就实现了工作台的横向间歇进给。

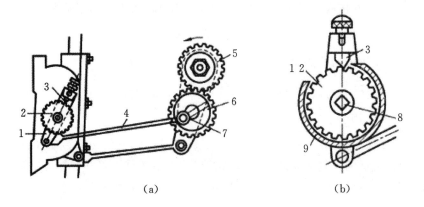

(a)　　　　　　　　　　　　　(b)

图 7-5　牛头刨床横行进给机构
1—棘轮爪；2—棘轮；3—棘爪；4—连杆；5、6—齿轮；7—偏心销；
8—横向丝杆；9—棘轮罩

7.3 刨刀的选择及安装

1.刨刀的结构特点

刨刀的结构和几何形状与车刀相似,只是为了增加刀尖强度,刨刀的刃倾角一般取正值。由于刨削加工的不连续性,刨刀切入工件时受到较大的冲击力,所以刨刀的刀杆截面较车刀大,并且常做成弯头式的,如图7-6(c)所示。这种弯头刨刀与直头刨刀相比,在受到较大切削力时,刀杆产生的弯曲变形是向上方弹起,使刀尖高出工件而不扎刀,可以避免啃伤工件。

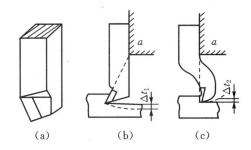

图7-6 刨刀及刀杆形状

2.刨刀的种类及应用

由于刨削加工的形式和内容很多,采用刨刀的类型也就不同,如图7-7所示。

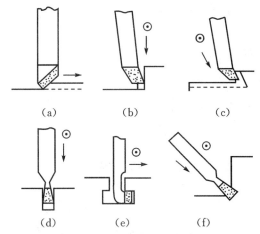

图7-7 常见刨刀的形状及应用(图中⊙为进给方向)
(a)平面刨刀;(b)偏刀;(c)角度偏刀;(d)切刀;(e)弯切刀;(f)切刀

①平面刨刀。平面刨刀用来刨削水平面。
②偏刀。偏刀用来刨削垂直面、阶面和外斜面等。
③角度偏刀。角度偏刀用来刨削角度形工件的燕尾槽和内斜面等。

④切刀。切刀用来刨削直角槽、沉割槽和切断工件等。

⑤弯切刀。弯切刀用来刨削 T 形槽和侧面沉割槽。

⑥切刀。切刀用来刨削 V 形槽和特殊形状表面。

龙门刨床上使用的刨刀,由于承受很大的切削抗力,刀杆须做得又大又重,装御起来就很不方便,故多采用装配式和机械夹固式刨刀。此外,与车刀一样,还推出了硬质合金不重磨刨刀,以提高生产效率。

3. 刨刀的安装

①刨刀在刀架上不宜伸出过长,以免在加工时发生振动或折断。直头刨刀的伸出长度为刀杆厚度的 1.5～2 倍,弯头刨刀可以适当伸出稍长些,以弯曲部分不碰刀座为宜。

②装卸刨刀时,必须一手扶住刨刀,往内按住抬刀板,另一手使用扳手,用力方向应自上而下,否则容易将抬刀板掀起,造成事故。

③刨削平面或切断时,刀架和刀座中心线都应处在垂直于水平工作台的位置上,即刀架下面的**刻度盘**准确地对准零刻线。在刨垂直面和斜面时,刀座可偏转 10°～15°,以使刨刀在返回行程时离开加工表面,减少刀具磨损及避免擦伤已加工好的表面。

④安装带有修光刃或平头宽刃精刨刀时,要用透光法找正修光刃或宽刀刃的水平位置,然后再夹紧刨刀,之后须再次用透光法检查刀刃的水平位置是否准确。

7.4　工件的装夹

刨削前,必须先将工件安装在刨床上,经过定位与夹紧,使工件在整个加工过程中始终保持正确的位置,这个过程叫做工件的装夹。装夹的方法根据被加工工件的形状和尺寸而定。

1. 用平口钳装夹工件

平口钳是一种通用夹具,用于装夹小型工件,使用时先把平口钳钳口找正并固定在工作台上,然后装夹工件。用平口虎钳按**划线**找正的安装方法如图 7-8 所示。

机床用平口虎钳是一种通用夹具,多用于小型工件的装夹。装夹时,工件的加工面应高于钳口,如果工件的高度不够,可用平行垫铁将工件垫高,并用手锤轻敲工件,保证垫铁垫实不虚,当垫铁用手不能拉动时则工件与垫铁贴紧,如图 7-8(a)所示。如果工件需要按划线找正,可用划线盘进行,如图7-8(b)所示。

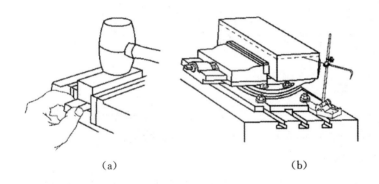

(a)   (b)

图 7-8 机床用平口虎钳装夹工件

2. 在工作台上装夹工件

对于大型工件或平口钳难以装夹的工件,可以将其直接固定在工作台上进行刨削。根据工件的外形可采用不同的装夹工具。图 7-9(a)所示为用压板和压紧螺栓装夹工件,图 7-9(b)所示为工件侧面有孔时的安装,图 7-9(c)所示为用 V 形铁装夹圆形工件,图 7-9(d)所示为利用工作台侧面安装工件,图 7-9(e)所示为用撑板装夹薄板工件。

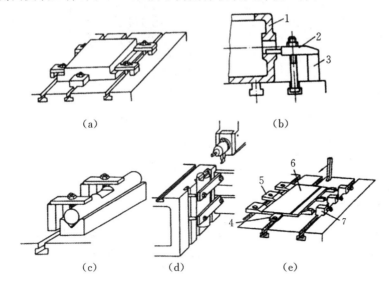

(a)   (b)

(c)   (d)   (e)

图 7-9 在工作台上装夹工件
(a)用压板和压紧螺栓装夹工件;(b)工件侧面有孔时的安装;
(c)利用 V 形铁装夹圆形工件;(d)利用工作台侧面安装工件;(e)用撑板装夹薄板工件
1、6—工件;2—压板;3—垫铁;4—挡块;5—固定撑板;6—活动撑板

在工作台上装夹工件时,根据工件装夹的精度要求,可用划针、百分表等,或先划好加工线再进行找正。

7.5　刨削加工的方法

1. 刨水平面

　　粗刨时,用普通平面刨刀,精刨时,用回头精刨刀(刀尖圆弧半径 $r=$ 3～5 mm),刨削深度 $a_p=0.2\sim0.5$ mm,进给量 $f=0.1\sim0.3$ mm/str。

2. 刨竖直面和斜面

　　刨竖直面时常采用偏刀,用手摇刀架竖直进给,切削深度由工作台横向移动来调整。为了避免刨刀回程时划伤工件已加工表面,必须将刀座偏转一定的角度($10°\sim15°$)。刨削工件右侧竖直面时,刀座下部转向加工面,如图 7-10 所示。

　　刨斜面与刨竖直面相似,只需把刀架转盘扳转加工要求的角度。例如,刨削 60°斜面,应使刀架转盘对准 30°刻线(见图 7-11)。

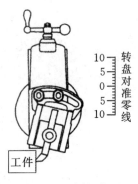

图 7-10　刨竖直面

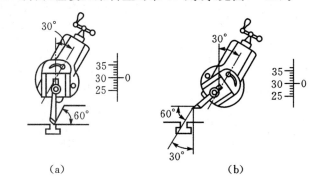

| (a) | (b) |

图 7-11　刨斜面
(a)刨外斜面(b)刨内斜面

3. 刨沟槽

　　在**刨沟槽**之前,应先将有关表面刨出,并划出加工线,然后刨削沟槽。

　　①刨 V 形槽是综合刨斜面和刨直槽两种方法进行的,其加工步骤如图 7-12 所示。

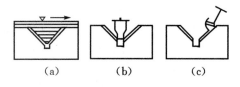

| (a) | (b) | (c) |

图 7-12　刨 V 形槽
(a)粗刨;(b)切槽;(c)刨斜面

　　②刨 T 形槽如图 7-13 所示,刨 T 形槽时先用切槽刀刨出直槽,再用左、右偏切刀刨出凹槽,最后用 45°刨刀倒角。

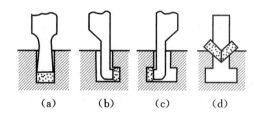

图 7 – 13 刨 T 形槽
(a)刨直槽；(b)刨一侧凹槽；(c)刨另一侧凹槽；(d)倒角

③刨燕尾槽的方法如图 7 – 14 所示。左、右燕尾偏刀是刨削燕尾槽的主要刀具。图 7 – 15 为精刨燕尾槽的左偏刀，其主、副刀刃在靠近刀尖处磨出 1～1.5 mm 的修光刃，两修光刃的夹角等于燕尾角。

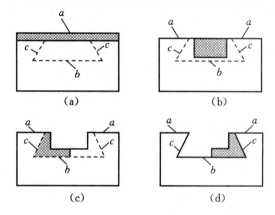

图 7 – 14 刨燕尾槽
(a)划出加工线，刨削顶面；(b)刨直槽；(c)刨左侧燕尾槽及部分槽底平面；
(d)刨右侧燕尾槽及部分槽底平面

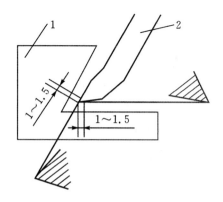

图 7 – 15 精刨燕尾槽的左偏刀
1—工件；2—左偏刀

第8章 磨削加工

8.1 概述

用砂轮对工件表面进行切削加工的方法称为**磨削加工**。它是零件精加工的主要方法之一,加工精度可达 IT6~IT5,加工表面粗糙度 R_a 一般为 0.8~0.1 μm。

由于**磨削**的速度很高,产生大量的切削热,温度高达 800~1 000 ℃。在这样的高温下,会使工件材料的性能改变而影响质量。为了减小摩擦,降低磨削温度,及时冲走磨屑以保证工件的表面质量,在磨削时常使用大量的切削液。

砂轮磨料的硬度很高,除了可以加工一般的金属材料,如碳钢、铸铁外,还可以加工一般刀具难以切削的硬度很高的材料,如淬火钢、硬质合金等。

磨削主要用于对零件的内外圆柱面、内外圆锥面、平面和成形表面(如螺纹、齿形、花键等)的精加工(见图 8-1)。

专业术语

磨削
چاقىلاش、سىلىقلاش
grinding, ablation

磨削加工
چاقىلاپ پىششىقلاپ ئىشلەش
grind machining

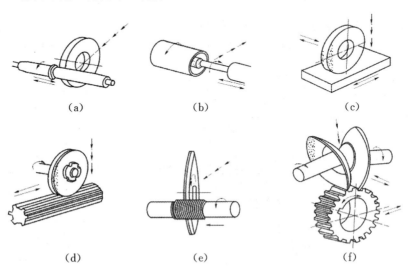

(a)　　　　　　　(b)　　　　　　　(c)

(d)　　　　　　　(e)　　　　　　　(f)

图 8-1 常用的磨削方法

(a)外圆磨削;(b)内圆磨削;(c)平面磨削;(d)花键磨削;(e)螺纹磨削;(f)齿形磨削

8.2　砂轮

1. 砂轮的构成

砂轮是磨削的切削工具。它是由许多细小而坚硬的磨料用结合剂黏结而成的多孔物体。磨料、结合剂和空隙是构成砂轮的三要素(如图 8 - 2 所示)。

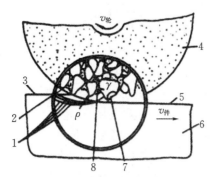

图 8 - 2　砂轮的组成
1—切削表面;2—空隙;3—待加工表面;
4—砂轮;5—已加工表面;6—工件;
7—磨料;8—结合剂

磨料直接担负切削工作,所以磨料必须具有很高的硬度和耐热性,且刃口锋利并有一定的韧度。常用的磨料有两类:

①刚玉类。刚玉的主要成分是 Al_2O_3,其韧度高,适于磨削钢料及一般刀具。

②碳化硅类。碳化硅的硬度比刚玉高,磨粒锋利,导热性好,适于磨削铸铁及硬质合金等脆性材料。

磨料的大小用**粒度**表示。粒度号数愈大,颗粒愈小。通常粗加工及磨削软材料时,选用粗磨粒;精加工及成形磨削时,选用细磨粒。一般磨削常用的粒度为 $36^\# \sim 100^\#$。

磨料通过**结合剂**可以黏结成各种形状和尺寸的砂轮(如图 8 - 3 所示),以适应不同的表面形状与尺寸的加工。常用的结合剂为陶瓷。磨料黏结愈牢,砂轮的硬度就愈高。为便于选用砂轮,在砂轮的非工作面上印有特性代号,如:

GB　60#　ZR₁　A　P　400×50×203

磨料	粒度	硬度	结合剂	形状	尺寸(外径×宽度×孔径)

专业术语
粒度
دانچنىڭ چوڭ ـ كىچىكلىكى
crain size

专业术语
结合剂
بىرىكتۈرۈش خورۇۇچى
bonding agent

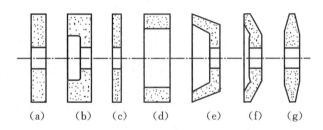

图 8 - 3　砂轮的形成

(a)平形;(b)单面凹形;(c)薄片形;(d)筒形;

(e)碗形;(f)碟形;(g)双斜边形

2. 砂轮的检查、安装、平衡和修整

　　砂轮因在高速下工作,因此安装前要根据敲击的响声来检查其有无裂纹,以防高速旋转时砂轮破裂。安装时,砂轮应松紧适中地套在轴上。在砂轮和法兰盘之间垫上 1～2 mm 厚弹性垫板(皮革或耐油橡胶所制),如图 8-4 所示。

　　为了使砂轮工作平稳,须对其进行静平衡检验(如图 8-5 所示)。平衡时将砂轮装在心轴上,再放到平衡架的导轨上。如果不平衡,可移动法兰盘端面环形槽内的平衡块进行平衡,直到砂轮在导轨上任意位置都能静止,这种平衡称作静平衡。

　　砂轮工作一定时间以后,磨料逐渐变钝,砂轮工作表面空隙被堵塞,这时需要对砂轮进行修整,去除已磨钝的磨粒,恢复砂轮的切削能力和外形精度。砂轮常用金刚石进行修整(如图 8-6 所示)。修整时要使用大量的冷却液,以避免金刚石因温度剧升而破裂。

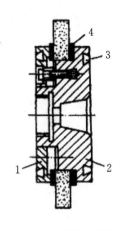

图 8-4　砂轮的安装

1,2—法兰盘;

3—平衡块槽;

4—厚弹性垫板

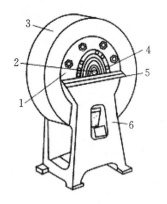

图 8-5　砂轮的静平衡检验

1—砂轮套筒;2—心轴;3—砂轮;

4—平衡铁;5—平衡轨道;6—平衡架

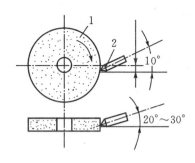

图 8-6　砂轮的修整

1—砂轮;2—金刚石

8.3 磨床

以砂轮作切削刀具的机床叫磨床。

磨床的种类很多,常用的有:普通外圆磨床、**万能外圆磨床**,内圆磨床、平面磨床、**无心磨床**、工具磨床、各种专门化磨床等。

8.3.1 外圆磨床

外圆磨床中的万能外圆磨床是最常用的,它既可以磨削外圆,又可以磨削内孔及内外圆锥面,还能磨削阶梯轴轴肩及尺寸不大的平面。

下面以常用的 M1432A 型万能外圆磨床为例(如图 8-7 所示),介绍其组成和液压传动原理。

专业术语

万能外圆磨床
ئۇنۇۋېرسال دۇگىلەكنى
سىرتىدىن چاقلاش ستانوكى
universal grinding machine

无心磨床
مەركەزسىز چاقلاش ستانوكى
centerless grinding machines

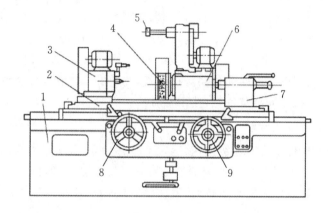

图 8-7 M1432A 型万能外圆磨床

1—床身;2—工作台;3—头架;4—大砂轮;

5—小砂轮;6—砂轮架;7—尾架;8、9—手轮

1. 主要组成部分及其作用

①床身。床身是一个箱形铸件,用来支持磨床的各个部件。床身上有两组导轨,工作台可沿床身的纵向导轨移动,砂轮架可沿横向导轨移动。液压传动系统装置在床身内部。

②工作台。工作台安装在床身和纵向导轨上,由上、下工作台两部分组成。上工作台可绕下工作台的心轴在水平面内调整一个较小的角度(±8°)来磨削圆锥面。工作台面上装有头架和尾座。这些部件随工作台由液压驱动沿床身纵向导轨往复运动,转动手轮 9,可实现工作台手动纵向进给。

③头架。头架安装在工作台上,其主轴由单独电动机经变速机构带动旋转,以实现工件的圆周进给运动。主轴端部可以安装卡盘或顶尖拨盘,与尾架上的顶尖配合使用,以便装夹不同形状的工件,头架还可在水平面内偏转一定角度,磨削较大的锥面。

　　④砂轮架。砂轮架安装在床身的横向导轨上,砂轮由一个大功率电动机带动高速旋转。砂轮架可由液压系统传动实现沿床身横向导轨径向自动进给和快速进退,也可转动手轮 8 实现手动径向进给。砂轮架还可绕垂直轴旋转某一角度。

　　⑤内圆磨具。内圆磨具是用来磨削内圆柱面、内圆锥面的专用部件,使用时将它翻转放下。磨具主轴上装有磨内圆用的砂轮,由专用电动机带动实现高速转动。

　　⑥尾架。尾架安装在工作台上,可沿工作台导轨纵向移动,它和头架的前顶尖一起,用于支承被加工工件。

8.3.2　液压传动原理

1. 液压传动的特点

　　磨床是精密加工机床,不仅要求精度高,刚性好,热变形小,而且要求振动小,传动平稳。M1432A 万能外圆磨床采用液压传动,磨床工作台往复运动能进行无级调速,调速方便且调速范围较大,传动平稳,反应快,冲击小,便于实现频繁换向和自动防止过载,便于采用电液联合控制,实现自动化操作,且机床润滑条件好,使用寿命长。

2. 外圆磨床的液压传动

　　由于液压传动具有无级调速、运转平稳、无冲击振动等优点,磨床传动广泛采用液压传动。外圆磨床的液压传动系统比较复杂,图 8-8 为工作台液压传动原理示意图。工作时,液压泵 9 将油从油箱 8 中吸出,转变为

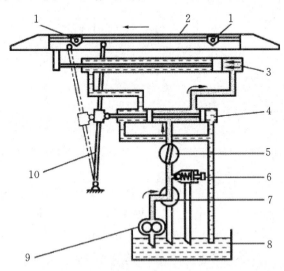

图 8-8　工作台液压传动原理图
1—挡块;2—工作台;3—液压缸;4—换向阀;5—节流阀;
6—溢流阀;7—转阀;8—油箱;9—液压泵;10—换向手柄

高压油,高压油经过转阀 7、节流阀 5 和换向阀 4 流入液压缸 3 的右腔,推动活塞、活塞杆及工作台 2 向左移动。液压缸 3 的左腔的油则经换向阀 4 流入油箱 8。当工作台 2 移至左侧行程终点时,固定在工作台 2 前侧面的挡块 1 推动换向手柄 10 至虚线位置,于是高压油则流入液压缸 3 的左腔,使工作台 2 向右移动,油缸 3 右腔的油则经换向阀 4 流入油箱 8。如此循环,工作台 2 便得到往复运动。

8.3.3 平面磨床

平面磨床主要用于磨削工件的平面。如图 8-9 所示为 M7120A 平面磨床,它由床身、工作台、立柱、砂轮修整器、滑板和磨头等部件组成。

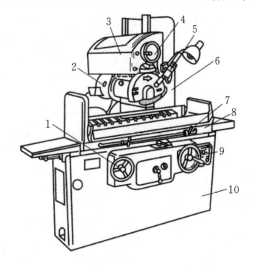

图 8-9 平面磨床外形
1—工作台手动手轮;2—磨头;3—滑板;
4—砂轮横向手动手轮;5—砂轮修整器;
6—立柱;7—行程挡块;8—工作台;
9—砂轮升降手轮;10—床身

长方形工作台装在床身的导轨上,由液压驱动做往复运动,也可用手轮 10 操纵。工作台上装有电磁吸盘或其它夹具、非磁性材料工件、可用精密虎钳装夹。

磨头沿滑板的水平导轨可做横向进给运动,由液压驱动或由手轮 7 操纵。滑板可沿立柱的导轨垂直移动,以调整磨头的高低位置,完成垂直进给运动。这一运动也可通过转动手轮 2 来实现。砂轮由装在磨头壳体内的电动机直接驱动旋转,并定期由砂轮修整器修整。

8.3.4 磨削加工方法

1. 外圆磨削

(1)工件的安装磨削

轴类零件时常用顶尖安装(如图 8 – 10(a)所示)。但磨床所用的顶尖是不随工件一起转动的,这样可以提高加工精度,避免顶尖转动带来的误差。磨削短工件的外圆时,可用三爪卡盘或四爪卡盘装夹工件;用四爪卡盘安装工件时,需用百分表找正;盘套类空心工件常安装在心轴上磨削外圆(如图 8 – 10(b),(c),(d)所示)。

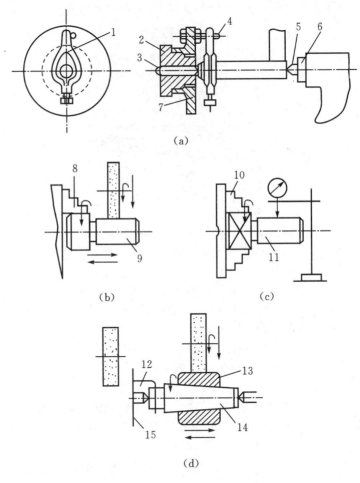

图 8 – 10 外圆磨床工件装夹

(a)外圆磨床上用顶尖装夹工件;(b)三爪卡盘装夹;

(c)四爪卡盘装夹及其找正;(d)锥度心轴装夹

1、12—卡箍;2—头架主轴;3—前顶尖;4—拨杆;5—后顶尖;6—尾架套筒;

7、15—拨盘;8—三爪卡盘;9、11、13—工件;10—四爪卡盘;14—心轴

（2）磨削方法

磨削外圆常用的方法有纵磨法和横磨法两种。

①纵磨法（如图 8-11 所示）。磨削时工件旋转（圆周进给），并与工作台一起做纵向往复运动（纵向进给），每当一次纵向行程（单行程或双行程）终了时，砂轮做一次横向进给运动（磨削深度）。每次磨削深度很小，一般在 0.005～0.05 mm 之间，磨削余量要在多次往复行程中磨去。当工件加工到接近最终尺寸时，采用几次无横向进给的光磨行程，直到磨削的火花消失为止，以提高工件的表面质量。这种方法在单件、小批生产以及精磨中得到广泛的应用。

②横磨法（如图 8-12 所示）。横磨法又称切入磨削法。磨削时工件无纵向进给运动，而砂轮以很慢的速度连续地向工件做横向进给运动，直至磨去全部余量为止。横磨法适于在大批量生产中磨削长度较短的工件和阶梯轴的轴颈。

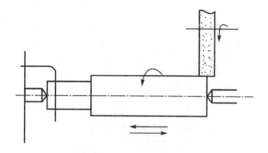

图 8-11　纵磨法

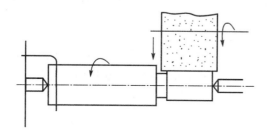

图 8-12　横磨法

为了提高磨削质量和生产率，可对工件先采用横磨法分段粗磨，然后将留下的 0.1～0.3 mm 余量再用纵磨法磨去，这种方法叫作综合磨法。

2. 平面磨削

（1）工件的装夹

磨削中、小型工件的平面，常采用电磁吸盘工作台吸住工件。电磁吸盘工作台的工作原理如图 8-13 所示。钢制吸盘体中部凸起的芯体上绕有线圈，钢制盖板上面镶嵌有用绝缘层隔开的许多钢制条块。当线圈中通过直流电时,芯体被磁化。磁力线由芯体经过盖板—工件—盖板—吸盘体—芯体而闭合(图中用虚线表示),工件被吸住。绝缘层由铅、铜或巴氏合金等非磁性材料制成,其作用是使绝大部分磁力线都能通过工件再回到吸盘体,而不能通过盖板直接回去,以保证工件被牢固地吸在工作台上。

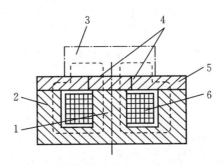

图 8-13　电磁吸盘工作台的工作原理

1—芯体；2—吸盘体；3—工件；4—绝缘层；5—盖板；6—线圈

　　当磨削键、垫圈、薄壁套等尺寸小而壁较薄的零件时,由于零件与工作台接触面积小,吸力弱,容易被磨削力弹出去而造成事故,故须在工件四周或两端用挡铁围住,以防工件移动(如图 8-14 所示)。

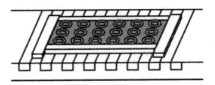

图 8-14　用挡铁围住工件

(2)磨削方法

　　平面磨削的方法有两种:一种是用砂轮的圆周面磨削(如图 8-15(a)所示),称为轴磨法;另一种是用砂轮的端面磨削(如图 8-15(b)所示),称为端磨法。

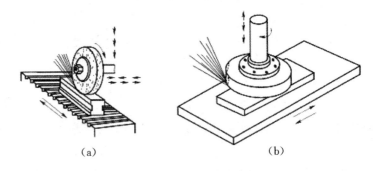

(a)　　　　　　　　　　　　　　　　(b)

图 8-15　平面磨削

(a)周磨法；(b)端磨法

　　用周磨法磨削平面时,砂轮与工件的接触面积小,排屑和冷却条件好,工件发热变形小,所以能获得较高的加工质量,但磨削效率较低,适用于精磨。

　　端磨法的特点与周磨法相反。端磨时,由于砂轮轴伸出较短,刚度较好,能采用较大的磨削用量,故磨削效率较高。但端磨法磨削精度较低,适用于粗磨。

第 9 章　钳工

9.1　概述

在机械制造中,钳工是一个重要工种。钳工以手工操作为主,用各种手工工具,完成零件的制造、装配和修理等工作。钳工工作范围很广,主要包括:划线、**錾削**、**锉削**、**研磨**以及装配等。

钳工可分为普通钳工、模具钳工、机修钳工和装配钳工等。其分工随生产规模和工厂的具体条件而不同。

9.2　钳工常用设备

1. 台虎钳

台虎钳是用来夹持工件的,其规格以钳口的宽度来表示,常用的有 100 mm、125 mm 和 150 mm 几种。台虎钳的结构如图 9-1 所示。

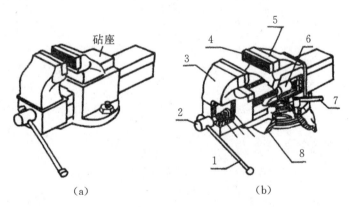

（a）　　　　　　　　　　　　（b）

图 9-1　台虎钳

（a）固定式台虎钳；（b）回转式台虎钳

1—手柄；2—丝杆；3—活动钳口；4—固定钳口；5—钳身；
6—丝杆螺母；7—锁紧扳手；8—底座

台虎钳的构造和工作原理如下:活动钳口和固定钳口通过导轨做滑动配合。丝杠装在活动钳身上,并与安装在固定钳身上的丝杠螺母配合。摇动手柄使丝杠旋转,带动活动钳身移动,起夹紧或放松工件的作用。回转式

专业术语

锉削
ئىگەكلىمەك
file

錾削
قەلەم بىلەن ئويۇش
hand chipping

研磨
قىرىش、 ئاقلاش
lapping

装配
قۇراشتۇرۇش
assembly

台虎钳
ئىسكەنجە、 قىسقۇچ
table vice

台虎钳的固定钳身装在转座上，当转到合适的工作方向时，扳动锁紧扳手将固定钳身与底座紧固。使用台虎钳时，工件应夹紧在钳口的中部，使钳口受力均匀。不能用锤敲击手柄，或套上钢管加长力臂，以免损坏台虎钳的丝杠螺母。

2. 钳工工作台

钳工工作台（如图 9-2 所示）一般用硬质木材制成，要求坚实平稳，台面高度为 800～900 mm，以适合人体操作，台面长度、宽度随工作需要和场地大小而定。

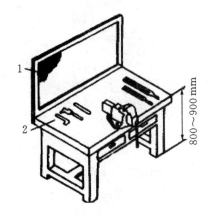

图 9-2 钳工工作台
1—防护网；2—量具单独放

3. 砂轮机

砂轮机用来刃磨钻头、錾子、刀具等工件和工具。由电动机、砂轮和机体组成。砂轮机又分为立式砂轮机和多用手砂轮两种，前者用于刃磨刀具，后者用于打磨工件。

4. 钻床

钻床主要用于在实体工件上进行圆孔加工，根据其构造的不同，常用的钻床分为三种。

（1）台式钻床

台式钻床（如图 9-3 所示）主轴的旋转运动直接由电动机通过塔轮传动并变速，主轴的轴向移动则由手动操纵，使钻头进给。台钻的结构简单，使用方便，主要用于加工 ϕ13 mm 以下的小孔。

（2）立式钻床

立式钻床（如图 9-4 所示）主轴的转速由主轴变速箱调节，进给量由进给箱控制。

立式钻床仅适用于单件、小批量生产，以及小型工件的孔加工（最大能钻 ϕ50 mm 的孔）。

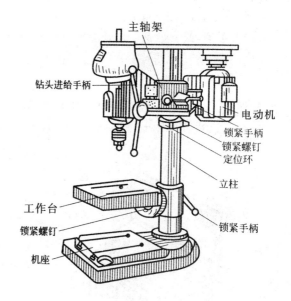

图 9 - 3　台式钻床

1—底座；2—立柱；3—电动机；

4—塔能；5—V 型皮带；6—带传动罩；

7—进给手柄；8—主轴架；9—主轴

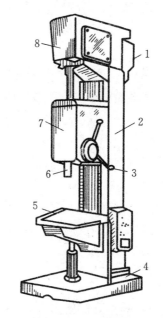

图 9 - 4　立式钻床

1—电动机；2—立柱；3—进给手柄；

4—机座；5—工作台；6—主轴；

7—进给箱；8—主轴变速箱

（3）摇臂钻床

摇臂钻床（如图9-5所示）的特点是主轴箱能在摇臂的轨道上移动,摇臂能绕立柱转动一定角度。这些特点使之在加工操作时能方便地调整刀具的位置,使钻头对准钻孔的中心,而不必移动笨重的工件,因此,使用操作较为方便,适用于一些笨重及多孔的工件加工,广泛用于生产中。

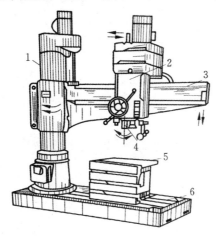

图9-5　摇臂钻床

1—立柱；2—主轴箱；3—摇臂；4—主轴；5—工作台；6—机座

9.3　钳工基本操作中常用工具、量具

1. 常用工具

钳工常用工具有划线用的划针、划针盘、**划规**、**样冲**和平板；錾削时使用的手锤和各种錾子；锉削时使用的各种锉刀；锯割时使用的锯弓和锯条；孔加工时使用的**麻花钻**、各种锪钻和铰刀；攻丝、套扣用的各种丝锥、板牙和板杠；**刮削**时使用的平面刮刀和曲面刮刀；各种扳手、起子以及一些常用电动工具,如手电钻、手砂轮、电动扳手、电动起子等。

2. 常用量具

常用量具有钢尺、直角尺、钢卷尺、内外卡钳、游标卡尺、千分尺、量角器、厚薄尺、百分表、水平仪。

9.4　划线

根据图纸的技术要求,用划线工具在毛坯或半成品上划出加工界限,作为加工依据的操作称为划线。

划线主要有两种：在零件的一个面上划线,称为平面划线,如图9-6所示；在零件的几个面上划线,称为立体划线,如图9-7所示。用样板划线是一种既简单又省时间的划线方法。

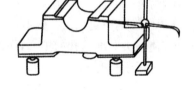

图 9 - 6 平面划线   图 9 - 7 立体划线

划线的作用主要有：

①确定工件各表面的加工余量,确定孔的位置,使机械加工有明确的尺寸界限;

②通过划线能及时发现和处理不合格的毛坯,避免加工以后造成损失;

③采用借料划线可以使误差不大的毛坯得到补救,以提高毛坯的合格率;

④可以按划线找正定位,便于复杂工件在机床上安装或装夹,便于加工。

9.4.1 划线工具及其使用

(1)钢直尺

钢直尺是一种简单的长度尺寸量具,尺面上最小刻度线距为 0.5 mm,长度规格有 150 mm、300 mm、1000 mm 等多种,主要用来测量工件,也可作划直线的导向工具。

(2)划线平板

划线平板又称**划线平台**,由铸铁制成,装在支架上使用,如图 9 - 8 所示。

专业术语

划线平台
سزنق سزنش سوپسی
face plate

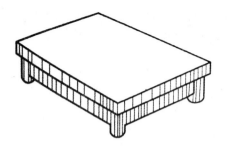

图 9 - 8 划线平台

划线平板工作表面经过精刨和刮削加工,平面平整光滑,是划线的基准平面。平板应平稳固定放置,保持水平。使用平板部位要均匀,避免平板局部磨损;工件、工具在平板上要轻拿轻放,并保持平板清洁;长期不用时,应涂油防锈并用木板护盖。

（3）划线方箱

划线方箱是一个用铸铁制成的空心立方体，相邻平面互相垂直，相对平面互相平行。其上部有 V 形槽和夹紧装置，用于夹持工件，并能翻转位置划出垂直线，如图 9 - 9 所示。

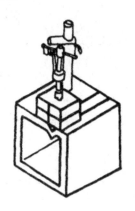

图 9 - 9　方箱

（4）划规

划规是平面划线的主要工具，用于划圆、量取尺寸和等分线段，如图 9 - 10 所示。

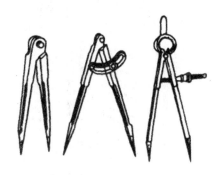

图 9 - 10　划规

（5）样冲

样冲用来在工件所划线上打出小而分布均匀的样冲眼，目的是使划出的线条具有位置标记，还可作为划圆弧和钻孔时钻头的定位，如图 9 - 11 和 9 - 12 所示。

（6）高度游标尺

高度游标尺是高度尺和划针盘的组合，除了可以测量高度外，因为有合金头的划针脚，所以还可作精密划线的工具，精度可达 0.02 mm。高度游标尺用于半成品划线，而不用于毛坯划线。用高度游标尺划中心线示意图，如图 9 - 13 所示。

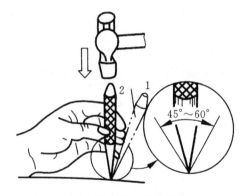

图 9-11 样冲及其用法

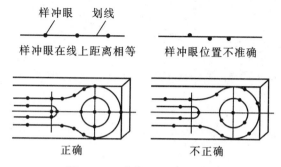

图 9-12 在线段上的样冲眼

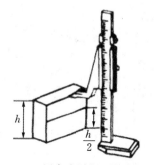

图 9-13 用高度游标尺划中心线

9.4.2 划线基准

　　划线时,作为划线依据的面、线、点的位置,就叫作划线基准。例如圆的划线,圆心就是划线基准。正确选择划线基准,可以提高划线的质量和效率,并相应地提高毛坯合格率。

　　(1)划线基准的选择

　　①应使划线基准与设计基准一致(图纸上标注的尺寸基准线)。

　　②应选用已加工过的平面,特别是当工件上只有一个加工表面时,应以此面作为划线基准。如果都是毛坯表面,应以较平整的大平面为划线基准。

　　③毛坯表面的孔和凸起部分的中心应作为划线基准。

（2）常用的划线基准

①以两个互相垂直的平面（或线）为基准，如图9-14(a)所示。

②以两条中心线为基准，如图9-14(b)所示。

③以一个平面和一条中心线为基准，如图9-14(c)所示，特别是形状对称的工件，常选用对称中心线为基准。

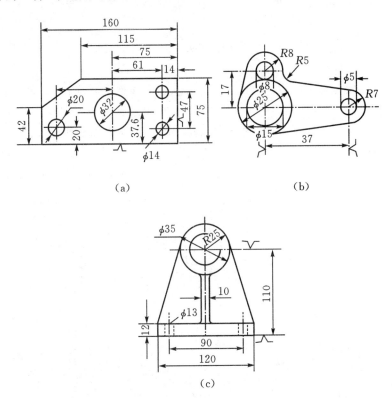

（a）　　　　　　　　　　（b）

（c）

图9-14　划线基准类型

9.4.3　划线的方法和步骤

对形状不同的零件，要选择不同的划线方法。划线方法一般有平面划线和立体划线两种。平面划线类似于几何作图；立体划线有直接翻转法和用角铁划线法两种。

划线一般分为以下几个步骤。

1. 确定划线基准

按9.4.2节所讲确定划线基准。

2. 毛坯的准备

①工件清理：去掉毛坯表面的型砂、飞边、焊瘤、焊渣、毛刺、锈皮等。

②工件涂色：铸件、锻件毛坯涂上石灰水，小件也可涂以粉笔；半成品光坯一般涂硫酸铜溶液；铝、铜等有色金属光坯一般涂蓝油。

③找孔的中心：在孔的中心填塞块，以便于用圆规划圆。常用塞块是木

块或铅块,木块上钉铜皮或白铁皮。

3. 划线

　　先划基准线,再划水平线、垂直线、斜线、圆弧和曲线,并检查毛坯是否适用。如果毛坯有缺陷,存在歪斜、偏心壁厚不均等现象,在许可偏差不大时,可采用找正和借料方法来补救。

4. 检查

　　检查划线是否正确,然后在线的两端及中部、圆弧切点、拐点等部位打上适量的样冲眼。

　　划线操作时应注意:工件支承要稳定,避免滑倒和移动;在一次支承时,应仔细考虑,把需要划出的平行线划全,以免重复支承补划,造成误差;划线时应正确使用划线工具,以免产生误差。图 9-15 为轴承座毛坯立体划线方法和步骤。

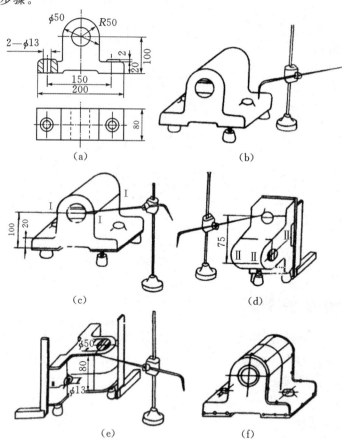

图 9-15　轴承座的立体划线
(a)轴承座零件图;(b)根据孔中心及上平面调节千斤顶,使工件水平;
(c)划底面加工线和打孔的水平中心线;
(d)转 90°,用角尺找正,划打孔的垂直中心线及螺钉孔中心线;
(e)再翻 90°,用角尺两个方向找正,划螺钉孔另一个方向的中心线
及大端面加工线;(f)打样冲眼

9.5 锉削、锯削和錾削

9.5.1 锉削

锉削是用锉刀对工件表面进行切削加工的操作。它多用于錾削和锯削后对零件进行精加工,所加工出工件的表面粗糙度 R_a 值可达 $3.2\sim1.65\ \mu m$,是钳工中最基本的操作。锉削可以加工工件的内外平面、内外曲而、内外角、沟槽和各种复杂形状的表面。在现代工业中,许多工件加工已被高精密加工机床代替,但仍有一些不便于机械或其他设备加工的场合和工件要用锉削来完成。如模具加工和装配修理等。

1. 锉刀

锉刀是用以锉削的工具。它由碳素工具钢 T13 或 T12 制成,经热处理后切削部分硬度可达 HRC62～67。

1) 锉刀的构造

锉刀的构造如图 9-16 所示,由锉刀面、锉刀边、面齿、底齿、锉刀尾、舌、木柄组成。锉刀面刻有单纹或双纹齿。单纹齿锉刀用于有色金属的锉削;双纹锉刀最为常用,其齿刃是间断的,即在全齿刃上有许多分屑槽,使锉刀屑易碎断,锉刀不易被锉屑堵塞,锉削时较省力。剁出的锉齿形状如图 9-17所示。

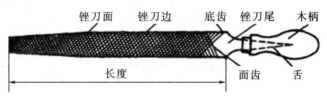

图 9-16 锉刀的各部分名称

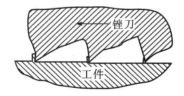

图 9-17 剁出的锉齿形状

2) 锉刀的种类

锉刀按其断面形状可分为**平锉**、**方锉**、**圆锉**、**半圆锉**等,如图 9-18 所示。

锉刀按长度可分为 100 mm,150 mm,…,400 mm 等几种规格。锉刀的粗细按锉刀齿纹的齿距大小来划分。粗锉齿距为 0.8～2.3 mm,细锉齿距为 0.16～0.2 mm。以上锉刀属普通锉刀。

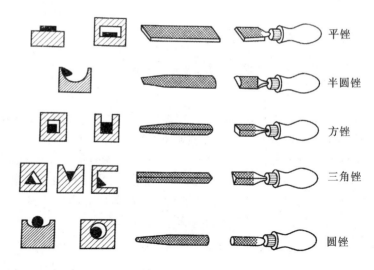

图 9-18 锉刀的种类

锉刀还有整形锉刀(又称什锦锉)和特种锉刀。整形锉刀适于修整制做小型工件或细小部位,如样板、模具等。特种锉刀用于加工工件上的特殊表面或者是特殊材料,如木锉修锉胶皮用于补胎等。

3)锉刀的合理选用

锉刀的选用是否合理对保证加工质量、提高工作效率和延长锉刀的寿命有很大影响。锉刀的长度按加工表面大小选用;锉刀的断面形状按工件加工表面形状选用;锉刀齿纹的粗细按工件材料性质、加工余量、加工精度和表面粗糙度等情况综合考虑选用。锉刀的选用可参考表 9-1。

表 9-1 锉刀的选用

锉刀	适用场合		
	加工余量/mm	尺寸精度/mm	粗糙度 R_a/μm
粗锉刀	0.5～1	0.2～0.5	50～12.5
中锉刀	0.2～0.5	0.05～0.2	6.3～3.2
细锉刀	0.05～0.2	0.01～0.05	3.2～1.6

2. 锉削的操作方法

1)锉刀的握法

大锉刀(300 mm 以上)握法如图 9-19(a),(b)所示。右手心抵着锉刀木柄的端头,大拇指放在锉刀木柄的上面,其余四指放在下面,配合大拇指握住锉刀的木柄。左手掌部压在锉刀另一端,拇指自然伸直,其余四指弯曲扣住锉刀前端。主要由右手用力,左手使锉刀保持水平,引导锉刀水平移动。

中锉刀的握法如图 9-19(c)所示。

小锉刀的握法如图 9-19(d)所示。

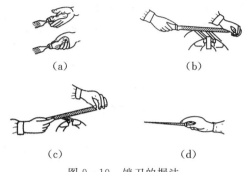

图 9 - 19　锉刀的握法

2)锉削方法

(1)平面的锉削

常用的平面锉削有顺锉法、交叉锉法、推锉法。

①**顺锉法**是最基本的锉法,适用于锉削较小的平面,如图 9 - 20(a)所示。

②**交叉锉法**锉刀的切削运动是交叉进行的,如图 9 - 20(b)所示。这种锉法容易锉出较准确的平面,可以利用锉痕判断加工表面是否平整,适用于锉削余量较大的工件。

③**推锉法**。当工件表面狭长,不能用顺锉法锉光时,可采用推锉法。如图 9 - 20(c)所示,两手对称横握锉刀,拇指抵住锉刀侧面,沿工件表面平稳地推拉锉刀。这种锉削法是在工件表面已经锉平、余量很小的情况下,修光工件表面而用的。

专业术语
交叉锉法
قايچىلاشتۇرۇپ ئىگەكلەش ئۇسۇلى
cross-belt milling

专业术语
顺锉法
تۈز ئىگەكلەش ئۇسۇلى
climb milling

专业术语
推锉法
ئىتتىرىپ ئىگەكلەش ئۇسۇلى
milling

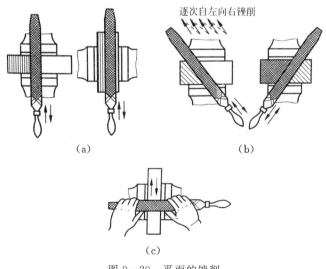

逐次自左向右锉削

(a)   (b)

(c)

图 9 - 20　平面的锉削

(2)曲面的锉削

①外圆弧面的锉削。锉削外圆弧面时,锉刀除顺着外圆弧面向前运动外,还要沿工件加工面的圆弧中心做摆动,如图9 - 21所示。

②内圆弧面的锉削。锉削内圆弧面时用半圆锉或圆锉,除顺着内圆弧面向前运动外,本身还要做旋转运动向左或向右移动,如图 9-22 所示。

图 9-21 锉削外圆弧面

图 9-22 锉削内圆弧面

9.5.2 锯削

用手锯把工件或金属材料切割开或切割成沟槽的操作称为锯削(切)。

1. 锯削工具

钳工锯削工具主要是手锯,它由锯弓和锯条组成。

(1)锯弓

锯弓有固定式和可调式两种,如图 9-23 所示。可调式锯弓由锯柄、锯弓、方形导管、夹头和翼形螺母等部分组成。夹头上安有装锯条的**销钉**。夹头的另一端带有拉紧螺栓,并配有翼形螺母,以便拉紧锯条。

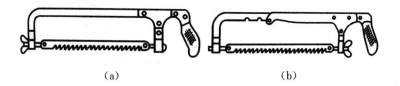

(a)   (b)

图 9-23 锯弓
(a)固定式;(b)可调式

(2)锯条

锯条由碳素工具钢制成,经淬火和低温回火处理。常用锯条长约300 mm,宽 12 mm,厚 0.8 mm。锯条齿形分为粗、中、细三种,粗齿齿距为1.6 mm,适用于锯铜、铝等软金属及厚工件。细齿齿距为 0.8 mm,适用于锯硬钢、板料、薄壁管等。锯齿的排列多为波形和折线形,以减少锯口两侧与锯条间的摩擦,如图 9-24 所示。

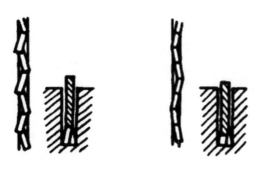

图 9 - 24   锯齿的排列

2. 锯削的步骤与方法

（1）锯条的选择与安装

应根据工件材料、厚度和工件形状选择合适的锯条。将锯条锯齿朝前安装在锯弓上，拧紧，但不可过紧，一般用两个手指的力能旋紧为止，如锯削深度超过锯弓高度时，可将锯条垂直于锯弓安装。

（2）工件夹持与起锯

工件应尽可能夹在虎钳左边，便于操作，避免碰手。工件伸出钳口要短，以减少振动。为防止夹持损伤工件表面，可在钳口衬以铜片。起锯时，锯条与工件表面垂直并向前倾斜10°～15°，用拇指轻轻抵住锯条，起锯压力要轻，锯弓往复行程要短，锯口锯成后，逐渐将锯弓保持水平方向，并做直线往复，不可摆动。向前推时均匀用力，返回时从工件上轻轻滑过。通常锯削速度为每分钟往复 30～60 次，锯条工作行程应是锯条全长的三分之二至四分之三左右。

（3）锯削方法

①锯型材时，为了得到整齐的锯缝，应从型材的较宽面下锯，这样深度较浅，锯条不易卡住，同时应加少许润滑油减小摩擦力。锯角铁或槽钢时，应在锯完一面后，改变装夹位置再锯另一面，保持锯缝垂直。

②锯切圆管时，应注意锯到圆管内壁时，要把圆管向推锯方向旋转一定角度再锯，不要一次单向锯下来。这样不断旋转锯削可以保持锯缝垂直和减少锯条崩齿。若是薄壁圆管，装夹时要在钳口衬以 V 形铁，防止将圆管夹扁。

③锯薄板时，可将薄板两侧用木板夹住固定在钳口上锯切，或是将多片薄板叠起来用木板夹住一起锯切。这样锯完后薄板锯口能保持平直不变形。

9.5.3 錾削

錾削是用手锤敲击錾子剔除工件表面加工余量部分的操作。錾削可加工平面和沟槽，切断 0.5～3 mm 厚的金属材料，清理毛坯上的毛刺和飞边等。

1. 錾削工具

錾削工具主要为各种类型的錾子和手锤。錾子一般用碳素工具钢制造,其结构如图 9 - 25 所示,切削部分淬硬。錾子按用途可分为以下几类(如图 9 - 26 所示)。

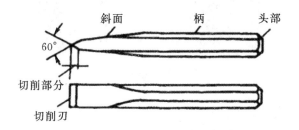

斜面　　柄　　头部

60°

切削部分

切削刃

图 9 - 25　錾子的结构

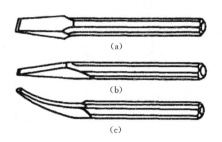

(a)

(b)

(c)

图 9 - 26　錾子的种类

(1)平錾

平錾的切削部分扁平,切削刃略带圆弧型,刃宽一般为10～15 mm,錾削楔角在錾削铜、铝时可取 30°～50°,在錾削钢件时为 50°～60°,錾削铸铁时可取 70°,如图 9 - 26(a)所示。

(2)槽錾(又称窄錾)

槽錾的切削刃较窄,刃宽一般约为 5 mm,从刃尖起两侧向后逐渐狭小,斜面有较大角度,使切削部分有足够强度。它适用于錾削沟槽和分割曲形薄板等,如图 9 - 26(b)所示。

(3)油槽錾

油槽錾的切削刃也较窄并呈圆弧形,錾子前端成弯曲形状,适用于錾削各种内表面润滑的油槽,如图 9 - 26(c)所示。

手锤是钳工常用的敲击工具,一般由锤头、木柄和楔子组成。手锤规格以锤头的重量表示,常用的是 0.5 kg 重的锤头,手柄长度约为 300 mm。

2. 錾削方法

(1)手锤和錾子的使用

①手锤的握法。手锤握持应放松自然,拇指与食指握住锤柄,其余三指自然握持,锤柄露出 15～30 mm,如图 9 - 27 所示。

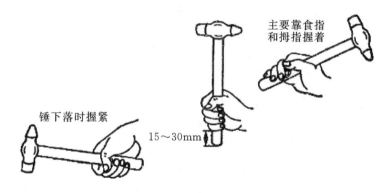

图 9-27　手锤及其握法

②錾子的握法。錾子全长 150 mm 左右,握法有三种,如图9-28所示。握持应松紧自如,主要用中指夹紧錾子,顶部露出 20~25 mm。

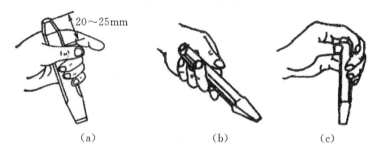

图 9-28　錾子的握法
(a)正握法;(b)反握法;(c)立握法

③錾子刃磨。如图 9-29 所示,双手握住錾子,使切削刃高于砂轮水平中心线。錾子轻轻靠在旋转的砂轮缘上进行左右平稳移动,并蘸水冷却防止退火。刃磨后刃口应平直对称,楔角符合錾削材料要求。

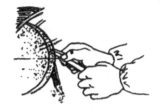

图 9-29　錾子的刃磨

(2)錾削平面

用平錾錾削平面,每次錾削厚度 0.5~2 mm。一般起錾方法有正面起錾和斜角起錾两种,如图 9-30 所示。起錾时,应将錾子握平或使錾头稍向下倾成负角 θ,以便錾刃切入工件。当錾削到接近尽头(差 10~15 mm)时,应调头錾去余下部分,如图 9-31 所示。当錾削大平面时,先用窄錾开槽,然后用平錾錾平,如图 9-32 所示。

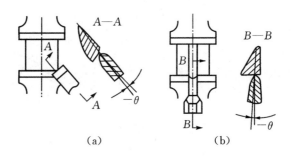

图 9-30　起錾方法
(a)斜角起錾;(b)正面起錾

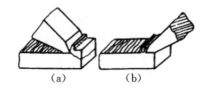

图 9-31　尽头处的錾法
(a)不正确;(b)调头錾正确

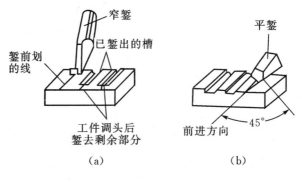

图 9-32　较大平面的錾法
(a)开槽;(b)錾成平面

(3)錾削键槽

錾削键槽时,应先划出加工线,再在键槽一端或两端钻孔,然后用合适的窄錾进行錾削。錾削油槽时,先在工件上划出油槽加工线,选用与油槽宽度相同的油槽錾錾削,錾子的倾角要灵活掌握,随加工面不停地移动,以使油槽尺寸、深度和粗糙度达到要求。

(4)錾断

錾断薄板料和小直径棒料(一般板料在 4 mm 以下,棒料直径在 12 mm 以下)可在台虎钳上进行。薄板与錾刃成 45°斜角从右向左錾削。对于较长或大型板料,可以在铁砧上錾断。錾断形状较复杂的板料,可在工件轮廓周围钻出许多小孔,然后再分别用窄錾和平錾錾削。

9.6 钻孔

孔加工一般在钻床上完成,有的也在车床、铣床和键床上进行,但钳工操作大多在钻床上进行。钻床除可以进行钻孔外,还可以进行扩孔、铰孔和锪孔等操作。

钻头是钻孔的主要刀具,由于其刚性较差,排屑、散热困难,所以钻孔精度不高,一般为 IT12 左右,表面粗糙度 R_a 可达到 50 μm 左右。

钻头种类很多,有麻花钻、中心钻、锪钻等。其中钳工常用的是麻花钻,它是用高速钢或碳素工具钢制造。

1. 麻花钻的结构

麻花钻由刀柄、颈部和刀体(工作部分)组成,如图 9-33(a)所示。刀柄用来夹持和传递**钻削**动力,有直柄和锥柄两种。传递大扭矩的大直径钻头用锥柄,直径在 φ13 mm 以下的小钻头适合用直柄。颈部是刀体与刀柄的连接部分,为方便磨削而设有退刀槽,并刻有钻头规格。刀体工作部分包括切削和导向两部分。前端切削部分的形状类似沿钻头轴线对称布置的两把车刀,如图 9-33(b)所示,有两个前面、两个后面及由它们的交线形成的两个主切削刃,和连接两个主切削刃的横刃及由两条刃带的棱边形成的两个副切削刃。两条主刀刃夹角(2φ)称为顶角,通常为 116°~118°。导向部分上有两条刃带和螺旋槽,刃带上的副切削刃起修光孔壁及导向作用,螺旋槽起排屑作用。

专业术语

钻削

بۇرغۇلاش، تۆشۈكتەشمەك

drilling

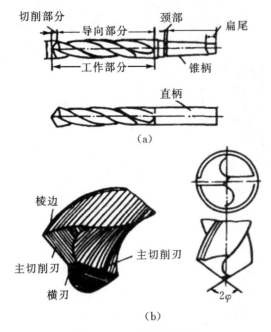

图 9-33 麻花钻的结构

(a)麻花钻的组成;(b)麻花钻的切削部分

2. 钻孔的方法

（1）钻头的安装

钻头用**钻夹头**及钻套进行安装，然后固定在钻床主轴上使用，如图 9 - 34 所示。直柄钻头可直接用钻夹头装夹，用固紧扳手拧紧，这种方法简便，但夹紧力小，易产生跳动、滑钻。锥柄钻头可用过渡套筒安装或直接安装在钻床主轴锥孔内。这种方法配合牢靠，同心度高。锥柄末端的扁尾用以增加传递的力，避免刀柄打滑，并便于卸下钻头，如图 9 - 35 所示。

专业术语

钻夹头

بۇرغا قىسىش بېشى

drill chuck

图 9 - 34　钻夹头

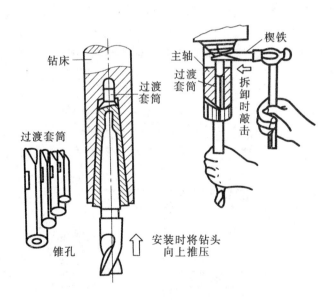

图 9 - 35　锥柄钻头安装

（2）工件的安装

为保证加工质量及操作安全，一定要正确装夹工件。首先要擦净并调移好工作台面。调整时，可用角尺紧靠主轴，确定工件的安装基准面是否垂直，然后用压板、螺栓、垫铁、弯板和虎钳等夹紧工件（如图 9 - 36 所示）。必要时还需要按已加工的表面或划好的线，用划针、角尺来找正。

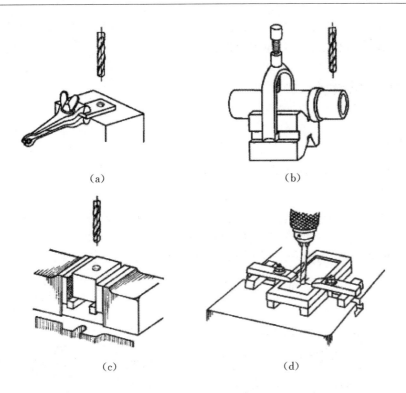

图 9-36 钻孔时的安装
(a)用手虎钳安装;(b)用 V 形铁安装;
(c)用平口钳安装;(d)用压板、螺钉安装

(3)钻孔操作

首先用钻头在孔的中心钻一小窝(大小为孔径的 1/4),检查小窝与所划圆是否同心。如有偏离,可用样冲将中心冲大,矫正或移动工件找正。

①钻通孔。工件下面应放置垫块或把钻头对准工作台空槽,快钻透时,用力要轻,改自动为手动。批量生产时应注意要采用深度标尺定位和钻模板导向,以提高生产效率。

②钻盲孔。钻盲孔时应控制钻孔深度,主要是调整钻床上深度标尺挡块,或者在钻头上加定位环和涂色。应注意钻孔深度一般是指孔的圆柱部分的深度。

③钻大孔。孔径超过 30 mm 时,应分两次钻削。第一次先用小钻头钻,小钻头直径一般是孔径的 0.5~0.7;第二次再用等于钻孔直径的钻头钻削。

④钻半圆孔或骑缝孔。钻半圆孔时可把两个同样的工件合在一起钻孔,或在钻孔的一边拼上一块同样材料的垫块一起钻孔,钻头的中心应对准接缝处。钻骑缝孔时,若两个零件材料不同,由于两材料软硬的差异,钻孔时钻头会往软材料一边稍有偏移,应注意钻孔用的中心样冲眼应打在硬材料零件一边,从而得到符合要求的骑缝孔。

当被钻孔零件材料较硬或孔较深时,应在钻孔时加注冷却液并且不时停下排屑,以保证钻孔质量和保护钻头。

9.7　螺纹加工

9.7.1　攻丝

用丝锥切削出螺孔的方法称为攻丝。

1. 丝锥

丝锥是用于切削内螺纹的工具。如 9-37 所示,它由工作部分和柄部组成,工作部分又分为带锥度的切削部分和不带锥度的校准部分。切削部分的作用是修光螺纹和引导丝锥;柄部一般做出方榫,以传递扭矩;工作部分开出 3～4 个容屑槽,容屑槽形成丝锥的前角 $\gamma(8°\sim10°)$,后角 α 对于手用丝锥为 $6°\sim8°$,对于机用丝锥为 $10°\sim12°$。按照使用条件丝锥可分为两种。

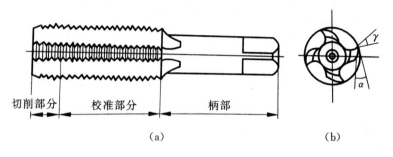

图 9-37　丝锥
(a)外形;(b)切削部分和校准部分的角度

(1)手用丝锥

一般每种规格由两支丝锥组成,即头攻丝锥和二攻丝锥。它们采用等径设计,即直径相同,只是切削部分长度不同,如图 9-38 所示。丝锥用优质碳素工具钢或合金工具钢制成。

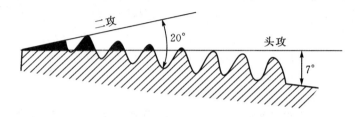

图 9-38　头功和二功丝锥的斜角

(2)机用丝锥

通常是每种规格一支,也有两支或三支一组的。成组的丝锥采用不等径设计,牙型经过磨削加工,用高速钢制成。

2. 攻丝方法

①确定钻螺纹底孔的钻头直径。攻丝前要先钻螺纹底孔,底孔的直径要比螺孔的内孔稍大一些,这是为了防止因攻丝时螺孔内金属塑性变形而导致螺纹的缺损,又不致挤住丝锥。钻底孔的钻头直径可用如下经验公式计算:

加工韧性材料(如铜和黄铜等)

$$螺距\ 1.75\ mm \geqslant t \geqslant 1.5\ mm, d_{底} = d - t$$
$$螺距\ t > 1.75\ mm, d_{底} = d - 1.05t$$

加工脆性材料(如铸铁和青铜等)

$$d_{底} = d - 1.08t$$

②手工攻丝时,应用符合锥柄部方头的铰杠。铰杠可参照表 9-2 选用。

表 9-2 铰杠长度与适用丝锥

铰杠长度/mm	130	180	230	280	380	480	600
适用丝锥	M2~M4	M5~M8	M8~M12	M12~M14	M14~M16	M16~M22	M24~M27

③将夹在铰杠中的丝锥插入螺纹底孔的孔口,两手均匀加压力,并旋转铰杠,将丝锥拧入孔内。开始攻入孔内 1~2 圈时,应注意检查丝锥是否与孔口垂直。可目测或用直角尺在互相垂直的两个方向检查。

④攻丝时,每攻入半圈到一圈,应将丝锥倒回四分之一转,使切屑断掉,然后再向前旋进。

⑤用二攻丝锥时,要轻轻旋入头攻丝锥攻出的螺孔内,放正后,再用力扳铰杠往里攻。在较硬的材料上攻丝时,可先用头攻攻进一段,再换二攻攻完此段,然后再换成头攻攻进下一段,如此反复,直到攻完为止。攻丝时,应使用润滑冷却液,以降低螺纹表面粗糙度,同时延长丝锥的使用寿命。

⑥攻不通孔的螺纹时,底孔的钻孔深度应不小于螺孔深度加上四倍螺距。攻丝前应把钻孔时残留在孔内的切屑清除干净。在攻丝接近到底时,应特别注意扭矩的变化,若扭矩明显增大,应头攻、二攻交替使用。

9.7.2 套丝

用板牙切削出外螺纹的方法称为套丝。

1. 板牙

板牙有固定式和开缝式两种,其结构特点基本相同,都包括切削部分、校准部分和夹持部分。开缝式板牙如图 9-39 所示。

(1)切削部分

它是切削螺纹的主要部分,由排屑孔形成切屑刃的前面,具有 15°~25° 的前角,7°~9° 的后角,切削锥角一般为 60°。

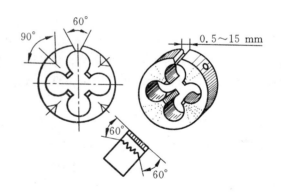

图 9-39　开缝式板牙

（2）校准部分

它起修光和校准螺纹尺寸的作用。其后角为 0°，前角为 15°~25°。

（3）夹持部分

在板牙的外圆上，一般有两个装卡螺钉的锥窝，用于将板牙固定在板牙架（板杠）上。两个调整螺钉锥窝和一缺槽，用于在板牙架上调整开缝式板牙的尺寸。板牙架如图 9-40 所示。

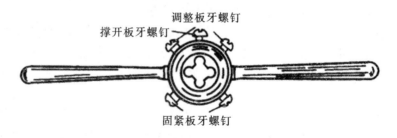

图 9-40　板牙架

当固定式板牙使用时间过长，校准部分螺纹尺寸磨损过大以致超出公差范围时，可用薄的切割砂轮将缺槽磨开，改成开缝式板牙，用来粗套或对精度要求较低的螺纹套丝。

2. 套丝方法

用板牙套丝时，由于切削过程中工件材料的塑性变形，工件的螺纹外径比套丝前要增大。一般情况下，工件外径应比螺纹外径小 0.10~0.40 mm，工件的端部应有 15°~40° 的倒角。

开始套丝时，把板牙装入板牙架内，用紧固螺钉把板牙固定好、拧紧。把工件夹紧固定，两手用均匀压力旋转板牙架，且应注意板牙与工件垂直。在旋进 1~2 圈后，就可以不加压力继续扳转板牙架，并经常倒转板牙架使切屑碎断。为了降低螺纹的粗糙度，延长板牙的使用寿命，减小切削阻力，套丝时应加机油润滑。

9.8 装 配

机械产品是由零件、组件、部件组合而成。装配就是把许多零件、部件按照图纸技术条件连接组合起来,达到并满足各零部件之间的配合、相对位置以及其他技术要求,使之成为合格的产品。

9.8.1 装配基本知识

1. 装配工艺过程

装配前准备(熟悉掌握图纸装配技术要求及必要工具)→零件检验→清洗清理→组件装配→部件装配→整机装配→调试、试验、检验→油漆、验收、包装。

2. 装配方法选择

应根据产品的生产批量、精度要求、尺寸链等因素来选择不同的装配方法。

(1)零件完全互换法

该装配法特点是尺寸链较短,零件加工精度较高,装配容易,生产率高。适用于零件数量少、批量大的产品装配。

(2)零件不完全互换法

该方法零件公差较完全互换法放宽,装配容易,生产率高。适用于零件略多、生产批量大的产品装配。

(3)分组选配法

这种装配法的配合精度高,零件加工精度可适当放宽,零件按尺寸分若干组,对应组装配可互换。零件分组多以专用量具或用自动化检验分组设备进行,尺寸链短,适用于成批、大量生产及装配精度较高的场合。

(4)调整法

零件组装尺寸链中利用调整件(如垫片、套筒等,或斜面、锥面等),消除相关零件的累积误差来实现较高的装配精度。该方法零件制造较为简单,装配中调整也比较容易,适用于中小批量生产。

(5)修配法

装配时除去零件上的修配余量,达到较高装配精度。该方法对零件加工精度要求不高,有利于降低产品生产成本,但同时增加了装配工作量,故适用于单件或小批量生产对装配精度要求高而组成件不多的产品。

3. 装配的组织形式

根据被装配产品的尺寸、精度和生产批量的不同,装配的组织形式也有所不同,如表 9-3 所示。

表 9 - 3　装配的组织形式

形式	方式	特点	应用
固定装配	集中装配	被装配产品固定。从零件装配成部件和产品的全部过程均由一个小组来完成，工人技术水平要求较高，辅助面积大，装配周期长	单件和小批量生产。装配高精度产品，调整时间较多
	分散装配	把产品装配的全部工作分散为各种部件装配。装配工人数量增加，生产效率高，装配周期短	批量生产
移动装配	被装配产品按自由节拍移动	装配工序是分散的，每一组装配工人只完成一定的装配工序。每一装配工序没有一定的节拍。对装配工人技术水平要求较低	大批生产
	被装配产品按一定节拍周期移动	装配分工的原则同上一种组织形式。每一装配工序是按一定的节拍进行，被装配的产品是经过传送工具按节拍周期性地送到次一工作点。工人水平可低	大批和大量生产
	被装配产品按一定速度连续移动	装配分工的原则同上，被装配产品是经传送工具按一定速度移动，每一工序的装配工作必须在一定时间内完成	大批和大量生产

4. 装配工作要点

①装配前必须仔细检查与装配有关的零件尺寸。并注意零件上的标记，防止错装。重要零件必须做专项检查，如缸体、泵阀体要进行水压试验。

②清理、清洗零件要彻底，特别是箱体类零件不允许残留砂粒、粉末、灰尘等杂物。

③装配的顺序一般是从里到外、自下而上地进行。

④装配旋转类零件要进行平衡试验，目的在于消除零件或部件的不平衡质量，从而消除机器在运转时由于离心力所引起的振动。

⑤滑动零部件的联接表面、接触面必须有足够的润滑。各种管道和密封部件装配后不得有渗油、漏气现象。

9.8.2　典型零件装配

1. 螺纹连接的装配

①螺纹配合应做到能用手自由旋入。如无预紧力要求，可用普通扳手、风动或电动扳手或敲紧法拧紧，拧紧力矩与螺栓材料的屈服强度有关。对规定预紧力的螺纹联接，常用定扭矩法、扭角法、扭断螺母法。

②螺母端面应与螺纹轴线垂直，以使受力均匀。螺母与零件贴合面应

平整光滑,否则螺纹容易松动。为了提高贴合质量可加平垫圈。有振动的部位可增加弹簧垫圈。

③装配成组螺纹连接件时,应按对应或对称顺序,分2～3次拧紧,使整个螺纹承受负荷均匀,贴合面受力均匀,如图9-41所示。

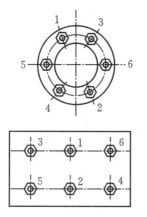

图9-41 拧紧成组螺母;的顺序

④螺纹连接件装好后,螺栓的端头应伸出螺帽,伸出量应不少于螺纹的两个螺距,螺钉联接时,应在联接旋合前在螺孔内抹少许润滑脂,防止将来生锈后不便拆卸。

⑤螺纹连接在许多情况下要有防松措施,常用的防松措施如图9-42所示。

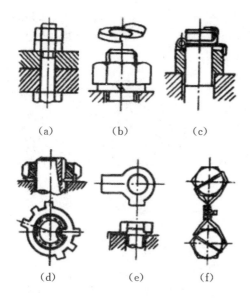

图9-42 螺纹连接防松措施
(a)双螺母;(b)弹簧垫圈;(c)开口销;
(d)止动垫圈;(e)锁片;(f)串联钢丝

2. 锥销连接的装配

锥销是常用的连接件,装配要求锥度配合要好。敲紧锥销后,销端要完整,不得有锤击痕迹,销端稍露出被连接件,露出量约为锥销的倒角宽度。

为保证锥销与锥孔的配合质量,通常用锥度塞规或在锥销锥面上划一铅笔道后跟锥孔配研检查接触情况。为保证装配的牢固性,锥销塞入孔内应留出 1～2 mm 的长度,锥销敲入后即可得到牢固可靠的配合,如图 9 - 43 所示。

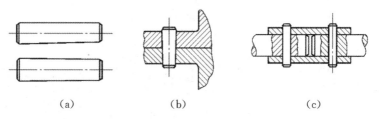

(a)　　　　　　(b)　　　　　　(c)

图 9 - 43　圆锥销的安装

3. 滚动轴承装配

装配滚动轴承时,必须始终保持轴、轴承、轴承座等零件的清洁,不得有任何污物。安装时应把座圈的打印端面朝外,以便使用和拆卸时能够看到轴承的号码。

滚动轴承的内圈与轴颈以及外圈与机体孔之间的配合多为较小的过盈配合,常用装配工具是铜心棒、软金属套管和压力机。通过手锤敲击钢棒或衬套装入轴承时,用力要均匀对称,用压力机压装要用垫套压入。当轴承压入轴承孔内时,应加压在轴承外圈上;若轴承压装在轴上,应加压在轴承内圈上,如图 9 - 44 所示。

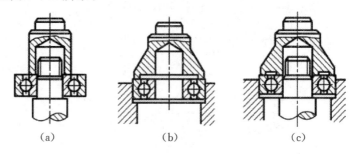

(a)　　　　　　(b)　　　　　　(c)

图 9 - 44　用垫套压滚珠轴承
(a)施力于内圈端;(b)施力于外环端面;(c)施力于内外环端面

当轴承与轴颈是较大的过盈配合时,应采用加热装配法,将轴承吊在 80～100℃ 的热油中加热,然后趁热装入。

轴承装配后,轴承内圈必须与轴肩贴紧。

4. 圈柱齿轮的装配

　　圈柱齿轮传动装配的主要技术要求是保证齿轮传递运动的准确性、相啮合的轮齿表面接触良好以及齿侧间隙符合规定等。

　　为满足上述要求,将齿轮装到轴上时应首先检查齿圈的径向圆跳动和端面圆跳动,将其控制在公差范围内。单件小批生产时,可把装有齿轮的轴放在两顶尖之间,用百分表进行检查,如图9－45所示。其次检查轮齿表面接触是否良好,可涂色检验,先在主动齿轮的工作齿面涂上红丹,使相啮合的齿轮试转几圈,然后察看被动齿轮啮合齿面上的接触斑点的位置、形状和大小。

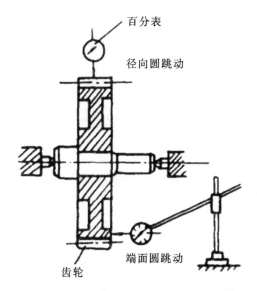

图9－45　检查齿圈的径向跳动和端面跳动

　　具体接触状况如图9－46所示。齿侧间隙的测量一般可用塞规插入齿隙中检查,或用铅片放在齿间挤压,然后测量压板片的铅片厚度。

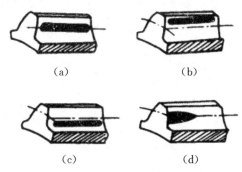

（a）　　　　　　　　（b）

（c）　　　　　　　　（d）

图9－46　轮齿接触表面的检查
（a）接触；（b）中心距太大；
（c）中心距太小；（d）中心线歪斜

9.9　榔头加工钳工加工实例分析

在 5.5 节中介绍了榔头柄的加工工艺,本节将介绍榔头的加工工艺,图纸如图 9-47 所示。

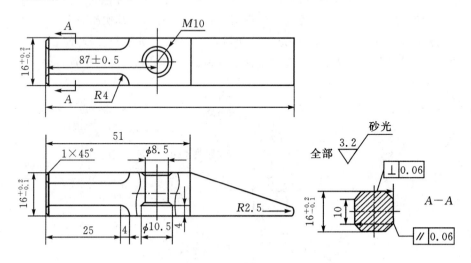

图 9-47　榔头的加工图纸

1. 榔头工艺分析

（1）尺寸精度分析

本工件是一个榔头工具,要求榔头四边都相互垂直,垂直度达到 0.06 mm;平行面要求平行度达到 0.06 mm,平面连接光滑;1×45°倒角尺寸准确;其他尺寸精度见图纸。应对毛坯去毛刺,测量尺寸,确保尺寸达到工件的加工要求。

（2）表面粗糙度分析

零件表面粗糙度要求较高,全部 R_a 为 3.2 μm。采用砂纸进行砂光。

（3）位置精度分析

要求榔头四边都相互垂直,平行面之间要保证平行。以其中一端面为基准面划线加工。

2. 选择毛坯

毛坯材料为 45# 钢,ϕ26 mm×90 mm 棒料,采用刨床加工至16.5 mm× 16.5 mm×90 mm 长方体。

3. 工、量具选择

①划线工具类:平台、V 形铁、高度游标卡尺、划针、划规。

②加工工具类:台虎钳、锯弓、锯条、大锉刀、中锉刀、小锉刀、半圆锉刀、圆锉刀、台钻及附件、锤子、ϕ8.5、ϕ10.5 钻头、样冲及辅助工具毛刷子等。

③检测量具类:游标卡尺、直角尺、钢直尺。

4. 装夹方式

采用平口钳夹紧毛坯,采用铜钳口保护已加工表面。

5. 工艺流程

刨床备料→锉削端面→锉四方→划线、倒棱→划线、锯锉斜面、倒圆→倒角→划线、打样冲眼、钻孔→加工螺纹孔→抛光、检测。

6. 工艺卡

榔头加工工艺卡见表 9-4。

表 9-4 榔头加工工艺卡片

单位名称	新疆大学 工程训练中心	产品名称	零件名称	零件图号
			榔头	
毛坯材料	实训时间/h	夹具名称	使用设备	车间
45# 钢	16	虎钳		钳工实训室

榔头零件图

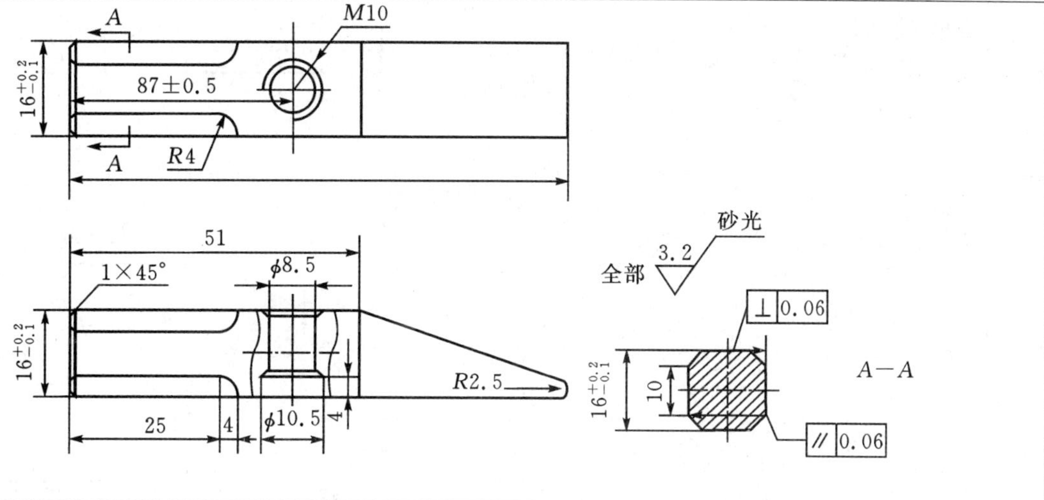

工序号	工序名称	工序内容 (尺寸单位:mm)	设备	工艺装备	加工图解
1	备料	备料 $\phi26$ mm×90 mm 圆钢	锯床		
2	刨	先刨顶面 1,作为基准面,刨削深度 5 mm(分两次刨削)	B665 牛头刨床	机用虎钳	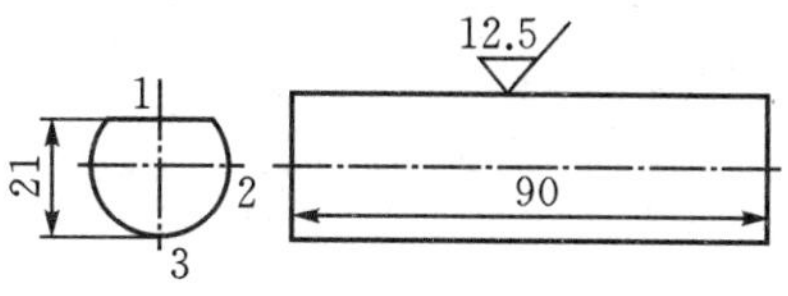
3	刨	将已加工的面 1 作为基准面,紧贴在固定钳口,再加工相邻的面 2,刨削深度 5 mm(分两次刨削)	B665 牛头刨床	机用虎钳	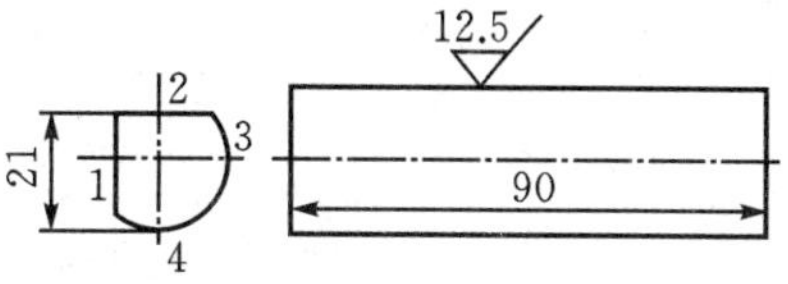

工序号	工序名称	工序内容（尺寸单位:mm）	设备	工艺装备	加工图解
4	刨	把加工过的面 2 朝下,使基面 1 紧贴固定钳口,加工面 4 保持尺寸 $16.5_{-0.2}^{0}$	B665 牛头刨床	机用虎钳	
5	刨	加工面 3,把面 1 放在平行铁上,工件直接夹在两个钳口之间,保证尺寸 $16.5_{-0.2}^{0}$	B665 牛头刨床	机用虎钳	
6	钳	①首先锉一个小端面为基准面,长度保持 87 ± 0.5; ②保证该端面和 1、2、3、4 平面相互垂直; ③锉四个长度平面,保持 $16.5_{-0.1}^{+0.2}\times16.5_{-0.1}^{+0.2}$; ④面与面之间相互平行	钳工工作台	虎钳 平板锉刀 直角尺 钢板尺	
7	钳	①以一长平面和端面为基准,划斜面加工线; ②按加工线锯斜面,留余量 $1\sim2$ mm; ③锉削斜面至尺寸要求	钳工工作台	虎钳 高度尺 V 形铁 锯弓 平板锉刀	
8	钳	①锉斜面圆弧 $R2.5$; ②划长平面 $3\times45°$ 倒角加工线,小端面 $1\times45°$ 倒角加工线; ③锉倒角 $3\times45°$、$1\times45°$	钳工工作台	虎钳 平板锉刀 圆锉刀	
9	钳	①划中心线,打眼; ②钻孔 $\phi8.5$、$\phi10.5$ 孔; ③攻丝 M10; ④用砂纸打光	立式钻床	高度尺 V 形铁 样冲 钻头 砂纸	
10	热	淬火硬度为 $40\sim50$HRC			
11	检验	按图纸要求检验并评分			

第10章 数控加工技术

10.1 数控技术的定义

数控(Numerical Control,NC)技术是指用数字化的信息对某一对象进行控制的技术,控制对象可以是位移、角度、速度等机械量,也可以是温度、压力、流量等物理量,这些量的大小不仅是可以测量的,而且可以经 A/D 或 D/A 转换,用数字信号来表示。数控技术是 20 世纪中叶发展起来的一种自动控制技术,是机械加工现代化的重要基础与关键技术。

10.2 数控机床的组成

数控机床就是采用了数控技术的机床。数控机床将零件加工过程所需的各种操作和步骤(如主轴变速、主轴起动和停止、松夹工件、进刀退刀、冷却液开或关等)以及刀具与工件之间的相对位移量都用数字化的代码来表示,由编程人员编制成规定的加工程序,通过输入介质(磁盘等)送入计算机控制系统,由计算机对输入的信息进行处理与运算,发出各种指令来控制机床的运动,使机床自动地加工出所需要的零件。

数控机床一般由输入输出装置、CNC 数控装置(或称 CNC 单元)、伺服驱动系统(包括驱动电机、驱动元件和执行机构等)、可编程控制器 PLC 及电气控制装置、辅助装置、机床本体和测量装置组成。

图 10-1 是数控机床的组成框图,其中除机床本体之外的部分统称为计算机数控(CNC)系统。

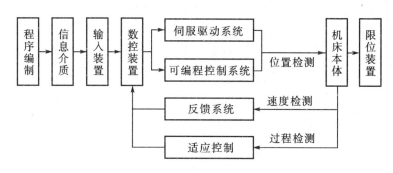

图 10-1　数控机床的组成

信息介质是记录零件加工程序的载体,是人与机建立联系的介质。

输入输出装置是数控装置与外部设备进行信息交换的装置。存储介质上记载的加工信息需要输入装置输送给机床数控系统。数控系统中存储的零件加工程序可以通过输出装置传送到存储介质上。

数控装置是数控机床的核心。接收由输入装置输入的各种加工信息，经过编译、运算和逻辑处理后，输出各种控制信息和指令，控制机床各部分，使其按程序要求实现规定的有序运动和动作。

伺服驱动系统是数控系统的执行部分，把来自数控装置的脉冲信号转换成机床移动部件的运动。每一个脉冲信号对应的机床移动部件的位移量称为脉冲当量。常用的脉冲当量为 0.05 mm/脉冲、0.005 mm/脉冲、0.001 mm/脉冲。每个运动部件都由相应的伺服驱动系统控制。

可编程控制系统接收数控装置输出的开关量指令信号，经过编译、逻辑判别和运算，再经功率放大后驱动相应的电器，带动机床的机械、液压、气动等辅助装置完成指令规定的开关动作。

机床本体是数控系统的控制对象，是实现零件加工的执行部件。机床本体主要由主运动部件(主轴、主运动传动机构)、进给运动部件(工作台、拖板以及相应的传动机构)、支承件(立柱、床身等)以及特殊装置(刀具自动交换系统、工件自动交换系统)和辅助装置(如排屑装置等)组成。

反馈系统对机床的实际运动速度、方向、位置及加工状态加以检测，把检测结果转化为电信号反馈给数控装置，通过比较，计算出实际位置与指令位置之间的偏差，并发出纠正误差指令。

10.3 数控加工的特点

①复杂形状加工能力强。复杂形状零件在飞机、汽车、船舶、模具、动力设备和国防军工等制造部门具有重要作用，其加工质量直接影响整机产品的性能。数控加工的运动任意可控性使其能完成普通加工方法难以完成或者无法进行的复杂型面加工。

②高质量。数控加工用数字程序控制实现自动加工，排除了人为误差因素，且加工误差还可以由数控系统通过软件技术进行补偿校正。因此，采用数控加工可以提高零件加工精度和产品质量。

③高效率。与采用普通机床加工相比，采用数控加工一般可将生产率提高 2~3 倍，在加工复杂零件时，生产率可提高十几倍甚至几十倍。特别是五面体加工中心和柔性制造单元等设备，零件一次装夹后能完成几乎所有表面的加工，不仅可消除多次装夹引起的定位误差，还可大大减少加工辅助操作，使加工效率进一步提高。

④高柔性。只需改变零件程序即可适应不同品种的零件加工，且几乎不需要制造专用工装夹具，因而加工柔性好，有利于缩短产品的研制与生产周期，适应多品种、中小批量的现代生产需要。

⑤减轻劳动强度，改善劳动条件。数控加工是按事先编好的程序自动

完成的,操作者不需要进行繁重的重复手工操作,劳动强度和紧张程度大为降低,劳动条件也相应得到改善。

⑥有利于生产管理。数控加工可大大提高生产率,稳定加工质量,缩短加工周期,易于在工厂或车间实行计算机管理。

数控加工技术的应用,使机械加工的大量前期准备工作与机械加工过程联为一体,使零件的**计算机辅助设计**(CAD)、计算机辅助工艺规划(CAPP)和计算机辅助制造(CAM)的一体化成为现实,宜于实现现代化的生产管理。

专业术语

计算机辅助设计

كومپيۇتېر بىلەن لاھىيلەش

Computer aided design, CAD

10.4 数控机床的加工原理及加工步骤

10.4.1 加工原理

数控机床是将与加工零件有关的信息,用编程代码按一定的格式编写成加工程序,通过控制介质将加工程序输入到数控装置中,由数控装置经过分析处理后,发出各种与加工程序相对应的信号和指令,控制机床进行零件的自动加工。也就是将数控加工程序以数据的形式输入数控系统,通过译码、刀补计算、插补计算来控制各坐标轴的运动,通过 PLC 的协调控制,实现零件的自动加工。

10.4.2 加工步骤

在数控机床上加工零件通常要经过以下几个主要的步骤:准备阶段、编程阶段、准备信息载体、自动加工阶段。

①准备阶段:根据加工零件的图纸,确定有关加工数据(刀具轨迹坐标点、加工的切削量、刀具尺寸等)。根据工艺方案、夹具选用、刀具类型选择等确定有关辅助信息。

②编程阶段:首先根据加工零件工艺信息,确定零件的编程**坐标系**,计算零件的几何元素的坐标参数,然后确定零件加工的工艺路线或加工顺序,选择刀具,用机床数控系统能识别的语言编写数控加工程序(程序就是对加工工艺过程的描述),并填写程序单。

专业术语

坐标系

كوئوردىنات سىستېمىسى

coordinate system

③准备信息载体:根据已编好的程序单,将程序输入数控装置,存放在信息载体上,信息载体上存储着加工零件所需要的全部信息。目前,随着计算机网络技术的发展,可直接由计算机通过网络与机床数控系统传送数控程序。

④自动加工阶段:数控装置根据程序的坐标代码,将程序译码、寄存、插补运算、向各坐标的伺服系统发出指令信号、插补控制信号控制伺服机构驱动执行部件做进给运动,同时驱动机床的各辅助装置动作,自动完成对工件的加工。

10.5　数控加工程序编制

10.5.1　程序编制的内容

数控机床之所以能够自动加工出不同形状、尺寸及精度的零件，是因为数控机床按事先编制好的加工程序，经其数控装置"接收"和"处理"，从而实现对零件的自动加工控制。

使用数控机床加工零件时，首先要做的工作就是编制加工程序。从分析零件图样到获得数控机床所需控制介质（加工程序或数控带等）的全过程，称为程序编制，其主要内容和一般过程如图 10-2 所示。

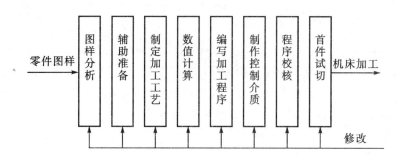

图 10-2　零件程序编制与加工的过程

①图样分析：根据加工零件图纸的技术文件，对零件的轮廓形状、有关标注、尺寸、精度、表面粗糙度、毛坯种类、件数、材料及热处理等项目要求进行分析并形成初步的加工方案。

②辅助准备：根据图样分析确定机床和夹具、机床坐标系、刀具准备、对刀方法、对刀点位置及测定机械间隔等。

③制定加工工艺：拟定加工工艺方案，确定加工方法、加工路线与余量的分配、定位夹紧方式，并合理选用机床、刀具及切削用量等。

④数值计算：在编制程序前，还需对加工轨迹的一些未知坐标值进行计算，作为程序输入数据，主要包括：数值换算、尺寸链解算、坐标计算和辅助计算等。对于复杂的加工曲线和曲面，还须使用计算机辅助计算。

⑤编写加工程序：根据确定的加工路线、刀具号、刀具形状、切削用量、辅助动作以及数值计算的结果，按照数控机床规定使用的功能指令代码及程序段格式，逐段编写加工程序。此外，还应附上必要的加工示意图、刀具示意图、机床调整卡、工序卡等加工条件说明。

⑥制作控制介质：加工程序完成后，还必须将加工程序的内容记录在控制介质上，以便输入到数控装置中，如穿孔带、磁带及软盘等，还可采用手动方式将程序输入给数控装置。

⑦程序校核：加工程序必须经过校验和试切削才能正式使用，通常可以通过数控机床的空运行检查程序格式有无出错，或用模拟仿真软件检查刀具加工轨迹的正误，根据加工模拟轮廓的形状，与图纸对照检查。但是，这些方法尚无法检查出刀具偏置误差和编程计算不准而造成的零件误差大小，以及切削量选用是否合适、刀具断屑效果和工件表面质量是否达到要求，所以必须采用首件试切进行实际效果的检查，以便对程序进行修正。

⑧首件试切：在程序校核通过后，建议首件进行试加工。通过零件试切检查程序是否存在需要修改的地方，并加以修正，直至达到图纸的要求。如果试切工件检验合格，就可以开始正式批量加工。

10.5.2　编程方法

1. 手工编程

手工编程就是由人工编写零件的加工程序，包括编制加工程序的全过程，即图样分析、工艺处理、数值计算、编写程序单、制作控制介质、程序校验都由手工来完成。

手工编程具有编程快速及时的优点，其缺点是不能进行复杂曲面的编程。

对于几何形状不太复杂的零件，手工编程工作量小，加工程序段不多，出错的概率小、快捷、简便、不需要具备特别的条件（相应的硬件和软件）。特别是在数控机床的编程中，手工编程至今仍广泛地应用于点、直线、圆弧组成的轮廓加工中。学习手工编程是学习数控机床加工编程的重要内容。即使在自动编程高速发展的将来，手工编程的重要地位也不可取代，仍是自动编程的基础。

2. 自动编程

自动编程是指用计算机编制数控加工程序的过程，是利用计算机及其外围设备组成的自动编程系统完成程序编制工作的方法，也称为计算机辅助编程。编程人员只需根据零件图样的要求，由计算机自动地进行数值计算及后置处理，编写出零件加工程序单。

对于复杂的零件，如一些非圆曲线、曲面的加工表面，或者零件的几何形状并不复杂但是程序编制的工作量很大，或者是需要进行复杂的工艺及工序处理的零件，由于它们在加工编程过程中数值计算非常繁琐且编程工作量大，如果采用手工编程，往往耗时多且效率低、出错率高，甚至无法完成，这种情况下必须采用自动编程的方法。

自动编程与手工编程相比优点是效率高、正确性好、可降低编程劳动强度、缩短编程时间和提高编程质量，同时它可以解决许多手工编制无法完成的复杂零件编程难题；缺点是必须具备自动编程系统或自动编程软件。由于自动编程的硬件与软件配置费用较高，故在加工中心、数控铣床上应用较多，数控机床上应用较少。

实现自动编程的方法主要有语言式自动编程和图形交互式自动编程两种。前者通过高级语言的形式表示出全部加工内容；计算机运行时采用批处理方式，一次性处理、输出加工程序。后者是采用人机对话的处理方式，利用 CAD/CAM 功能生成加工程序。

CAD/CAM 软件编程加工的过程为：图样分析、零件分析、三维造型、生成加工刀具轨迹、后置处理生成加工程序、程序校验、程序传输并进行加工。

10.6   机床坐标系

机床坐标系是机床固有的坐标系，是用来确定工件坐标系、确定刀具或工件位置的参考系。数控机床标准坐标系采用右手笛卡尔直角坐标系，如图 10-3 所示。

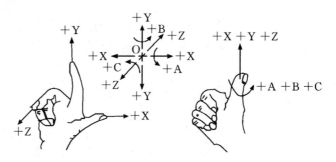

图 10-3   右手笛卡尔直角坐标系

10.6.1   机床坐标系的规定

在机床坐标系中，基本坐标轴 X、Y、Z 的关系及其正方向用右手笛卡尔直角坐标系判定，拇指方向为 X 轴，食指方向为 Y 轴，中指方向为 Z 轴。围绕 X、Y、Z 轴的回转运动及其正方向＋A、＋B、＋C 分别用右手螺旋定则判定，拇指为 X、Y、Z 的正向，四指弯屈的方向为对应 A、B、C 的正向。

10.6.2   数控机床坐标轴及方向的判定

确定数控机床坐标系时总是假设工件固定，刀具相对工件运动，采用右手笛卡尔直角坐标系判断，坐标轴 X、Y、Z 的判定顺序是：先 Z 轴，再 X 轴，最后判定 Y 轴。

Z 坐标轴的运动由传递切削力的主轴决定，与主轴平行或重合的坐标轴为 Z 坐标轴；X 坐标轴的运动是水平的，它平行于工件装夹面；根据 X、Z 坐标轴，按照右手笛卡尔直角坐标系确定 Y 轴。

坐标轴运动正方向规定为增大工件与刀具之间距离的方向。即刀具靠近工件表面为负方向，标注为－X、－Y、－Z；刀具远离工件表面为正方向，标注为＋X、＋Y、＋Z。旋转坐标轴 A、B、C 相应地表示其轴线平行于 X、Y、Z 的旋转运动，回转运动正方向按照右手螺旋定则判定。

1. 立式数控铣床(立式加工中心)

立式数控铣床坐标轴的确定如图 10-4 所示。

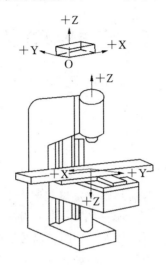

图 10-4 立式数控铣床坐标系图

Z 坐标轴:机床传递切削力的主轴轴线,平行或重合于主轴,刀具离开工件的方向为正。

X 坐标轴:与 Z 坐标垂直,面对主轴(刀具)向立柱方向看,向右为正。

Y 坐标轴:在 Z,X 坐标确定后,用右手笛卡尔直角坐标系来确定。

2. 卧式数控铣床(卧式加工中心)

卧式数控铣床坐标轴的确定如图 10-5 所示。

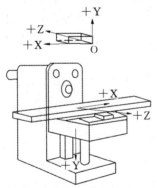

图 10-5 卧式数控铣床坐标系

Z 坐标轴:机床传递切削力的主轴轴线,平行或重合于主轴,刀具离开工件的方向为正。

X 坐标轴:当 Z 轴水平时,从主轴向工件看(从机床后面向前看),向右为正。

Y 坐标轴:在 Z、X 坐标确定后,用右手笛卡尔直角坐标系来确定。

第 11 章　数控车床操作及编程

11.1　数控车床基础知识

11.1.1　数控车床的概念

数控车床是在普通车床的基础上发展和演变而来的,它之所以能够自动加工出不同形状、尺寸及高精度的零件,是因为接收了事先编制好的加工程序,经其数控装置"接收"和"处理",从而实现对零件自动加工的控制。

数控车床主要用于轴类和盘类等回转体零件的加工,能够通过程序控制自动完成内外圆柱面、圆锥面、圆弧面、螺纹等工序的切削加工,并可进行切槽、钻孔、扩孔、铰孔,以及各种回转曲面的加工。

数控车削中心和数控车铣中心可以在一次装夹中完成更多的加工工序,加工质量和生产效率高,精度稳定性好,操作劳动强度低,特别适用于复杂形状的零件或中、小批量零件的加工。

11.1.2　数控车床的组成

数控车床机械部件的组成与普通车床相似,主要有主轴箱、进给机构、刀架、床身及冷却润滑装置等。由于数控车床在加工方面要求高速度、高精度、大切削用量和连续加工,因此对机械部件在精度、刚度、抗振性等方面有更高要求。

①主轴箱。主轴箱是机床的重要组成部件。主轴电机通过皮带、变速齿轮传递动力给主轴,驱动装夹在主轴头部的卡盘,带动工件运转。车床经过主轴箱齿轮变速后,可以实现在规定挡位内无级变速。主轴箱的制造精度直接影响车床的加工精度。

②进给机构。进给机构的功能是带动刀架在机床坐标系内实现横向和纵向移动,通过数控系统的精确控制实现刀架横向和纵向的协调运动,从而完成圆弧和斜线的插补功能。进给机构采用交流伺服电机驱动滚珠丝杠实现进给运动,消除了普通丝杆的反向间隙,提高了加工精度。

③刀架。刀架主要用于安装和夹持刀具,通常为四工位电动刀架,具有自动换刀功能。

④尾座。尾座用于安装顶尖,夹持较长零件或夹持钻头、铰刀,完成孔的钻、铰加工。

⑤床身。床身起连接和支撑车床各部件的作用。

⑥冷却润滑装置。该装置主要用于零件切削加工过程中的冷却及机床各部件的润滑,以提高零件的加工质量和车床本身的使用寿命。

11.1.3 数控车床加工的主要内容

数控车削加工可分为粗加工、半精加工和精加工。根据数控车床的工艺特点,数控车削加工主要有以下加工内容。

①车削外圆。车削外圆是最常见、最基本的车削方法,工件外圆一般由圆柱面、圆锥面、圆弧面及回转槽等基本件组成。

②车削内孔。车削内孔是指用车削方法扩大工件的孔或加工空心工件的内表面,是常用的车削加工方法之一。

③车削端面。车削端面包括台阶端面的车削。

④车削螺纹。

11.2 数控车床编程基础

11.2.1 数控车床坐标系中的各原点

数控车床的坐标系统,包括坐标系、坐标原点和运动方向,对于数控加工和编程是一个十分重要的概念。每一个数控机床的编程者、操作者都必须对数控车床的坐标系统有一个完全而正确的理解。现将数控车床的主要原点(如图 11-1 所示)、机床坐标系和编程坐标系做一介绍。

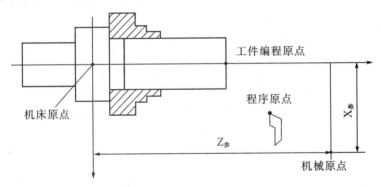

图 11-1　数控车床中的各原点

1. 机床原点

机床原点也称机床零点。它的位置通常由机床制造厂确定。数控车床的机床坐标系原点的位置大多规定在主轴轴心线与装夹卡盘的法兰盘端面的交点上,该原点是确定机床固定原点的基准。

2. 机械原点(机械零点)

机械原点又称为机床固定原点或机床参考点。机械原点为车床上的固定位置,通常位于 Y 轴和 Z 轴正向的最大行程处,该点至机床原点在其进给轴方向上的距离在机床出厂时已准确确定。利用系统所指定自动返回机械原点指令可以使指令的轴自动返回机械原点,全功能或高档型的数控车床都设有机械原点,但一般的经济型或改造的数控车床上没有设置机械原点。

数控车床设置机械原点的目的:

①需要时便于使刀具或刀架自动返回该点;

②当程序加工起点与机械原点一致时,可执行自动返回程序加工起点;

③若程序加工起点与机械原点不一致时,可通过快速定位指令或返回程序起点方式返回程序加工起点;

④可作为进给位置反馈的测量基准点。

3. 工件编程原点

在工件坐标系上,确定工件轮廓坐标值的计算和编程的原点,称为工件编程原点。它属于一个浮动坐标系,以它为原点建立一个直角坐标系进行数值的换算。在数控车床上,一般将工件编程原点设在零件的轴心线和零件两边端面的交点上。

确定工件编程原点的原则:

①工件编程原点的位置选在工件图样的基准上,以利于编程;

②在该点建立的坐标系中,各几何要素关系应简洁明了,便于坐标值的确定;

③选在尺寸精度高、粗糙度值低的工件表面上;

④选在工件的对称中心上,便于测量和验收。

4. 程序原点

程序原点是指刀具(刀尖)在加工程序执行时的起点,又称为换刀点。程序原点的位置是与工件的编程原点位置相对的。一般情况下,一个零件加工完毕后,刀具返回程序原点位置,等候命令执行下一个步骤。

11.2.2　坐标值的确定

专业术语

运动轨迹

ھەرىكەت ترايېكتورىيسى

motion Trail

在编制加工程序时,为了准确描述刀具**运动轨迹**,除正确使用准备功能字外还要有符合图纸轮廓的地址及坐标值,要正确识读零件图纸中各坐标点的坐标值。首先要确定工件编程坐标原点,以此建立一个直角坐标系,进行各坐标点坐标值的确定。编程时既可用绝对坐标值编程,也可用增量(相对)坐标值编程,还可用混合坐标值编程。

1. 绝对坐标值(X,Z)

在直角坐标系中,所有的坐标点均以直角坐标系中的原点(工件编程原点)为固定的原点,作为坐标位置的起点(0,0)。

图 11-2 所示的零件,O1/O2 是分别建立在工件上两个不同位置的工件编程原点,并依次计算各坐标点的坐标值,箭头所指的方向为正方向。绝

对坐标值是指某坐标点到工件编程原点之间的垂直距离,用 X 代表径向,Z 代表轴向,且 X 向在直径编程时为直径量(实际距离的两倍)。

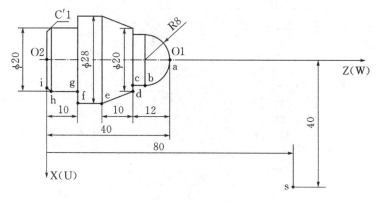

图 11 - 2   某零件图

2. 增量(相对)坐标值(U,W)

增量坐标值指在坐标系中,运动轨迹的终点坐标是指以起点计量的、各坐标点的坐标值相对于前点所在的位置之间的距离,径向用 U 表示,轴向用 W 表示。

3. 混合坐标值(X/U,Z/W)

即径向坐标和轴向坐标可以分别采用绝对坐标或相对坐标以组成混合坐标,如 X 和 W、U 和 Z。

无论是绝对坐标值还是增量坐标值,在图纸上建立工件编程坐标系后,各点的坐标值都比较容易读出,而在实际加工中,由于材料的毛坯或图纸的设计、标注等原因,往往在编程中许多坐标值是无法在图纸上直接读出的,需要进行数值的换算和数学处理来确定,或利用 CAD 绘图查询各点的坐标值。

11.3   数控车床操作实训

1. 程序的建立

①开机并启动系统,操作机床使其完成初始化。

②打开机床的程序显示界面,按下"PROG"之后将会显示最近编辑的程序。FANUC 0i - TC 系统 MDI 键盘布局如图 11 - 3 所示。

③按下控制面板上编辑方式键,程序处于可编辑状态。

④按下屏幕下方软莱单键"DIR",显示出当前系统中所存在的所有以"O"开头的程序。

⑤通过系统主键盘区输入程序名如"O1020",并按下键盘"INSERT"键,显示屏上会出现以程序名 O1020 开头的程序。

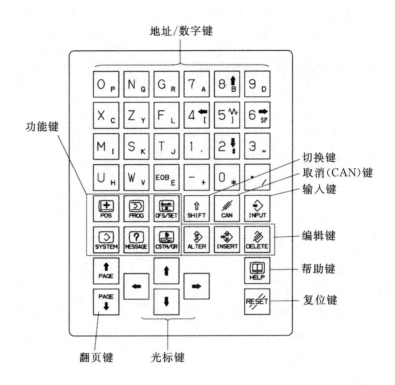

图 11-3　FANUC 0i-TC 系统 MDI 键盘布局图

2. 程序的录入

程序建立完成之后,首先按下“EOB”键,这时会在程序的下方语句缓冲区内显示“;”,按下键盘上的“INSERT”键可将分号插入程序内,并在程序名下方自动生成语句号“N10”,即第一句开始建立。

3. 程序的修改

在程序的输入过程中,会出现输入错误现象,为此应立即进行程序的更正。更正操作大致分以下几种情况。

①如果在缓冲区中输入了错误的字符,直接按下“CAN”键从右至左依次删除错误的字符,单按一次则会相应自右至左删除一个字符。

②改正已输入到程序中的字符错误,按下光标键将光标移动到要改正的字符之上,在数字缓冲区内键入要改正字符或语句,按下“ALTER”键,光标所在位置字符将被正确字符替换。

③程序中产生未分句现象时,将光标移动到要分句的语句末尾,按下“EOB”键,语句即可被分开。

④程序有语句遗漏时,将光标移动到要插入句前句的末尾,键入“EOB”并按下插入“PROG”键,编辑区内将产生一个空白的语句位置,将遗漏语句输入即可。

4. 程序的打开

①将系统置于编辑方式下,按下"PROG"键,这时显示屏上将会出现系统中所存的所有以"O"开头的程序。

②按下软菜单"DIR"即可显示当前系统所存程序列表。

③在主键盘区可用光标键移动光标来查找当前系统内所有的程序。

④将待打开的程序号输入到数据缓冲区,按下软菜单键"O检索",程序将显示在屏幕上。

5. 程序的删除

①将系统置入"编辑方式"下,按下"PROG"键。

②将删除的程序全名键入到系统缓冲区内,按下"DELETE"键。

③系统出现提示"EDIT DELETE O x x x x?"。

④按下"EXEC"软菜单键,则指定程序被删除。

注意:如果在程序的编辑过程中因错误的输入而发生报警,按下复位"RESET"键,即可消除报警。

11.4 数控车床建立工件坐标系

11.4.1 对刀的概念

数控加工过程中,往往需要用到几把不同的刀具,由于在刀具的安装过程中每把刀的安装位置和形状不同,其刀尖所处的位置也各有不同,而为保证加工质量,数控系统要求每把刀的刀尖位置在车削之前应处于同一点,否则零件的加工程序就缺少一个共同的基准点。因此,在车削操作之前,通过人工操作调整每把刀的刀尖位置,使刀架转位后每把刀的刀尖都重合在同一点,这一过程称为数控车床工件坐标系的建立,又称对刀。

对刀的方法有多种,常用的有手动试切法对刀、机外对刀仪对刀和自动对刀等。

11.4.2 数控车床对刀步骤

以下介绍的对刀时最常用的手动试切法对刀,使用宝鸡机床厂生产的SK50P数控车床,四工位电动刀架共装有三把车刀,外圆车刀(1号刀)、切槽刀(2号刀)、螺纹刀(3号刀)。

①首先使用MDI方式将1号车刀调出到工作位置,启动主轴正转,使用1号刀车削工件的右端面,刀具位置确定后沿X轴负方向切削端面,完成后沿X轴退回,Z方向不能移动,如图11-4(a)所示。按下操作面板上的刀具测量键,刀具的当前位置被记录,打开"刀具偏置"界面,在"刀具补正/几何"界面中将光标放在番号G001行,在缓冲区内输入"Z0",再按软菜单键的"测量"键,1号刀Z方向对刀完成。

②Z 方向对刀完成后用 1 号刀车削工件外圆,同样,在刀具位置确定后沿 Z 轴的负方向切削端面,完成后沿 Z 方向退回,X 方向不能移动,如图 11-4(b)所示。按下操作面板上的刀具"测量"键,停止主轴,测量所车外圆的直径值(假设测量值为 $\phi39.98$ mm),打开"刀具偏置"界面,将光标放在番号 G001 行,在缓冲区内输入"X39.98",再按软菜单键的"测量"键,1 号刀 X 方向对刀完成。

③使 1 号刀分别沿 X,Z 正方向离开工件到安全位置,更换 2 号切槽刀。

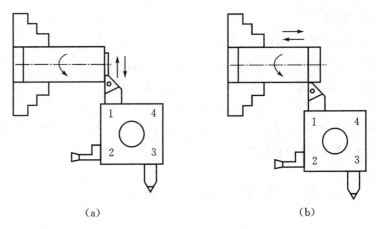

(a)　　　　　　　　　　　　　　　　　　　(b)

图 11-4　1 号刀对刀
(a)Z 向对刀;(b)X 向对刀

④为保证与 1 号刀所建立的工件坐标系位置重合,利用手轮方式,使用最小进给倍率使 2 号切槽刀的左刀尖逐渐靠近被 1 号刀齐平的右端面,如图 11-5(a)所示。对齐后沿 X 轴的正方向退出,按下操作面板上的刀具"测量"键,打开"刀具偏置"界面,将光标放在番号 G002 行,在缓冲区内输入"Z0",再按软菜单键的"测量"键,2 号刀 Z 方向对刀完成。

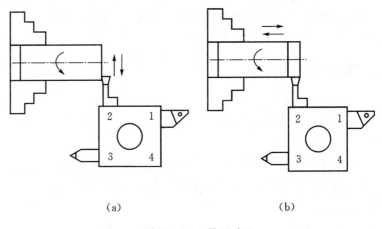

(a)　　　　　　　　　　　　　　　　　　　(b)

图 11-5　2 号刀对刀
(a)Z 向对刀;(b)X 向对刀

⑤将 2 号车刀与工件的已车外圆对齐,如图 11-5(b)所示,对齐后沿 Z 轴的正方向退回,停止主轴,打开"刀具偏置"界面,将光标放在番号 G002 行,在缓冲区内输入"X39.98",再按软菜单键的"测量"键,2 号刀 X 方向对刀完成。

⑥将 2 号刀分别沿 X,Z 正方向离开工件到安全位置,更换 3 号螺纹刀。

⑦将 3 号螺纹刀移动到工件的右端面位置,通过目测将螺纹刀的刀尖与工件的端面对齐(如图 11-6(a)所示),按下操作面板上的刀具"测量"键,打开"刀具偏置"界面,将光标放在番号 G003 行,在缓冲区内输入"Z0",按下软菜单键的"测量"键,3 号刀 Z 方向对刀完成。

⑧将 3 号车刀与工件的已车外圆对齐(如图 11-6(b)所示),对齐后沿 Z 轴的正方向退回,停止主轴,打开"刀具偏置"界面,将光标放在番号 G003 行,在缓冲区内输入"X39.98",再按软菜单键的"测量"键,3 号刀 X 方向对刀完成。

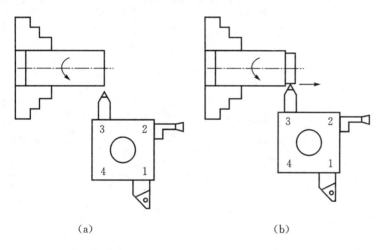

(a)   (b)

图 11-6 3 号刀对刀
(a)Z 向对刀;(b)X 向对刀

在整个对刀过程中需要注意,每次向"刀具偏置"界面输入数据时,须首先按下操作面板的刀具"测量"键。对刀完毕时,由于数控系统没有真正的执行**刀具补偿**运算,显示屏上显示的绝对坐标可能仍是对刀前的坐标,为此,编程时应在程序的开始加上换刀指令(如 T0101),这时数控系统在自动运行时便可执行刀具补偿。

专业术语

刀具补偿
تېغ تولۇقلاش
cutter compensation

11.5 零件的车削工艺设计与加工实训

数控车床加工操作是数控车床实训课程的核心实训内容。通过本部分实训项目典型零件的工艺分析、编程、加工、检测等操作,将使学生掌握加工刀具的选用、加工方案的制订、装夹方式的选择、基本指令的应用及实际操作等方面的知识,并最终实现本课程的教学目标。

11.5.1   阶梯轴工艺设计与加工实训

1.零件图纸

阶梯轴零件图纸如图 11-7 所示。

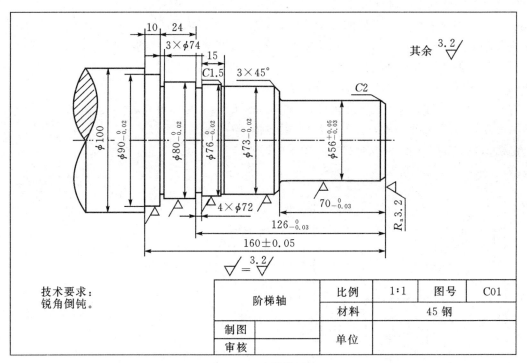

图 11-7   阶梯轴图纸

2.工艺路线分析

①识图并选择刀具。根据零件的总体尺寸,可选择毛坯为 $\phi100$ mm× 200 mm 棒料,材料为 45 钢;工件主要加工面为 $\phi56^{+0.05}_{-0.03}$、$\phi73^{0}_{-0.02}$、$\phi76^{0}_{-0.02}$、 $\phi80^{0}_{-0.02}$、$\phi90^{0}_{-0.02}$,长度方向上需要保证的尺寸为 $70^{0}_{-0.03}$、$126^{0}_{-0.03}$ 和台阶面 总长 160±0.05;沟槽尺寸为 $3\times\phi74$ mm 和 $4\times\phi72$ mm。所需刀具种类及 切削参数选择如表 11-1 所示。

表 11-1 刀具选择及切削参数

序号	加工面	刀具号	刀具规格		转速	余量/mm	进给速度
			类型	材料	$n/\text{r} \cdot \text{min}^{-1}$		$V/\text{mm} \cdot \text{min}^{-1}$
1	端面车削	T01	90°外圆车刀		600	0.1	50
2	外圆粗加工	T01	90°外圆车刀	硬质	800	0.2	100
3	外圆精车	T01	90°外圆车刀	合金	1000	0	50
4	切槽	T02	3 mm 槽刀		400	0	50

②安装刀具并调整刀尖高度与工件中心对齐。

③粗车毛坯外圆,保证工件最大外圆面尺寸 ϕ100 mm。

④使用三爪卡盘夹持毛坯左侧 ϕ100 mm 外圆面 40 mm 左右,并找正夹紧。

⑤对刀操作,将工件坐标系中心设定在工件右端面中心。

⑥调用 90°外圆刀,采用 G90 外圆切削循环对以上 5 个外圆面粗车,留余量 0.2 mm。

⑦采用基本切削指令 G00、G01 指令进行外圆面及端面的精加工。

⑧调用切槽刀切削沟槽尺寸 $3\times\phi$74 mm 和 $4\times\phi$72 mm。

3. 相关指令

本阶梯轴的加工实训项目主要进行外圆面、台阶面及沟槽面的加工,所涉及的均为数控车床编程中的最基本的编程指令。

①G98:每分钟进给。

格式:G98;

②G99:每转进给。

格式:G99;

③T:换刀指令。

格式:T_____;

④G00:快速点定位。

格式:G00 X(U)_Z(W)_;

⑤G01:直线插补。

格式:G01 X(U)_Z(W)_F_;

⑥G04:暂停指令。

格式:G04 X_;

⑦G90:外圆切削循环。

格式:G90 X(U)_Z(W)_F_;

4. 量具准备

①0～150 mm 钢直尺一把,用于测量长度。

②0～150 mm 游标卡尺一把,用于测量外圆及长度。

③50～100 mm 外径千分尺一把,用于测量外圆。

5. 参考程序

采用 FANUC 0i MATE 系统对本实训项目进行编程,数控加工程序编制如表 11-2 所示。

表 11 - 2　阶梯轴加工程序单

程序语句	说明
O0101；	程序名,以 O 开头
G98；	每转进给
M03 S600；	正转,600 r/min
T0101；	调用 1 号刀,90°外圆刀
G00 X105 Z5；	快速点定位至 G90 起刀点
C90 X97 Z−159.5 F100；	粗车外圆 $\phi90$
X94；	G90 为模态指令,重复部分可省略不写
X91；	
X87 Z−149；	粗车外圆 $\phi80$
X84；	G90 为模态指令,重复部分可省略不写
X81；	
X77 Z−125；	粗车外圆 $\phi76$
X74 Z−106；	粗车外圆 $\phi73$
X71 Z−69；	粗车外圆 $\phi56$
X69；	G90 为模态指令,重复部分可省略不写
X66；	
X63；	
X60；	
X57；	G90 调用结束,刀具返回 X105 Z5 点
G00 X60 Z0；	进刀准备车端面
G01 X0 F50；	端面切削
G00 Z1 U2；	退刀
X52 Z0；	点定位准备车 $\phi56$ 外圆
G01 X56 Z−2 F50；	车 C2 倒角
Z−70；	精车 $\phi56$ 外圆
X73 C3；	车 C3 倒角
Z−107；	精车 $\phi76$ 外圆
X76 C1.5；	车 C1.5 倒角
Z−126；	精车 $\phi76$ 外圆
X80；	准备车 $\phi80$ 外圆
W−24；	精车 $\phi80$ 外圆
X90；	准备车 $\phi90$ 外圆
W−10；	精车 $\phi90$ 外圆
X100；	车台阶面
G00 X100 Z100；	退刀至安全位置准备换刀
T0202；	调用 2 号刀准备车沟槽
G00 X85 Z−126；	快速点定位,准备车沟槽 $\phi72$

程序语句	说明
G01 X72 F50；	沟槽切削
G04 X2；	延时 2 s,提高槽底表面质量
G00 X85；	抬刀
W1；	准备第二刀切削
G01 X72 F50；	第二次沟槽 $\phi72$ 切削
G04 X2；	延时 2 s
G00 X95；	抬刀
Z—150；	快速点定位,准备车沟槽 $\phi74$
G01 X74 F50；	沟槽切削
G04 X2；	延时 2 s
C00 X100；	首先 X 方向退刀,保证刀具及工件安全
Z100；	Z 方向退刀至安全距离
M30；	程序结束,复位

11.5.2　螺纹轴工艺设计与加工实训

1. 零件图纸

螺纹轴零件图如 11 - 8 所示。

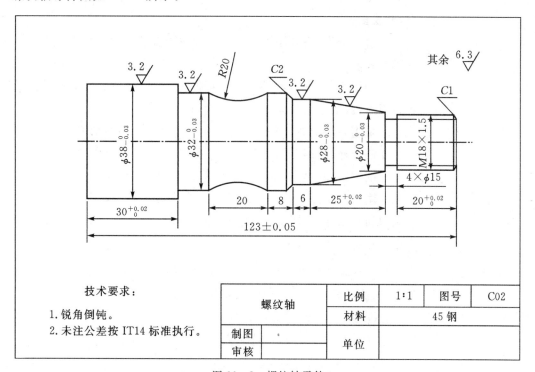

图 11-8　螺纹轴零件

2. 工艺路践分析

①识图并选择刀具。根据零件的总体尺寸,选择毛坯为 $\phi40$ mm×150 mm 棒料,材料为 45 钢。工件主要外圆加工面为 $\phi28_{-0.03}^{0}$、$\phi32_{-0.03}^{0}$、$\phi38_{-0.03}^{0}$,长度方向各个台阶面主要保证的尺寸为 $20_{0}^{0.02}$,$25_{0}^{0.02}$,$30_{0}^{0.02}$,工件总长为 123 ± 0.05,螺纹退刀槽尺寸为 $4\times\phi15$。根据上述主要加工尺寸确定所需刀具种类及切削参数如表 11-3 所示。

表 11-3　刀具选择及切削参数

序号	加工面	刀具号	刀具规格		转速	余量/mm	进给速度
			类型	材料	$n/\text{r}\cdot\text{min}^{-1}$		$V/\text{mm}\cdot\text{min}^{-1}$
1	外圆粗车	T01	90°外圆车刀	硬质合金	800	0.2	100
2	外圆精车	T01	90°外圆车刀		1000	0	50
3	切槽	T02	4 mm 槽刀		400	0	50
4	切螺纹	T03	1.5 mm 螺纹刀		300	0	—
5	切断	T04	切断刀		400	0	50

②安装刀具并调整刀尖高度与工件中心对齐。

③粗车毛坯外圆,保证工件最大外圆面尺寸 $\phi40$ mm。

④使用三爪卡盘夹持毛坯左侧 $\phi40$ mm 外圆面,夹持长度 20 mm 左右,并找正夹紧。

⑤对刀操作,将外圆刀、切槽刀、螺纹刀及切断刀工件坐标系中心设定在工件右端面中心。

⑥调用 90°外圆刀,采用 G71 外圆粗车固定循环对以上各外圆及锥面进行粗车,留余量 0.2 mm。

⑦采用 G70 精加工循环指令进行外圆面及端面的精加工。

⑧调用外圆刀采用 M98 指令调用子程序进行 $R20$ 圆弧的切削。

⑨调用 4 mm 切槽刀切削螺纹退刀槽,尺寸 $4\times\phi15$。

⑩调用螺纹刀采用 G92 或 G32 指令进行 $M18\times1.5$ 的螺纹切削,调用切断刀切断工件,保证总长 123 ± 0.05 mm。

3. 相关指令

本阶梯轴的加工实训项目主要进行外圆面、台阶面、沟槽面及外螺纹的加工,所涉及数控车床编程中的编程指令如下。

①G02/G03:顺/逆圆弧插补。

格式:G02/G03 X(U)_ Z(W)_ R_;

②G32:直线螺纹切削。

格式:G32 X(U)_Z(W)_F_;

③G92:螺纹切削循环。

格式:G92 X(U)_ Z(W)_(R)_ F_;

④M98:子程序调用。

格式:M98 P _____;

⑤M99:返回主程序。

格式:M99;

⑥G71:外圆粗车循环。

格式:G71 U_R_;

　　　 G71 P_Q_U_W_F_S_T_;

⑦G70:精加工循环。

格式:G70 P_Q_;

三角螺纹尺寸计算方法如表 11-4 所示。

表 11-4　三角螺纹尺寸计算方法

名称		代码	计算公式
外螺纹	牙型角	a	$60°$
	原始三角形高度	H	$H=0.866P$
	牙型高度	h	$h=0.5413P$
	中径	d2	$d2=d-0.6495P$
	小径	d1	$d1=d-1.082P$
内螺纹	中径	D2	$D2=d2$
	小径	D1	$D1=d1$
	大径	D	$D=d=$公称直径

专业术语

牙型角

چىش شەكلىنىڭ بۇلۇڭى

thread angle

中径

ئوتتۇراد ئامېتىرى

mean diameter

4. 量具准备

①0~150 mm 钢直尺一把,用于测量长度。

②0~150 mm 游标卡尺一把,用于测量外圆及长度。

③25~50 mm、50~75 mm 外径千分尺各一把,用于测量外圆。

④M18×1.5 mm 的螺纹环规一套,用于测量螺纹。

⑤R 规一套,用于检测 R20 圆弧。

5. 参考程序

采用 FANUC 0i MATE 系统对本实训项目进行编程,数控加工程序编制如表 11-5 所示。

表 11-5　螺纹轴加工程序单

程序语句	说明
O0001；	程序名，以 O 开头
G98；	每转进给
M03 S800；	正转，800 r/min
T0101；	调用 1 号刀，90°外圆刀
G00 X40 Z5；	快速点定位至 G71 起刀点
G71 U1.5 R0.5；	采用 G71 粗车固定循环粗车外圆
G71 P10 Q20 U0.2 W0.1 F100；	
N10 G00 X0；	N10～N20 区间为外圆精加工语句
G01 Z0 F50；	
X18 C1；	车削 C1 倒角
Z－24；	车削 M18×1.5 螺柱
X20；	
X28 W－25；	车削锥面
W－6；	
X32 W－2；	车削 C2 倒角
Z－93；	车削 φ32 外圆
X38；	
N20 Z－123；	车削 φ38 外圆，精加工语句结束
G70 P10 Q20；	调用精加工循环，保证外圆尺寸
G00 X40 Z－63；	点定位准备调用子程序
M98 P080002；	调用子程序加工 R20 圆弧
G00 X100 Z100；	退刀
T0202 S400；	调用切槽刀，降速
G00 X25 Z－24；	快速定位，准备切退刀槽
G01 X15 F50；	螺纹退刀槽切削
G04 X2；	延时 2 s
G00 X100；	退刀
Z100；	
T0303 S300；	调用螺纹刀，降速
G00 X25 Z5；	快速点定位至螺纹刀切削起刀点
G92 X19 Z－22 F1.5；	采用 G92 切削螺纹
X17；	G92 模态指令，重复部分省略
X16.5；	

程序语句	说明
X16.3;	
X16.1;	
X16.052;	
G00 X100 Z100;	退刀
T0404 S400;	调用切槽刀
G00 X40 Z−127;	快速定位,准备切断
G01 X0 F50;	工件切断,保证总长
G00 X100 Z100;	退刀
M30;	程序结束,复位
O0002;	子程序名
G01 U−1 F50;	沿 X 方向增量值进给 1 mm
G02 W−20 R20;	切削 $R20$ 圆弧
G00 W20;	退回起点
M99;	返回主程序

11.5.3　手柄数控加工实例分析

1. 数控车削加工

数控车削加工工艺卡如表 11 - 6 所示。

表 11 - 6　数控车削加工工艺卡

新疆大学 工程训练中心		数控车削 加工工艺卡	产品型号	零件号	零件名称	件数	第 1 页
			实训产品	SC001	手柄	1 件	共 1 页
零件加工路线						零件规格	
数控车 实训室	工 序					材料	45 圆钢
库房	下料					重量	400 g
程序 编号	O0001					未加工前情况 45#	
数控车	车成形					毛坯料 棒料	
检验	检验					零件技术要求	
						1. 表面无毛刺	

续表 11 - 6

序号	工步名称	设备名称	设备型号	工具编号	工具名称	工序内容	单件工时/h	备注
1	编程				CAXA 数控车 2013	自动编程并生成 G 代码	2.5	
2	装夹				三爪卡盘	用卡盘扳手安装及调试	0.15	
3	车	数控车床	SK50P	T0303	45°端面刀	平端面	0.2	
4	车			T0101	90°外圆刀	保留 0.5 mmm 的加工余量,粗车零件外圆轮廓,倒角	1.5	
5	车			T0101	90°外圆刀	精车零件外圆轮廓至尺寸,倒角,保证各部位尺寸要求	0.5	
6	车			T0202	4 mm 切断刀	切断,保证零件长度 74 mm	0.5	
7	钳工				M16 mm 扳牙	套 M16 mm 螺纹	0.3	
8	检验						0.25	
编制		审核		批准		会签	编制日期	2016.12

2. 手柄零件加工工艺分析

1)零件工艺分析

该零件表面由外圆柱面、顺圆弧、逆圆弧等表面组成,其中直径尺寸与轴向尺寸有较高的尺寸精度、表面粗糙度要求。零件图**尺寸标注**完整,符合数控加工尺寸标注要求;轮廓描述清楚完整;零件材料为 45 钢,切削加工性能较好。

通过上述分析,采取以下工艺措施:

①零件表面外形较为复杂,所以选用自动编程完成加工。

②零件采用一次装夹完成。

③由于怕夹伤圆弧表面,螺纹面由手动板牙完成。

2)确定装夹方案

零件伸出足够长度,用三爪自定心卡盘夹紧。

3)选择毛坯

根据图纸所示,毛坯材料为 45 圆钢。

4）选择设备

根据被加工零件的类型、零件的轮廓形状复杂程度、尺寸大小、加工精度、工件数量、现有的生产条件要求，选用 SK50P 数控车床完全能够满足加工的需要，系统为 FANUC 0iMTD。

5）确定加工顺序及进给路线

①粗加工外轮廓至尺寸，留 0.5 mm 余量。

②精加工外轮廓至图纸要求尺寸。

6）刀具选择及量具选择。

（1）刀具选择

① 45°端面车刀，车工件断面。

② 90°左偏车刀，副偏角选 55°。

③ 4 mm 切断刀。

（2）量具选择

①游标卡尺 0～150 mm，精度 0.02 mm。

②外径千分尺 25～50 mm。

7）确定切削用量

根据被加工表面质量要求，刀具材料和工件材料，参考切削用量手册或有关资料，选取切削速度与每转进给量，然后根据相关公式计算主轴转速与进给速度。

背吃刀量因粗、精加工而有所不同。粗加工时，在工艺系统刚度和机床功率允许的情况下，尽可能取较大吃刀量，以减少进给次数；精加工时，为保证零件表面粗糙度要求，被吃刀量一般取 0.1～0.4 mm 较为合适。

3. 手柄数控加工工艺文件的编制

1）工作要求

①掌握手柄零件自动编程的方法。

②掌握手柄零件加工工艺的制定方法。

③合理编制手柄零件的数控加工刀具卡片。

④合理编制手柄零件的数控加工工艺卡片。

⑤严格遵守数控车床安全操作规程。

⑥按照有关文明生产的规定，做到现场整洁，零件、刀具、量具等摆放整齐。

2）工作条件

①生产纲领：单件。

②工作地点：数控车实训实验室。

③定额时间：6 小时。

3）实训内容

填写手柄零件数控加工刀具卡片，如表 11-7 所示。

表 11-7 手柄零件数控加工刀具卡片

产品名称或代号			零件名称	手柄零件	零件图号
序号	刀具规格名称	数量	加工表面		备注
1	45°端面车刀	1	加工零件端面		手动加工
2	90°左偏刀	1	手柄外轮廓		自动加工
3	4 mm 切断刀	1	切断零件长度至尺寸		手动加工
4	M16 板牙	1	螺纹面加工		手动加工

11.6 基于项目的数字化设计制造案例

11.6.1 数字化设计制造技术概述

　　数字化设计与制造技术是以计算机软硬件为基础,在数字化技术和设计制造技术融合的背景下,并在虚拟现实、计算机网络、快速原型、数据库和多媒体等支撑技术的支持下,根据用户的需求,迅速收集资源信息,对产品信息、工艺信息与资源信息进行分析、规划和重组,实现对产品设计和功能的方针以及原型制造,进而快速生产出达到用户需求性能的产品制造全过程。

　　数字化设计与制造是产品设计制造技术、计算技术、网络技术和管理科学的交叉、融合、发展和应用的结果,也是制造企业、制造系统和生产过程、生产系统不断发展的必然趋势。数字化设计与制造技术的全过程如图11-9所示。

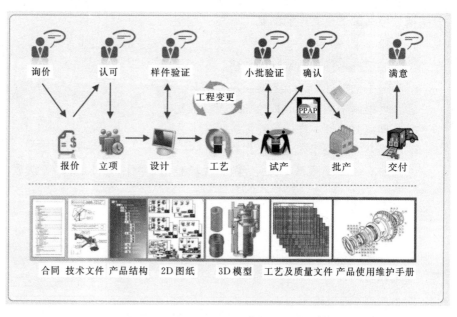

图 11-9 数字化设计与制造技术的全过程

11.6.2　基于项目的数字化设计制造案例

基于项目的数字化设计制造实训是近年来工程实践教学领域持续探索并应用的一种教学模式,该模式旨在通过项目驱动的方式让学生了解数字化设计制造的基本流程,了解现代工厂各部门工作流程及管理模式,熟练掌握如何从项目启动、计划、实施、结尾这样的流程来规划项目。下面介绍基于螺纹连接件的数字化设计制造体验过程。螺纹连接件如图 11 - 10 所示。

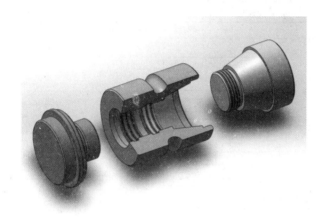

图 11 - 10　螺纹连接件

1. 启动阶段

该阶段为项目的发起阶段,即由一个想法变成一个可接受的项目。无论对项目经理、团队成员还是实施项目发起人,最重要的项目管理内容便是项目章程。项目章程中包括以下内容:标题、范围说明,企业策划书,背景,达成共识的里程碑计划,风险、假设和约束条件,支出批准或预算估计,沟通计划要求,团队合作原则,吸取经验教训,签署与承诺。该阶段需完成项目章程的撰写,并提交,获得批准后方可进入下一个阶段。

2. 计划阶段

有效的项目计划是项目实施、监控和交付的基础。在计划阶段需要学生对螺纹连接件仔细研究分析,学生可以分组、分工合作,要求规定时间内完成螺纹连接件所有零件的设计制作和组装,并且按照正规项目计划阶段撰写流程编制进度、预算、资源需求、质量等相关文件。

3. 实施阶段

在项目的实施阶段,按照进度计划需要完成产品设计、工艺分析、加工制造、质量检验、机械装配 5 个阶段的工作内容。

1)产品设计

在产品设计阶段,学生要完成的主要工作有:

①绘螺纹连接件并生成三维零件图;

②按照加工涉及的工种将零件分类;

③生成工程图纸。

2)工艺分析

在工艺分析阶段,需要对每个零件的加工工艺进行分析,选择合适的加工方式并填写工艺卡片;根据加工工艺、毛坯尺寸应用相关数控车软件生成每一个零件的加工代码,并将图纸及加工代码上传至协同管理平台。数字化设计制造体验数控车软件的一般过程如图 11-11 所示。

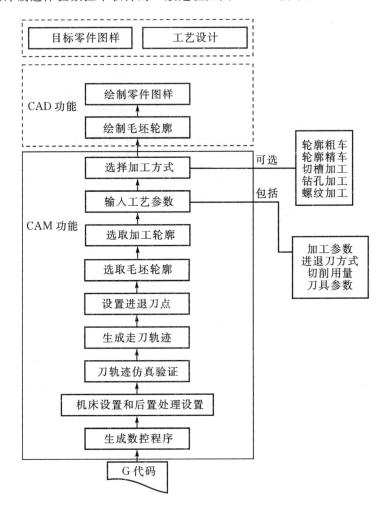

图 11-11　数字化设计制造体验数控车软件的一般过程

(1)锥度轴加工

该零件需要加工右端直台,根据零件结构特点及各尺寸精度要求,选择加工工序如下:先用 45°端面车刀手动车右端面,然后用 90°外圆车刀由右端至左端加工到 φ52 mm、长度19 mm台阶。然后掉头装夹车左端轮廓至锥台处。加工时通过自动加工程序进行粗、精车。尺寸精度通过程序参数方式保证。确定零件的定位基准与装夹方式。

定位基准:以零件的左端面为定位基准。

　　装夹方式:采用三爪自定心卡盘装夹工件。

　　工量具选择:由于该零件需加工轮廓有公差要求,并且没有特殊轮廓,所以选择 90°左偏刀即可;量具选择 0~150 mm 游标卡尺、同轴度测量仪、莫氏锥度量规即可。

　　螺纹连接件如图 11-12 所示,使用数字化设计制造体验数控车软件绘制轮廓并生成 G 代码,完成加工。

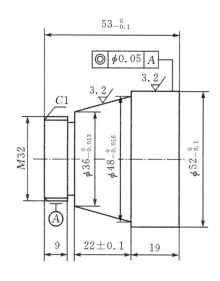

图 11-12　加工锥度轴

　　工件使用自动加工方式,以下是自动加工过程及参考程序。粗车右端 $\phi 48$ mm、长 34 mm 外轮廓部分,利用数字化设计制造体验数控车软件进行加工,具体步骤如下。

　　①选择轮廓粗车,如图 11-13 所示。

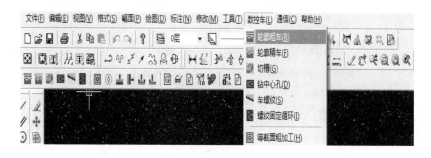

图 11-13　选择轮廓粗车

　　②加工参数设置如图 11-14 所示。

　　③进退刀方式的选择如图 11-15 所示。

　　④切削用量的选择如图 11-16 所示。

　　⑤刀具设置如图 11-17 所示。

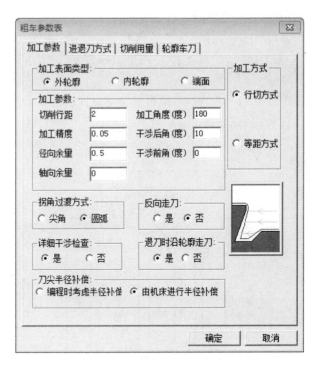

图 11-14   加工参数设置

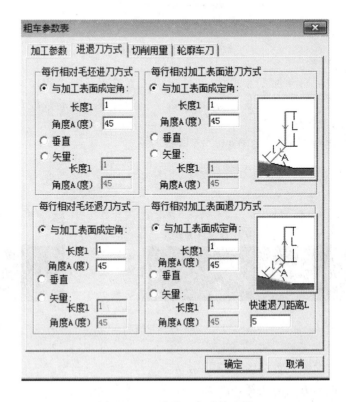

图 11-15   进退刀方式的选择

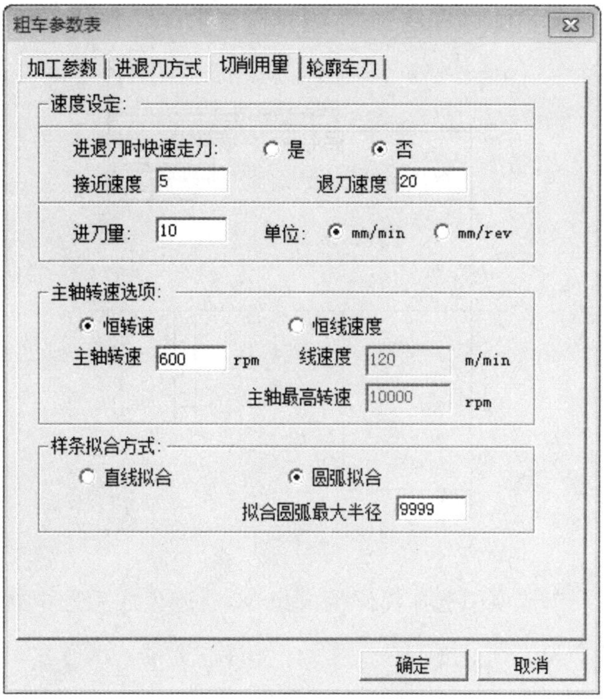

图 11-16　切削用量的选择

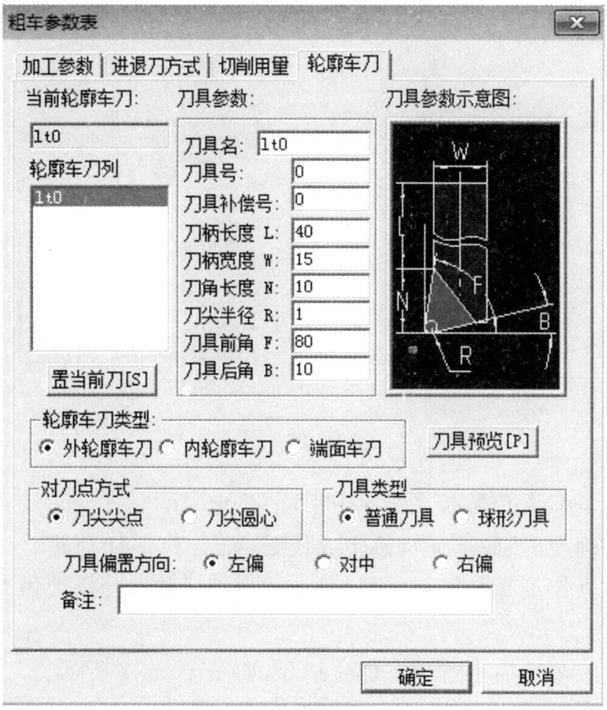

图 11-17　刀具设置

⑥以上参数全部设置好后,按照软件命令行提示生成加工轨迹,如图11-18所示。

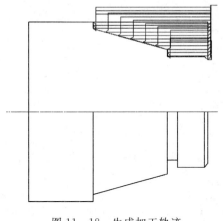

图 11-18　生成加工轨迹

⑦在数控车选项中选择代码生成指令,轨迹生成后选中轨迹进行代码生成,如图11-19所示。

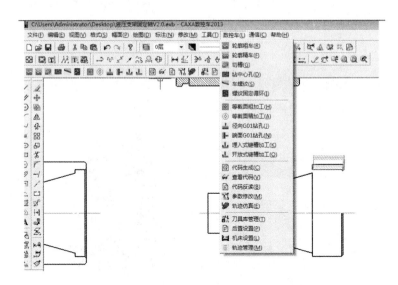

图 11-19　选择代码生成指令

⑧选择 FANUC 数控系统,如图11-20所示。

⑨点击确定,然后选择轨迹生成代码,如图11-21所示。

⑩精车操作步骤与粗车类似,只是切削用量的选择需要做改变,具体轨迹如图11-22所示。

⑪在数控车选项中选择车螺纹指令,如图11-23所示。

⑫根据命令行提示选择螺纹的起点及终点,然后会出现参数设置对话框,按照螺纹参数正确设置参数,如图11-24所示。

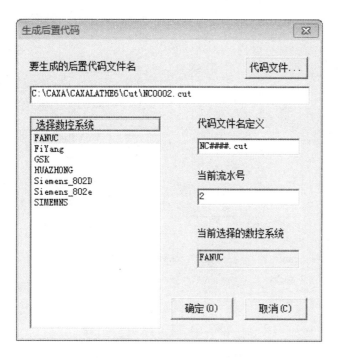

图 11-20 选择 FANUC 数控系统

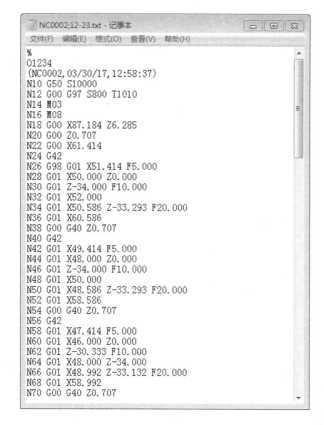

图 11-21 轨迹生成代码

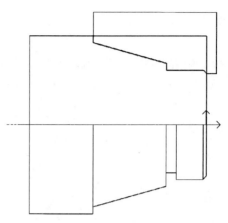

图 11 - 22　切削用量的选择

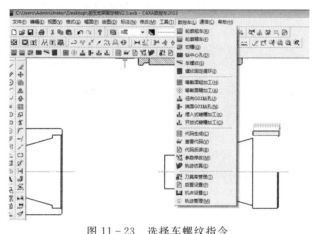

图 11 - 23　选择车螺纹指令

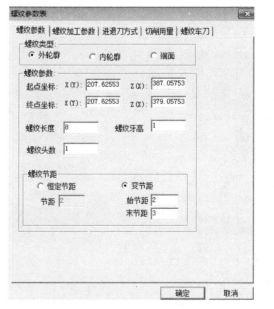

图 11 - 24　参数设置对话框

⑬上述操作完成后,选择螺纹的进退刀点,生成加工轨迹如图 11 - 25
所示。

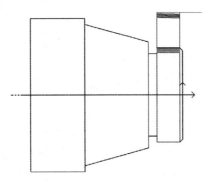

图 11 - 25　生成加工轨迹

(2)锥度轴轴套加工

图 11 - 26 为加工锥度轴轴套图纸,使用数字化设计制造体验数控车软
件绘制轮廓并生成 G 代码,完成加工。

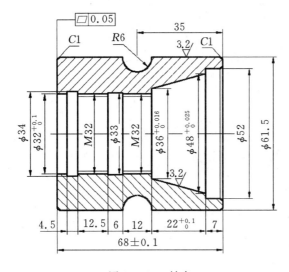

图 11 - 26　轴套

①加工工艺分析。

该零件需要加工外轮廓及内轮廓,考虑到表面粗糙度、零件结构特点及
各尺寸精度要求,选择加工工序如下:先手动车右端面并对刀,然后加工内
轮廓,加工时通过自动加工程序进行粗、精车。尺寸精度通过程序参数方式
保证。最后加工外轮廓。

②确定零件的定位基准与装夹方式。

定位基准:以零件的左端面为定位基准;

装夹方式:采用三爪自定心卡盘装夹工件。

③工量具选择(表格中有具体刀具、量具)。

　　由于该零件需加工轮廓没有公差要求,但有特殊轮廓,所以选择 90°外圆左偏刀、内轮廓车刀、圆弧成型刀、钻头即可;量具选择游标卡尺即可。

　　④加工程序。

　　由于该零件所用到的加工方式和第一个零件的加工方式类似,这里不再讲解,加工轨迹如图 11 - 27 所示。

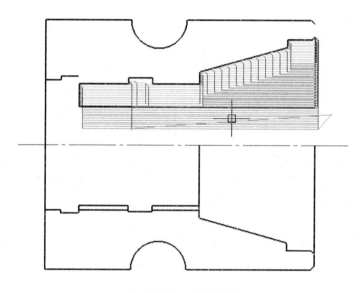

图 11 - 27　加工轨迹

程序代码(以 FANUC 数控系统为例)具体如图 11 - 28 所示。

```
NC0005.cut - 记事本
文件(F)  编辑(E)  格式(O)  查看(V)  帮助(H)
%1234
N10 G00 G95 G97 S20 M03 T00
N12 G00 X398.335 Z181.471
N14 G00 X391.240 Z177.944
N16 G41
N18 G98 G01 X401.240 F5.000
N20 G01 X402.654 Z177.237
N22 G01 Z117.737 F10.000
N24 G01 X401.240 Z118.444 F20.000
N26 G01 X391.240
N28 G00 G40 Z177.944
N30 G41
N32 G01 X402.240 F5.000
N34 G01 X403.654 Z177.237
N36 G01 Z117.737 F10.000
N38 G01 X402.240 Z118.444 F20.000
N40 G01 X392.240
N42 G00 G40 Z177.944
N44 G41
N46 G01 X403.240 F5.000
N48 G01 X404.654 Z177.237
N50 G01 Z117.737 F10.000
N52 G01 X403.240 Z118.444 F20.000
N54 G01 X393.240
N56 G00 G40 Z177.944
N58 G41
N60 G01 X404.240 F5.000
N62 G01 X405.654 Z177.237
```

图 11 - 28　FANUC 数控系统代码

（3）端盖加工

图 11-29 为端盖图纸,使用数字化设计制造体验数控车软件绘制轮廓并生成 G 代码,完成加工。

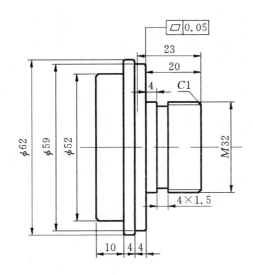

图 11-29　端盖图纸

①加工工艺分析。

该零件需要加工外轮廓,考虑到表面粗糙度、零件结构特点及各尺寸精度要求,选择加工工序如下:首先手动车左端面并对刀,加工左侧外轮廓,加工时通过自动加工程序进行粗、精车。尺寸精度通过程序参数方式保证。然后加工右侧外轮廓及外螺纹。

②确定零件的定位基准与装夹方式。

定位基准:以零件的左端面为定位基准。

装夹方式:采用三爪自定心卡盘装夹工件。

③工量具选择。

由于该零件需加工轮廓没有公差要求,但有特殊轮廓,所以选择 90°外圆左偏刀、外螺纹车刀即可;量具选择游标卡尺即可。

④参考加工程序。

该零件所包含的特征有外轮廓台阶、外螺纹,这些特征的加工方法在上述任务已经讲解到,这里就不再进行具体描述。加工轨迹如图 11-30 所示。

数控加工程序选择 FANUC 数控系统,如图 11-31 所示。

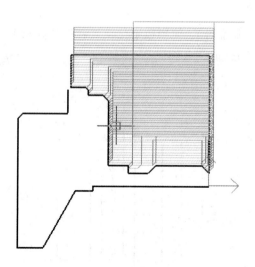

图 11 - 30　加工轨迹

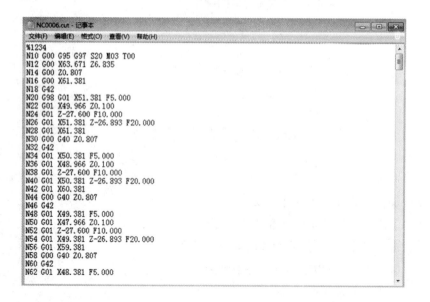

图 11 - 31　选择 FANUC 数控系统

3)加工制造

登录数控加工机床旁查询一体机上的协同管理平台,查看待加工零件的图纸及加工代码,确认无误后将加工代码发送至待加工机床,进行毛坯装夹及加工操作。

在数控仿真软件上完成本任务的仿真加工,然后将程序输入至数控系统,认真校核程序并完成零件的加工。

由于在上述内容中已经详细介绍了加工过程,在此简单描述如下:

【启动仿真软件】→【选择系统类型】→【急停】→【回零】→【$\overset{+X}{\underline{\quad}}$】→【$\overset{+Z}{\llcorner\quad}$】→【定义毛坯】→【放置毛坯】→【安装零件】→【移动零件】→【安装完成】→【刀具选择】→【手动方式】→【主轴正转】→【保证毛坯长度】→【对刀】→【程序】→【新建程序】→【调入程序】→【自动方式】→【循环启动】

4）质量检验

零件的加工质量包括加工精度和表面质量。其中加工精度包括尺寸精度、形状精度和位置精度；表面质量的指标有表面粗糙度、表面加工硬化的程度、残余应力的性质和大小。表面质量的主要指标是表面粗糙度。

了解被检验对象的用途及被检验特性，明确检验依据，熟悉计量器具，正确选择计量器具，制定检验计划，实施检验活动，参与实施对不合格品的控制，质量信息反馈。

检验方式：

零件的主要控制尺寸、单配零件的配合尺寸实行全检。

表面粗糙度及外观质量（主要指棱边倒钝、倒角、去毛刺、表面处理等）实行全检。

质量检验的同学对制造部门加工的零件尺寸精度进行校验，以确保零件的合格率。

5）机械装配

机械装配如图 11-32 所示。

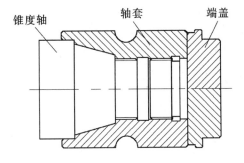

图 11-32　螺纹连接件的装配

所有零件加工完毕后，进入装配阶段，同学们可以体会到加工技能不熟练或二次装夹、测量工具精度等误差因素对装配带来的影响。在老师的指导下，完成整体装配。

（1）主要技术要求

螺纹连接件装配的主要技术要求是：有合适、均衡的预紧力，连接后有关零件不发生变形，相关零件不产生偏斜和弯曲，以及防松装置可靠等。

（2）装配作业要点

①装配时，螺纹连接件采用手工拧紧，拧紧力矩应适当。

②在螺纹连接件装配时,为了保证各部件具有相等的预紧力,使连接零件均匀受压、紧密贴合,必须注意各部件拧紧的顺序。各组螺纹连接应采用对称拧紧的顺序。

4. 收尾阶段

项目的收尾阶段让学生整理前三个阶段的资料、图纸并装订成册,对之前三个阶段遇到的问题、解决方案、实习心得、各自收获及对教学实践环节的意见和建议进行总结并准备汇报 PPT,最后组织教师、专家与每一组学生针对项目进行交流互动,对每一组学生的汇报进行点评。

第12章 数控铣床操作及编程

12.1 数控铣床基础知识

数控铣床是一种用途很广泛的机床,有立式和卧式两种。一般数控铣床是指规格较小的升降台式数控铣床。数控铣床一般为三坐标轴两轴联动的机床,也称两轴半控制,即 X、Y、Z 三个坐标轴中,任意两轴都可以联动。与加工中心相比,数控铣床除了缺少自动换刀功能及刀库外,其他方面均与加工中心类似,也可以对工件进行钻、扩、铰、锪和镗孔与攻丝等操作。现以 XK714B 型数控铣床为例进行介绍。

12.1.1 数控铣床的组成

数控铣床是在普通铣床的基础上发展起来的,两者的加工工艺基本相同,结构也有些相似,但数控铣床是靠程序控制的自动加工机床,所以其结构也与普通铣床有很大区别。

数控铣床一般由主轴箱、进给**伺服系统**控制系统、辅助装置及机床基础件等几大部分组成。

①主轴箱。包括主轴箱体和主轴传动系统,用于装夹刀具并带动刀具旋转,主轴转速范围和输出扭矩对加工有直接影响。

②进给伺服系统。由进给电机和进给执行机构组成,按照程序设定的进给速度实现刀具和工件之间的相对运动,包括直线进给运动和旋转运动。

③控制系统。是数控铣床运动控制的中心,执行数控加工程序,控制机床进行加工。

④辅助装置。如液压、气动、润滑、冷却系统和排屑、防护等装置。

⑤机床基础件。通常指底座、立柱、横梁等,它是整个机床的基础和框架。

12.1.2 数控铣床的分类

数控铣床可进行钻孔、镗孔、**攻螺纹**、轮廓铣削、平面铣削、平面型腔铣削及空间三维复杂型面的铣削加工。加工中心、柔性加工单元是在数控铣床的基础上产生和发展起来的,其主要加工方式也是铣加工方式。

数控铣床按通用铣床的分类方法分为以下三类。

①立式数控铣床。立式数控铣床主轴轴线垂直于水平面,这种铣床占数控铣床的大多数,应用范围也最广。目前三坐标立式数控铣床占数控铣

专业术语

伺服系统

مۇلازىمەت سىستېمىسى

servo system

专业术语

攻螺纹

چىشى جەندىر بىلەن رېزبا چەقۇرىش

threading

床的大多数,一般可进行三轴联动加工。

　　②卧式数控铣床。卧式数控铣床的主轴轴线平行于水平面。为了扩大加工范围和扩充功能,卧式数控铣床通常采用增加数控转台或万能数控转台的方式来实现四轴和五轴联动加工。这样既可以加工工件侧面的连续回转轮廓,又可以实现在一次装夹中通过转台改变零件的加工位置(也就是通常所说的工位),进行多个位置或工作面的加工。

　　③立卧两用转换铣床。这类铣床的主轴可以进行转换,可在同一台数控铣床上进行立式加工和卧式加工,同时具备立、卧式铣床的功能。

12.1.3　数控铣床的主要加工内容

　　①平面类零件。平面类零件的特点表现在加工的表面既可以平行于水平面,又可以垂直于水平面,还可以与水平面成一定的夹角。目前在数控铣床上加工的绝大多数零件属于平面类零件。平面类零件是数控铣削加工中最简单的一类,一般只需要用三坐标数控铣床的两轴联动或三轴联动即可加工。在加工过程中,加工面与刀具为面接触,粗、精加工都可采用端铣刀或牛鼻刀。

　　②曲面类零件。曲面类零件的特点是加工表面为空间曲面,在加工过程中,加工面与铣刀始终为点接触。表面精加工多采用球头铣刀。

12.1.4　数控铣削加工顺序的安排

　　加工顺序通常包括切削加工工序、热处理工序和辅助工序等。工序安排的科学与否将直接影响到零件的加工质量、生产率和加工成本。切削加工工序通常按以下原则安排。

　　①先粗后精原则。当加工零件精度要求较高时,都要经过粗加工、半精加工、精加工阶段。如果精度要求更高,还需包括光整加工等阶段。

　　②基准面先行原则。作为精基准的表面应先加工,实际上,任何零件的加工过程都应先对定位基准进行粗加工和精加工。例如,轴类零件总是先加工中心孔,再以中心孔为精基准加工外圆和端面;箱体类零件总是先加工定位用的平面及两个定位孔,再以平面和定位孔为精基准加工孔系和其他平面。

　　③先面后孔原则。对于箱体、支架等零件,平面尺寸轮廓较大,用平面定位比较稳定,而且孔的深度尺寸又是以平面为基准的,故应先加工平面,然后再加工孔。

　　④先主后次原则。先加工主要表面,然后加工次要表面。

12.2　数控铣床编程基础

　　数控编程是数控加工的重要步骤。用数控机床对零件进行加工时,首先应对零件进行加工工艺分析,以确定加工方法、加工工艺路线,从而确定数控机床刀具和装夹方法;然后,按照加工工艺要求,根据所用数控系统规定的指令代码及程序格式,将刀具的运动轨迹、位移量、切削参数及辅助功能编写成加工程序单,传送或输入到数控装置中,由数控系统控制数控机床自动进行加工。从分析零件图样开始到获得正确的程序载体为止的全过程,称为零件加工程序的编制,简称为编程。

12.2.1 常用准备功能指令(G 代码)的编程要点

(1)绝对坐标和相对坐标指令(G90,G91)

表示运动轴的移动方式。使用绝对坐标指令(G90),程序中的位移量用刀具的终点坐标表示。相对坐标指令(G91),又称增量坐标指令,用刀具运动的增量值来表示。图 12-1 表示刀具从 A 点到 B 点的移动,用以上两种方式编制的程序分别为:

指令格式:G90 X80.0 Y 150.0 ;

G91 X-40.0 Y90.0;

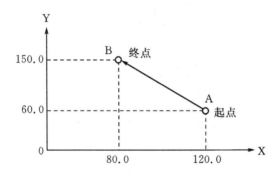

图 12-1 刀具移动轨迹图

(2)坐标系设定指令(G92)

在使用绝对坐标指令编程时,预先要确定工件坐标系,通过 G92 可以确定当前工作坐标系。该坐标系在机床重新开机时消失,如图 12-2 所示。

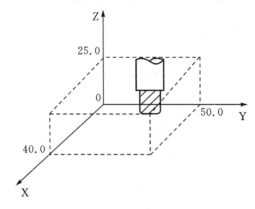

图 12-2 G92 设置坐标系

指令格式:G92 X_Y_Z_;

（3）局部坐标系(G52)

G52 可以建立一个局部坐标系,局部坐标系相当于 G54～G59 坐标系的子坐标系。

指令格式:G52 X_Y_Z_;

该指令中,X_ Y_ Z_给出了一个相对于当前 G54～G59 坐标系的偏移量,也就是说,X_Y_Z_给定了局部坐标系原点在当前 G54～G59 坐标系中的位置坐标。取消局部坐标系的方法也非常简单,使用 G52 X 0 Y 0 Z 0 即可。

（4）工件坐标系的选取指令(G54～G59)

在机床中,可以预置 6 个工件坐标系。通过在 CRT - MDI 面板上的操作,设置每一个工件坐标系原点相对于机床坐标系原点的偏移量,然后使用 G54～G59 指令来选用它们。G54～G59 都是模态指令,并且存储在机床存储器内,在机床重开机时仍然存在,并与刀具的当前位置无关。

一旦指定了 G54～G59 之一,则该工件坐标系原点即为当前程序原点,后续程序段中的工件绝对坐标均为相对于此程序原点的值。

（5）平面选取指令(G17,G18,G19)

在三坐标机床上加工时,如进行圆弧插补,要规定加工所在的平面,用 G 代码可以进行平面选择,如图 12 - 3 所示。

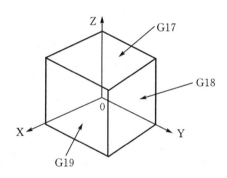

图 12 - 3　平面选择

G17—XY 平面;G18—XZ 平面;G19—YZ 平面。

（6）快速点定位指令(G00)

该指令命令刀具以点位控制方式从刀具所在点快速移动到目标位置,无运动轨迹要求,如图 12 - 4 所示。G00 移动速度是机床设定的空运行速

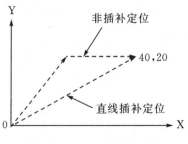

图 12 - 4　G00 快速定位

度,与程序段中的进给速度无关。

指令格式:G00 X_Y_Z_;

其中:X,Y,Z 代表目标点的坐标;";"表示一个程序段的结束。

(7)直线插补指令(G01)

G01 指令表示刀具从当前位置开始以给定的速度(切削进给速度 F)沿直线移动到规定的位置。

指令格式:G01 X_Y_Z_F_;

如图 12-5 所示,刀具由原点直线插补至(40,20)点。

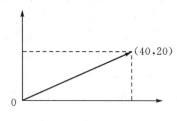

图 12-5　G01 直线插补

指令格式:G01X 40Y 20F 100;

(8)圆弧插补指令(G02,G03)

G02 为顺时针圆弧插补,G03 为逆时针圆弧插补,刀具进行圆弧插补时必须规定所在平面,然后再确定回转方向,如图 12-6 所示。

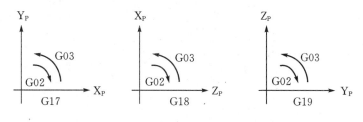

图 12-6　G02 与 G03

G02 与 G03 的确定:沿圆弧所在平面(如 XY 平面)另一坐标轴的负方向(-Z)看去,顺时针方向 G02,逆时针方向 G03。

指令格式:G17 { G02/G03}X_Y_ {(I_J_)/R _}F _;

　　　　 G18 { G02 / G03}X_Z_{(I_K_)/R_}F_;

　　　　 G19 {G02 / G03 }Y_Z_{(J_K_)/R_}F_;

其中:X、Y、Z 表示圆弧终点坐标,可以用绝对值,也可以用增量值,由 G90 或 G91 指定;I、J、K 分别为圆弧起点到圆心在 X、Y、Z 轴方向的增量值,或者说圆心相对于圆弧起点在 X、Y、Z 方向的增量值,带有正负号;R 表示圆弧半径;F 表示沿圆弧运动的速度。

在具体圆弧编程时,可以用 I、J、K 方式编程,也可用半径 R 编程。当用半径 R 指定圆心位置时,由于在同一半径 R 的情况下,从圆弧的起点到终点有两个圆弧的可能性,为区别二者,规定圆心角 $\alpha<180°$时,用+R 表

示;$\alpha>180°$时,用$-R$表示。编一个整圆圆弧时,只能用 I、J、K 方式确定圆心,不能用 R 方式。

(9)暂停功能(G04)

G04 暂停指令可使刀具做短时间无进给加工或机床空运转,由此降低加工表面的表面粗糙度值。

指令格式:G04 X_;或 G04 P_;

其中:X 后面的数字指秒数(s);P 后面的数字指毫秒(ms)。

(10)刀具半径补偿指令(G40,G41,G42)

在编制轮廓切削加工的场合,一般以工件的轮廓尺寸为刀具编程轨迹,这样编制加工程序简单,即假设刀具中心运动轨迹是沿工件轮廓运动的,而实际的刀具运动轨迹与工件轮廓之间有一个偏移量(刀具半径),如图12-7所示。利用刀具半径补偿功能可以方便地实现这一转变,简化程序编制,机床可以自动判断补偿的方向和补偿值的大小,自动计算出实际刀具中心轨迹,并按刀具中心轨迹运动。

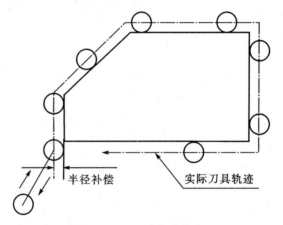

图 12-7　刀具半径补偿含义

G40,刀具半径补偿取消;G41,刀具半径左补偿;G42,刀具半径右补偿。

左、右补偿的判断:沿着刀具前进的方向观察,刀具偏在工件轮廓的左边,称为左补偿,用 G41;刀具偏在工件轮廓的右边,称为右补偿,用 G42,如图 12-8 所示。

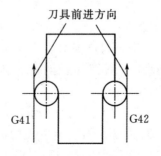

图 12-8　左右补偿的判断

指令格式：G41(G42)X_Y_D_；

其中：D 为刀具偏置寄存器编号。

(11)刀具长度补偿指令(G43,G44,G49)

为了简化零件的数控加工编程,使数控程序与刀具形状和刀具尺寸尽量无关,现代 CNC 系统除了具有刀具半径补偿外,还具有刀具的长度补偿功能。

当一个加工程序内要使用几把刀具时,先将一把刀作为标准刀具,并以此为基础,将其他刀具的长度相对于标准刀具长度的增加或减少值作为补偿值,记录在机床数控系统的寄存器中。在刀具做 Z 方向运动时,数控系统将根据已记录的补偿值做相应的修正。

G43 指令为刀具长度补偿＋(正向偏置),即 Z 轴到达的实际位置为指令值与补偿值相加的位置；G44 指令为刀具长度补偿－(负向偏置),即 Z 轴到达的实际位置为指令值减去补偿值的位置；G49 或 H00 为取消刀具长度补偿指令。当执行到 G49 或 H00 指令时,立即取消刀具长度补偿,并使 Z 轴运动到不加补偿值的指令位置。

指令格式：G43(G44)Z_H_；

其中：H 指定长度偏置值的地址。

(12)固定循环指令(G73,G74,G76,G80~C89)

在数控加工中,一些典型的加工程序,如钻孔,一般需要快速接近工件、慢速钻孔、快速回退等动作。这些典型的、固定的几个连续动作可用一条 G 指令来代表,这样只需用单一程序段的指令程序即可完成加工,这样的指令称为固定循环指令。对钻孔用循环指令,其固定循环指令由 6 步形成,如图 12-9 所示。

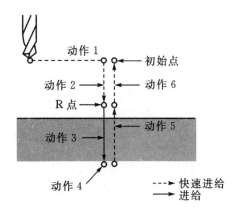

图 12-9　固定循环

初始点平面是为安全下刀而规定的一个平面,其到零件表面的距离可以任意设定在一个安全的高度上,R 点平面为刀具下刀时由快进转为工进的平面,到工件表面的距离主要考虑工件表面尺寸的变化,一般可取 2~5 mm。

　　固定循环指令中地址 R 与地址 Z 的数据的指定与 G90 或 G91 的方式选择有关,图 12 - 10 表示 G90 的坐标计算方法,图 12 - 11 表示选用 G91 时的坐标计算方法。选用 G90 时 R 与 Z 一律取其终点坐标值;选择 G91 方式时,则 R 是自起始点到 R 点的距离,Z 是指自 R 点到孔底平面上 Z 点的距离。

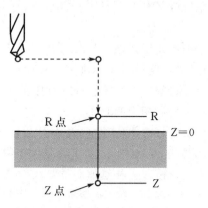

图 12 - 10　G90 时 R 和 Z 的含义

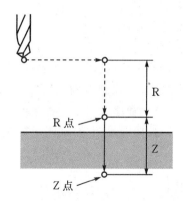

图 12 - 11　G91 时 R 和 Z 的含义

　　G98 和 G99 两个模态指令控制孔加工循环结束后刀具是返回起始点平面还是 R 点平面? G98 返回到起始点平面,为缺省方式,如图 12 - 12 所示;G99 返回到 R 点平面,如图12 - 13所示。

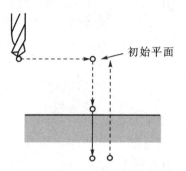

图 12 - 12　G98 的含义

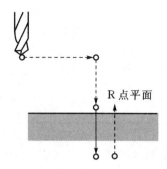

图 12-13　G99 的含义

　　一般情况下,如果被加工的孔在一个平整的平面上,可以使用 G99 指令,因为 G99 模态下返回 R 点进行下一个孔的定位,而一般编程中 R 点非常靠近工件表面,这样可以缩短零件加工时间;但如果工件表面有高于被加工孔的凸台或筋时,使用 G99 有可能使刀具和工件发生碰撞,这时就应该使用 G98,使 Z 轴返回初始点后再进行下一个孔的定位,这样就比较安全。

　　使用 G80 或 01 组 G 代码,可以取消固定循环。在 K 中指定重复次数,对等间距孔进行重复钻孔,K 仅在指定的程序段内有效。如果用绝对值方式指定,则在相同位置重复钻孔。如果指定 K0,钻孔数据被储存,但不执行钻孔。下面介绍几种常用的固定循环。

　　①高速排屑钻孔循环(G73)。该指令执行高速排屑钻孔,它执行间歇切削进给直到孔的底部,同时从孔中排出切屑。

　　指令格式:G73 X_Y_Z_R_Q_F_K_;
其中:

　　X,Y——被加工孔位置数据,以绝对值方式或增量值方式指定被加工孔的位置,刀具向被加工孔运动的轨迹和速度与 G00 相同;

　　Z——在绝对值方式下,指定的是沿 Z 轴方向孔底的位置,即孔底坐标;在增量值方式下,指定的是从 R 点到孔底的距离;

　　R——在绝对值方式下,指定的是沿 Z 轴方向 R 点的位置,即 R 点的坐标值;在增量值方式下指定从初始点到 R 点的距离;

　　Q——每次切削进给的切削深度;

　　F——切削进给速度;

　　K——重复次数(如果需要的话);

　　②钻孔循环、钻中心孔循环(G81)。该循环用于正常钻孔,切削进给执行到孔底,然后刀具从孔底快速移动退回。

　　指令格式:G81 X_Y_Z_R_F_K_;
参数含义同上。刀具路径如图 12-14 所示。

　　③钻孔循环、粗镗削循环(G82)。该循环用于正常钻孔,切削进给执行到孔底,执行暂停。然后,刀具从孔底快速移动退回。

　　指令格式:G82 X_Y_Z_R_P_F_K_;

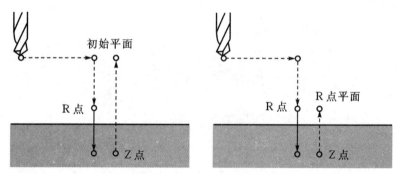

图 12-14　G81 刀具路径

其中:P 为暂停时间,其余参数含义同上。刀具路径如图12-15所示。

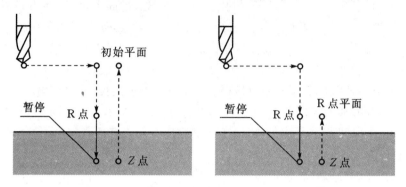

图 12-15　G82 刀具路径

④深孔钻削循环(G83)。该循环执行深孔钻削。和 G73 指令相似,G83 指令下从 R 点到 Z 点的进给也分段完成,而与 G73 指令不同的是,每段进给完成后,Z 轴返回的是 R 点,然后以快速进给速率运动到距离下一段进给起点上方 d 的位置,并开始下一段进给运动。每段进给的距离由孔加工参数 Q 给定,Q 始终为正值。

指令格式:G83 X_Y_Z_R_Q_F_K_;

参数含义同上。刀具路径如图 12-16 所示。

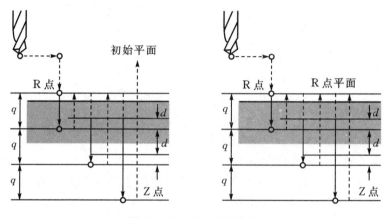

图 12-16　G83 刀具路径

⑤攻丝循环(G84)。该循环执行攻丝。在这个攻丝循环中,当到达孔底时,主轴以反方向旋转。

指令格式:G84 X_Y_Z_R_P_F_K_;

参数含义同上。

12.2.2 常用辅助功能指令的编程要点

在机床中,M代码分为两类:一类由NC直接执行,用来控制程序的执行;另一类由PMC执行,用来控制主轴、ATC装置和冷却系统等。

用于程序控制的常用M代码,其功能如表12-1所示。

表 12 - 1 FANUC数控系统常用M代码

指令	功能
M00	程序停止。NC执行到M00时,中断程序的执行,按循环启动按钮可以继续执行程序
M01	条件程序停止。NC执行到M01时,若M01有效开关置为上位,则M01与M00有同样效果;若M01有效开关置下位,则M01指令不起任何作用
M02	程序结束。遇到M02指令时,NC认为该程序已经结束,停止程序的运行并发出一个复位信号
M30	程序结束,并返回程序起始处。在程序中,M30除了起到与M02同样的作用外,还使程序返回程序起始处
M98	调用子程序
M99	子程序结束,返回主程序
M03	主轴正转。使用该指令使主轴以当前指定的主轴转速逆时针(CCW)旋转
M04	主轴反转。使用该指令使主轴以当前指定的主轴转速顺时针(CW)旋转
M05	主轴停止
M06	自动刀具交换
M08	冷却开
M09	冷却关
M18	主轴定向解除
M19	主轴定向
M29	刚性攻丝

12.2.3 F、S、T功能

①进给功能代码F:表示进给速度,用字母F及其后面的若干位数字来表示,单位为mm/min(米制)或inch/min(英制)。例如,米制F200表示进给速度为200 mm/min。

②主轴功能代码 S：表示主轴转速，用字母 S 及其后面的若干位数字来表示，单位为 r/min。例如，S250 表示主轴转速为 250 r/min。

③刀具功能代码 T：表示换刀具功能，在进行多道工序加工时，必须选择合适的刀具。每把刀具应安排一个刀号，刀号在程序中指定。刀具功能用字母 T 及其后面的两位数字来表示，即 T00～T99，因此最多可换 100 把刀具。例如，T06 表示 6 号刀具。

12.3　数控铣、加工中心操作实训

12.3.1　电源通/断

（1）系统通电步骤

①在通电之前，首先检查机床的外观是否正常；

②如果正常，先将总电源合上；

③再将机床上的电源开关旋至 ON 的位置；

④机床操作面板上的绿色按钮数控系统启动，数秒钟后显示屏亮，显示有关位置和指令信息，此时机床通电完成。

（2）系统断电步骤

①在加工结束之后，按下红色按钮，数控系统即刻断电；

②将机床的电源开关旋至 OFF 处；

③断开总电源开关即可。

12.3.2　手动操作

1. 回零

采用增量式测量的数控机床开机后，都必须进行回零操作，即返回参考点操作，通过该操作建立起机床坐标系。采用绝对测量方式的数控机床开机后，不必进行回零操作。

首先检查各轴坐标读数，确保各轴离机械原点 100 mm 以上，否则不能进行原点回归，系统出现报警。如果距离不够，则需要在手动模式下移动机床各轴，使得条件满足。回零步骤如下：

①按下回零按钮"PROG"；

②按下 Z 向移动按钮"Z"；

③按下手动正向进给按钮"＋"；

④分别按下"OFFSET""Y"和相应的手动正向按钮"＋"；

⑤当机床原点指示灯"X 原点灯""Y 原点灯""Z 原点灯"亮后，表示回零成功。

2. 手动连续进给

在手动操作模式下，持续按下操作面板上的进给轴及其方向选择按钮"＋X""－X""＋Y""－Y""＋Z""－Z"，会使刀具沿着所选方向连续移动。

此时按下快速按钮,同时按下快速倍率按钮"F0""25％""50％""100％"中的任意键,则各轴以相应的倍率快速移动。

3. 手轮进给

在手轮进给方式中,刀具或工作台可以通过旋转手摇脉冲发生器微量移动。使用手轮进给轴选择旋钮选择要移动的轴,手摇脉冲发生器旋转一个刻度时,刀具移动的最小距离与最小输入增量相等。手摇脉冲发生器旋转一个刻度时刀具移动的距离可以放大 1 倍、10 倍、100 倍。

操作步骤如下:

①按下方式选择的手轮方式选择按钮;

②旋转手摇脉冲发生器上的移动轴旋钮和倍率旋钮,使之处于相应的位置;

③旋转手轮沿手轮转向对应的移动方向移动刀具,手轮旋转 $360°$,刀具移动的距离相当于 100 个刻度的对应值。

4. 自动运行

用编程程序运行 CNC 机床,称为自动运行。自动运行分为存储器运行、MDI 运行、DNC 运行、程序再启动、利用存储卡进行 DNC 运行等。

(1)存储器运行

存储器运行是将程序事先存储到存储器中。选择这些程序中的一个并按下机床操作面板上的循环启动按钮后,启动自动运行。在自动运行中,机床操作面板上的进给保持按钮被按下后,自动运行被临时中止,当再次按下循环启动按钮后,自动运行又重新进行。

当 MDI 面板上的复位键"RESET"被按下后,自动运行被终止,并且进入复位状态。

运行步骤如下:

①在按下"PROG"和编辑键后,显示程序屏幕,输入程序号,按下软键"O 搜索",打开所要运行的程序。

②按下机床操作面板上的自动运行按钮和循环启动按钮,便可启动自动运行。

(2)MDI 运行

在 MDI 运行方式中,通过 MDI 面板可以编制最多 10 行的被执行程序,程序格式和通常程序一样。在 MDI 方式中,编制的程序不能被存储,MDI 运行适用于简单的测试操作。

MDI 运行操作步骤如下:

①按下 MDI 方式按钮,按下 MDI 操作面板上的"PROG"功能键。界面中自动加入程序号 O0000。

②用通常的程序编辑方式,编制执行程序,在程序段的结尾处加上M99,用以在程序执行完毕后,将控制返回到程序起始处。

为了执行程序,需将光标移到程序头(从中间点启动亦可),按下循环启动按钮,程序启动运行。

当执行程序结束语句(M02 或 M30)或者执行 ER(％)后,程序自动清除并结束运行。通过指令 M99,控制自动回到程序的开头。

要在中途停止或结束 MDI 操作,有如下两种方法:

停止 MDI 操作——按下操作面板上的进给保持按钮,进给保持按钮指示灯亮,程序暂停。再次按下循环启动按钮,机床的运行被重新启动。

结束 MDI 操作——按下 MDI 面板上的复位按钮"RESET",自动运行结束,并进入复位状态。

12.3.3　程序管理操作

(1)程序的创建

按下编辑按钮,然后按下程序按钮"PROG",屏幕将显示程序内容页面。输入以字母开头后接 4 位数字的程序编号(如 O0010),单击插入按钮"INSERT"即可创建由该程序编号命名的程序。

(2)程序的录入

当创建程序完成后,系统自动进入程序录入状态,此时可按字母、数字键,然后按插入键"INSERT"即可插入到当前程序的光标之后。当输入有误,在未按插入键"INSERT"之前,可以按"CAN"键删除错误输入。当输入完成一段程序后,按分号键"EOB"后,再按插入键"INSERT",则之后输入的内容自动换行。

(3)程序的修改

①程序字的插入。按"PAGE↑"和"PAGE↓"用于翻页,按方位键"↑""↓""→""←"移动光标。将光标移到所需位置,单击 MDI 键盘上的"数字/字母"键,将代码输入到缓冲区内,按"INSERT"键把缓冲区的内容插入到光标所在代码后面。

②删除字符。先将光标移到所需删除字符的位置,按"DELETE"键删除光标所在位置代码。

③字符替换。先将光标移到所需替换字符的位置,将替换成的字符通过 MDI 键盘输入到缓冲区内,按"ALTER"键使缓冲区内的内容替代光标所在处的代码。

④字符查找。输入需要搜索的字母或代码,然后按 CURSOR 的向下键,开始在当前数控程序中光标所在位置后搜索(代码可以是一个字母或一个完整的代码,例如:"N0010","M"等)。如果此数控程序中有所搜索的代码,则光标停留在找到的代码处;如果此数控程序中光标所在位置后没有所搜索的代码,则光标停留在原处。

(4)程序的删除

按下编辑按钮,再按下程序按钮"PROG",屏幕将显示程序内容页面,然后利用软键 LIB 查看已有程序列表,利用 MDI 键盘键入要删除的程序编号(如 O0010),按"DELETE"键,程序即被删除。若要删除全部数控程序,利用 MDI 键盘输入"0－9999",按"DELETE"键,则全部数控程序即被删除。

（5）打开或切换不同的程序

按下程序按钮"PROG"键,在编辑模式下键入要打开或切换的程序编号,然后按 CURSOR 向下键或软件 O 搜索键,即可打开或切换。

12.3.4　刀补值的输入

在程序输入完成后,要进行刀补值的输入。

按下 MDI 操作面板上的"设置/偏置"键"OFFSET",CRT 将进入参数补偿设置界面。

对应不同刀号,在"形状(H)"一列中输入长度补偿值,在"形状(D)"一列中输入刀具半径补偿值。而在"磨耗(H)"和"磨耗(D)"中,可将刀具在长度和半径方向的磨损量输入,以修正刀具的磨损,也可在精加工时,通过调整磨耗量,保证精加工的尺寸精度。

12.3.5　程序的检查调试

在实际加工之前要对录入的程序进行全面检查,以检查机床是否按编好的加工程序进行工作。检查调试主要利用机床锁住功能进行图形模拟、空运行和单段运行。

（1）图形模拟

同时按下机床操作面板上的机床锁住按钮和 MDI 操作面板上的图形模拟按钮"OFFSET",机床进入图形模拟状态。此时,在自动运行模式下按循环启动按钮,刀具、工作台不再移动,但显示器上沿每一轴的运动位移在变化,即在显示器上显示出了刀具运动的轨迹。通过这种操作,可检查程序的运动轨迹是否正确。

机床坐标系和工件坐标系在机床锁住前后可能不一致,因此在机床锁住进行图形模拟之后,一定要进行参考点返回操作。

（2）空运行

在自动运行模式下,按下空运行按钮,此时机床进入空运行状态,刀具按参数指定的速度快速移动,而与程序中指令的进给速度无关。该功能可快速检查刀具运动轨迹是否正确。

在此状态下,刀具的移动速度很快,因此应在机床未装工件或将刀具抬高一定高度的情况下进行。将工件抬高一定的高度,可在机床坐标系设置界面中将公共坐标系(EXT)的 Z 轴中输入 100.0。

（3）单段运行

按下单段运行按钮,机床进入单段运行方式。在单段运行方式下,按下循环启动按钮后,刀具在执行完程序中的一段后停止,再次按下循环启动按钮,执行完下一段程序后,刀具再次停止。通过单段运行方式,可使程序逐段执行,以此来检查程序是否正确。

12.4　数控铣、加工中心建立工件坐标系

建立工件坐标系是在机床上确定工件坐标系原点的过程,也称对刀。

对刀的目的,一是将对刀后的数据输入到 G54～G59 坐标系中,在程序中调用该坐标系。G54～G59 是该原点在机床坐标系的坐标值,它储存在机床内,无论停电、关机或者换班后,它都能保持不变;而用 G92 建立的工件坐标系,必须确定刀具起点相对于工件坐标系原点的位置是浮动的,一旦断电就必须重新对刀。二是确定加工刀具和基准刀具的刀补,即通过对刀确定加工刀具与基准刀具在 Z 轴方向上的长度差,以确定其长度补偿值。

对刀的方法:根据工件表面是否已经被加工,可将对刀分为试切法对刀和借助于仪器量具对刀两种方法。以下介绍试切法对刀方法。

试切法对刀适用于尚需加工的毛坯表面或加工精度要求较低的场合。具体操作步骤如下。

①启动主轴。按下机床操作面板上的 MDI 按钮和数控操作面板上的程序按钮,输入"M03 S800",然后按下循环启动按钮,主轴开始正转。

②按下手动操作按钮,然后通过操作按钮"＋X""－X""＋Y""－Y""＋Z""－Z",将刀具移动到工件附近,并在 X 轴方向上使刀具离开工件一段距离,Z 轴方向上使刀具移动到工件表面以下,再用手轮将刀具慢慢移向工件的左表面,当刀具稍稍切到工件时,停止 X 方向的移动。此时,按下数控操作面板上的位置功能键"POS",显示出机床的机械坐标值,并记录该数值。将刀具离开工件左边一定距离,抬刀,移至工件的右侧再下刀,在工件的右表面再进行一次试切,并记录下该处的机械坐标值。将两处的机械坐标值相加再除以 2,就得到该工件的中心的机械坐标值,将所得的值输入到 G54 的 X 坐标中即可。也可通过测量得到 X 的坐标值。当刀具在工件左边试切后,将相对坐标值中的 X 值归零,然后再在工件右边试切一次。此时,得到 X 轴的相对坐标值,将该值除以 2,就得到了工件在 X 轴上的中点相对坐标值,此时将刀具抬起移向工件中点,当到达工件该相对坐标值时,停止移动。将光标移动到 G54 的 X 坐标上,输入"X0",按下"测量"软键,X 的机械坐标值就输入到 G54 的 X 中。

③用同样方法分别试切工件的前后表面,可得到工件的 Y 坐标值。

④X,Y 轴对好后,再对 Z 轴。将刀具移向工件上表面,在工件上表面上试切一下,此时 Z 轴方向不动,读取 Z 向的机械坐标值,输入到 G54 的 Z 坐标中,或者输入"Z0",然后按"测量"软键即可。

以上坐标系建立在工件的中心。但在实际加工时,通常为了编程方便和检查尺寸的原因,坐标系建立在某个特定的位置更加合理。此时,一般过程同样是用中心先对好位置,再移到指定的偏心位置,并把此处的机械坐标值输入到 G54 中即可完成坐标系的建立。为避免出错,最好将中心位置的相对坐标系设置为零,然后再进行移动。

如果工件坐标系设置在工件的某个角上,则在 X,Y 方向对刀时,只需试切相应的一个表面即可。但此时要注意,在输入相应的机械坐标值时,应加上或减去刀具的半径值。

12.5 零件的铣削工艺设计与加工实训

12.5.1 钻孔类零件工艺设计与加工实训

1.零件图

零件图如图 12-17 所示。

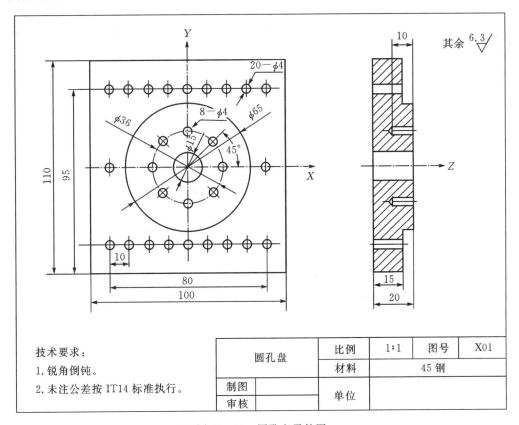

图 12-17 圆孔盘零件图

技术要求：
1.锐角倒钝。
2.未注公差按 IT14 标准执行。

圆孔盘	比例	1:1	图号	X01
	材料		45 钢	
制图		单位		
审核				

2.工艺路线分析

(1)零件图的分析

该工件材料为 45 钢,切削性能较好,且孔直径尺寸精度要求不高,可以一次完成钻削加工。孔的位置没有特别要求,可以按照图的基本尺寸进行编程。环形分布的孔为盲孔,当钻到孔底部时应使刀具在孔底停留一段时间;由于孔的深度较深,应使刀具在钻削过程中适当退刀,以利于排除切屑。

(2)加工方案和刀具选择

工件上要加工的孔共 28 个,先切削环形分布的 8 个孔,钻完第一个孔后刀具退到孔上方 1 mm 处,再快速定位到第二个孔上方继续切削第二个孔,直到 8 个孔全钻完。然后将刀具快速定位到右上方线性分布第一个孔的上方,钻完第一个孔后刀具退到这个孔上方 1 mm 处,再快速定位到第二个孔上方继续钻完第二个孔,直到 20 个孔全钻完。根据上述主要加工尺寸确定所需刀具的种类及切削参数如表 12 - 2 所示。

表 12 - 2　刀具选择及切削参数

序号	加工面	刀具号	刀具规格		转速	余量/mm	进给速度度
			类型	材料	$n/(\text{r} \cdot \text{min}^{-1})$		$V/(\text{mm} \cdot \text{min}^{-1})$
1	$\phi 4$ 孔	T01	$\phi 4$ mm 高速麻花钻	硬质合金	1000	0.1	40
2	$\phi 4$ 孔	T02	锪孔钻		1000	0	40

　　(3)工件的安装

　　工件毛坯在工作台上的安装方式主要根据工件毛坯的尺寸和形状、生产批量的大小等因素来决定。一般大批量生产时考虑使用专业夹具,如机用虎钳等,如果毛坯尺寸较大也可以直接装夹在工作台上。本例中的毛坯外形方正,使用机用虎钳装夹,同时在毛坯下方的适当位置放置垫块,防止钻削通孔时将机用虎钳钻坏。

　　(4)工件坐标系的确定

　　工件坐标系的确定是否合适,对编程和加工是否方便有着十分重要的影响。一般将工件坐标系的原点选在工件的一个重要基准点上。如果要加工部分的形状关于某一点对称,则一般将对称点设为工件坐标系的原点。本例将工件坐标系的上表面中心作为工件坐标系的原点。

3. 相关指令

　　本钻孔类零件实训项目主要进行零件钻孔循环的训练,涉及数控铣床及加工中心编程中的最基本的编程指令。

　　①G00:快速点定位。

　　格式:G00 X_Y_Z_;

　　②G82:钻孔循环指令。

　　格式:G82 X_Y_Z_R_P_F_K_;

其中:P 为刀具在孔底位置暂停时间,单位为 ms。

　　③G73:高速钻深孔循环指令。

　　格式:G73 X_Y_Z_R_Q_F_K_;

其中:Q 为每次进给的深度,为正值。

　　④G80:钻孔循环取消。

　　⑤G98,G99:刀具分别返回初始平面和参考平面。

4. 量具准备格式

　　①0～150 mm 钢直尺一把,用于测量长度。

　　②0～150 mm 游标卡尺一把,用于测量外圆、孔径及深度。

5. 参考程序

　　具体程序的编制方法很多,一般要求编制的程序规范、可读性强、修改方便。加工程序如表 12 - 3 所示。

表 12 - 3 加工程序单

程序语句	说明
O1001；	程序名
G90 G49 G80；	安全保护指令
G90 G54 G00 X100 Y100 Z100；	
G00 X18 Y0；	刀具定位第一个孔的上方
M03 S1000；	
G00 Z20 M08；	
G99 G82 Z—10 R3 P1000 F40；	钻第一个孔
X12.728；	
X0 Y18；	
X—12.728 Y12.728；	
X—18 Y0；	
X—12.728 Y—12.728；	
X0 Y—18；	
G98 X12.728 Y—12.728；	钻孔结束后返回初始平面
G80；	第一次钻孔循环结束
G99 G73 X40 Z—22 R—4 Q—4 F40；	第二次循环钻第一个孔
X30；	
X20；	
X10；	
X0；	
X—10；	
X—20；	
X—30；	
X—40；	
Y0；	
Y—40；	
X—30；	
X—20；	
X—10；	
X0；	
X10；	
X20；	
X30；	
X40；	
G98 Y0；	钻孔结束后返回初始平面
G80 G09；	第二次钻孔循环结束,关闭切削液
M05；	
G00 Z100；	刀具返回到程序起点
X100 Y100；	
M30	

12.5.2 平面轮廓类零件工艺设计与加工实训

1.零件图

工件毛坯选用 $\phi85$ mm×30 mm 的圆柱件,材料为 45 钢,零件图如图 12-18 所示。

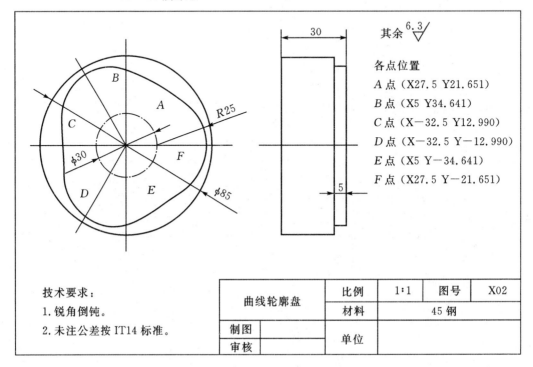

图 12-18 曲线轮廓盘零件图

2.工艺路线分析

(1)零件图的分析

该工件的材料为硬铝,切削性能较好,加工部分凸台的精度不高,可以按照图纸的基本尺寸进行编程,依次铣削完成。

(2)加工方案和刀具选择

由于凸台的高度是 5 mm,工件轮廓外的切削余量不均匀,根据计算选用小 10 mm 的圆柱形直柄铣刀,通过一次铣削成形凸台轮廓。根据上述所需主要加工尺寸确定所需刀具种类及切削参数如表 12-4 所示。

表 12-4 刀具选择及切削参数

序号	加工面	刀具号	刀具规格		转速 $n/$	余量	进给速度度 $V/$
			类型	材料	$(r \cdot min^{-1})$	$/mm$	$(mm \cdot min^{-1})$
1	凸台外轮廓	T01	$\phi10$ 直柄立铣刀	硬质合金	800	0.1	60
2	凸台外轮廓	T01	$\phi10$ 直柄立铣刀		800	0	80

（3）工件的安装

本例工件毛坯的外形是圆柱体，为使其定位和装夹准确可靠，选择两块 V 形铁和机用虎钳进行装夹。

（4）工件坐标系的确定

圆形工件一般将工件坐标系的原点选在圆心上，由于本例的加工轮廓关于圆心和 X 轴有一定的对称性，所以将工件的上表面中心作为工件坐标系的原点。

根据计算，图中轮廓上各点的坐标分别是：A(27.5,21.651)；B(5, 34.641)；C(−32.5,12.990)；D(−32.5,−12.990)；E(5,−34.641)；F(27.5,−21.651)。

3. 相关指令

本轮廓类零件的加工实训项目主要进行外轮廓的加工，涉及数控铣床及加工中心编程中的最基本的常用编程指令。

（1）G00：快速点定位。

格式：G00 X_Y_Z_；

（2）G01：直线插补。

格式：G01 X_Y_Z_F_；

（3）G02：圆弧插补。

格式：G02 X_Y_R_；

（4）G42：刀具半径右补偿。

格式：G42 X_Y_D_；

4. 量具准备

0～150 mm 游标卡尺一把，用于测量外圆。

5. 参考程序

编制轮廓加工程序时，不但要选择合理的切入、切出点和切入、切出方向，还要考虑轮廓的公差带范围，尽可能使用公称尺寸来编程，所以将尺寸偏差使用刀具半径补偿来调节。但如果轮廓上不同尺寸的公差带不在轮廓的同一侧，就应根据标注的尺寸公差选择准确合理的编程轮廓。参考程序如表12-5所示。

表 12 - 5　加工程序单

程序语句	说明
O1002；	程序名
G90 G40 G49；	安全保护指令
G54 G00 X50 Y20 Z50；	
M03 S800；	
G42 G01 X27.5 Y21.651 F60 D01；	建立刀具补偿，切向轮廓上第一点（A 点）
G01 Z−5 F60；	

续表 12 - 5

程序语句	说明
X5 Y34.641；	切向轮廓 B 点
G03 X−32.5 Y12.990 R25；	切向轮廓 C 点
G01 Y−12.990；	切向轮廓 D 点
G03 X5 Y−34.641 R25；	切向轮廓 E 点
G01 X27.5 Y−21.651；	切向轮廓 F 点
G03 Y21.651 R25；	切到 A 点，轮廓封闭
G01 G40 X30 Y40；	取消刀具半径补偿
G00 Z50；	
M05；	主轴停
M30；	程序结束，复位

12.5.3　凹凸零件数控加工实例分析

填写数控铣削加工工艺卡如表 12 - 6 所示。

表 12 - 6 数控铣削加工工艺卡

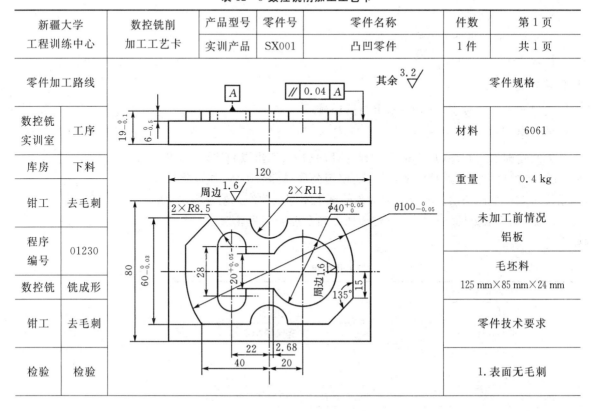

新疆大学 工程训练中心	数控铣削 加工工艺卡	产品型号	零件号	零件名称	件数	第 1 页
		实训产品	SX001	凸凹零件	1 件	共 1 页
零件加工路线						零件规格
数控铣 实训室	工序					材料
库房	下料					重量
钳工	去毛刺					未加工前情况
程序 编号	01230					铝板
数控铣	铣成形					毛坯料
钳工	去毛刺					零件技术要求
检验	检验					1.表面无毛刺

材料　6061

重量　0.4 kg

毛坯料　125 mm×85 mm×24 mm

序号	工步名称	设备名称	设备型号	工具编号	工具名称	工序内容	单件工时/h	备注
1	编程	CAXA			机械制造工程师 2013	自动编程并生成 G 代码	2	
2	装夹				扳手,平口钳	安装及调试	0.15	
3	铣			T01	φ12 立铣刀	粗铣外轮廓 121 mm×81 mm	1	
4	铣					精铣外轮廓 120 mm×80 mm	0.5	
5	铣			T02	φ50 端面铣刀	加工上表面	1	
6	铣					加工下表面至尺寸 19 mm,保证公差要求	1	
7	铣	数控立式铣床	XK71 45A	T01	φ12 立铣刀	粗加工凸台外形 101 mm×61 mm	1	
8	铣					精加工凸台外形 100 mm×60 mm,保证公差要求	0.5	
9	铣			T03	φ12 键槽铣刀	粗加工凹形槽,保留 1 mm 精加工余量	1	
10	铣					精加工凹形槽至尺寸要求,保证公差范围及表面粗糙度的要求	0.5	
11	检验				游标卡尺、外径千分尺	外形尺寸、19 mm 处、凸台尺寸、凹槽尺寸及表面粗糙度	0.25	
编制		审核		批准		会签	编制日期	2016.12

1. 凸凹零件工艺分析

根据图纸所示,该零件的主要加工部位外轮廓及内轮廓的加工图形元素之间的关联描述清晰完整,零件材料为 6061。

1)精度分析

(1)尺寸精度

由图纸可以看出,要先加工底面,再加工 120 mm×80 mm 外轮廓,然后加工上表面,以上表面 A 作为定位基准,满足台阶面的平行度要求。120 mm×80 mm 外轮廓的尺寸精度要求不高,直接采用 φ12 mm 立铣刀加工。对刀时,要保证尺寸测量准确无误,保证加工件的尺寸精度。凸台 60 mm、φ100 mm 尺寸及内轮廓加工尺寸精度较高,在精加工时要保证图纸的要求。

(2)表面粗糙度的分析

凸台及凹槽的周边表面粗糙度要求较高,R_a 为 1.6 μm,为保证表面粗糙度的要求,精铣时可采用 4 齿以上的精铣刀,并适当地提高主轴转速。

（3）位置精度分析

上表面与台阶面有平行度的要求，在加工过程中最好是一次装夹完成加工内容。

2）选择毛坯

根据图纸所示，毛坯材料为 6061，且毛坯尺寸为125 mm×85 mm×24 mm铝板。

3）选择设备

根据被加工零件所选毛坯材料和类型、零件的轮廓形状复杂程度、尺寸大小、加工精度、工件数量、现有的生产条件要求，选用 XK7145A 立式数控铣床，能够满足加工的需要，系统为 FANUC 0iMD。

4）确定零件的定位基准。

采用高精度平口钳夹紧毛坯，先加工底面，然后一次性装夹加工上表面及 120 mm×80 mm 外轮廓，以上表面 A 为定位基准。

5）确定加工顺序及进给路线

①粗加工外轮廓至尺寸要求。

②粗、精加工凸台至尺寸要求。

③粗、精加工凹槽至尺寸要求。

6）刀具选择及量具选择

（1）刀具选择

①ϕ50 盘铣刀，铣下表面和上表面，可提高效率。

②ϕ12 立铣刀，铣外轮廓及凸台，可降低周边表面粗糙度。

③ϕ12 键槽铣刀铣凹槽。

（2）量具选择

①游标卡尺 0～150 mm，精度 0.02 mm。

②外径千分尺 50～75 mm。

③内径千分尺 25～50 mm。

④深度尺 200 mm。

7）切削用量选择

主轴转速：利用公式 $n = 1000v/\pi$，轮廓粗铣 $n = 800$ r/min，精铣 $n = 2000$ r/min。

8）铣削深度

粗铣时，铣削深度选 2～5 mm，精铣时选 0.5 mm。

9）进给速度

粗铣时进给速度为 300 mm/min，精铣速度可不调整。

2. 工作要求

①掌握型腔零件编程指令，掌握自动编程 CAXA 机械制造工程师 2013 的使用方法。

②掌握型腔零件加工工艺的制定方法。

③合理编制型腔零件的数控加工刀具卡片。

④合理编制型腔零件的数控加工工艺卡片。

⑤正确执行安全操作规程。

⑥按照有关文明生产的规定,做到现场整洁,零件、刀具、量具等摆放整齐。

3. 工作条件

①生产纲领:单件。

②工作地点:数控铣实训实验室。

③定额时间:6 小时。

4. 实训内容

填写凸凹零件数控加工刀具卡片如表 12－7 所示。

表 12－7　凸凹零件数控加工刀具卡片

产品名称或代号		零件名称	凸凹零件	零件图号
序号	刀具规格名称	数量	加工表面	备注
1	$\phi50$ 盘铣刀	1	下表面和上表面	
2	$\phi12$ 立铣刀	1	凸台外轮廓	
3	$\phi12$ 键槽铣刀	1	凹槽内轮廓	

第13章 特种加工技术

13.1 特种加工概述

随着生产技术的发展,许多现代工业产品要求具有高强度、高速度、耐高温、耐低温、耐高压等特殊性能,需要采用一些新材料、新结构来制作相应的产品零件,从而给机械加工提出了许多新问题,如:高强度合金钢、耐热钢、钛合金、硬质合金等难加工材料的加工问题;陶瓷、玻璃、人造金刚石、硅片等非金属材料的加工问题;极高精度、极高表面粗糙度要求的表面加工问题;复杂型面、薄壁、小孔、窄缝等特殊结构零件的加工问题,等等。这些不断遇到的生产过程中的诸多问题,如果仍然采用传统的切削加工方法,由于受切削加工工艺特点的局限,往往十分困难,不仅效率低、成本高,而且很难达到零件的技术要求,甚至有时无法实现加工。现代科学技术的进步为解决上述问题提供了可能与手段,**特种加工**工艺正是在这种新需求的新形势下,逐渐产生和迅速发展起来的。

13.1.1 特种加工的特点

特种加工工艺是指利用电能、光能、化学能、电化学能、声能、热能及机械能等各种能量直接进行加工的方法。相对于传统的切削加工方法而言,特种加工又称为非传统加工工艺,它具有以下特点。

①"以柔克刚"。在特种加工生产过程中,使用的工具与被加工对象基本不发生刚性接触。因此,工具材料的性能不受被加工对象的强度、硬度等制约,甚至可以使用石墨、紫铜等极软的工具来加工超硬脆材料和精密微细零件。

②应力较小。特种加工时主要采用电、光、化学、电化学、超声、激光等能量去除多余材料,而不是依靠机械力与变形切除多余材料,故特种加工时的应力较小。

③切屑较少。特种加工的加工机理不同于普通金属切削加工,生产过程中不产生宏观切屑,不产生强烈的弹、塑性变形,可以获得极高的表面粗糙度,加工时工具对加工对象的机械作用力、加工后的残余应力、冷作硬化现象、加工热等的影响程度也远比一般金属切削加工小。

④适应性强。特种加工的加工能量易于控制和转换,故加工范围广,适应性强。

由于特种加工方法具有传统切削加工方法无可比拟的上述优点,它已成为机械制造中一个新的重要领域,在现代制造方法中占有十分重要的地位。

13.1.2 特种加工的分类

按照所利用的能量形式,特种加工可分为以下几类。

①电、热能特种加工:电火花加工、电子束加工、等离子弧加工;

②电、机械能特种加:电解加工、电解抛光;

③电、化学、机械能特种加工:电解磨削、电解研磨、阳极机械磨削;

④光、热能特种加工:激光加工;

⑤化学能特种加工:化学加工、化学抛光;

⑥声、机械能特种加工:**超声波加工;**

⑦液、气、机械能特种加工:磨料喷射加工、磨料流加工、液体喷射加工。

近年来,多种能量新的复合加工方法正在不断出现,值得注意的是,将两种以上的不同能量形式和工作原理结合在一起,可以取长补短获得很好的加工效果。

> **专业术语**
> 超声波加工
> ئۇلترا ئاۋاز دۆلقۇنى ئارقىلىق پىششىقلاپ ئىشلەش
> ultrasonic machining

13.2 电火花成型加工

13.2.1 电火花成型加工原理

电火花成型加工是利用工具电极与工件电极之间的脉冲放电现象,对工件材料产生电腐蚀来进行加工的。

图 13-1 所示为电火花成型加工的基本原理:加工时,脉冲电源的一极接工具电极,另一极接工件电极,两电极均浸入绝缘的煤油中;放电间隙,在自动进给调节装置的控制下,工具电极向工件电极缓慢靠近;当两电极靠近到一定距离时,电极之间最近点处的煤油介质被击穿,形成放电通道,由于该通道的截面积很小,放电时间极短,电流密度很高,能量高度集中,在放电区产生的瞬时高温可达 10000~12000℃,致使工件产生局部熔化和气化向

> **专业术语**
> 电火花成型加工
> ئېلىكتر ئۇچقۇنى بىلەن پىششىقلاپ ئىشلەش
> electric spark machining

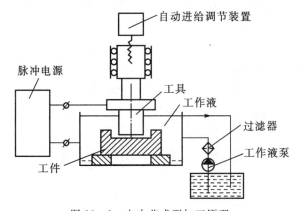

图 13-1　电火花成型加工原理

四处飞溅,蚀除物被抛出工件表面,形成一个小凹坑;下一瞬间,第二个脉冲紧接着在两电极之间的新的另一最近点处击穿煤油介质,再次产生瞬间放电加工,如此循环重复上述过程,在工件上即可复印留下与工具电极相应的所需加工表面,同时工具电极也会因放电而产生局部损耗。

13.2.2　电火花成型加工机床

电火花成型加工机床由主轴头、电源箱、床身、立柱、工作台及工作液槽等部分组成,图 13-2(a)所示为分离式电火花成型加工机床,图 13-2(b)所示为整体式电火花成型加工机床,它们的区别在于后者将油箱与电源箱放入机床的内部,成为一个整体,使结构更为紧凑。

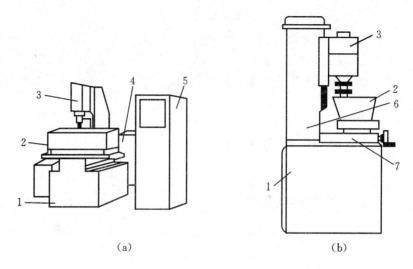

图 13-2　电火花成型加工机床
(a)分离式;(b)整体式
1—床身;2—工作液槽;3—主轴头;4—工作液箱;
5—电源箱;6—立柱;7—工作台

①主轴头:主轴头是电火花成型加工机床中最关键的部件,是自动调节系统中的执行机构。主轴头的结构、运动精度和刚度、灵敏度等都直接影响零件的加工精度和表面质量。

②床身和立柱:床身和立柱是电火花成型加工机床的基础构件,用以保证工具电极与工件之间的相对位置,其刚性要好,抗振性要高。

③工作台:工作台用于支承和装夹工件。通过横向、纵向丝杠可调节工件与工具电极的相对位置。在工作台上固定有工作液槽,槽内盛装有工作液,放电加工部位浸在工作液介质中。

④电源控制柜(电气柜):电源控制柜内设有脉冲电源及控制系统、主轴伺服控制系统、机床电器安全及保护系统。

13.2.3　电火花成型加工工具电极

1. 工具电极的种类

电火花成型加工时,常用的工具电极材料有石墨和紫铜两种,工具电极的形状与被加工零件的形状相匹配。石墨电极的加工效率较高,但电极自身的损耗较大,所以被加工工件的精度较差,仅适用于粗加工;紫铜电极的质地细密,加工稳定性好,电极损耗相对较小,适用于精加工或粗加工,尤其适用于带有精密花纹的精加工。

2. 工具电极的安装和调整

工具电极安装时,可借助电极套筒、电极柄、钻夹头、U 形夹头、管状电极夹头等辅助工具,将不同类型的工具电极相应夹紧在电火花成型机的主轴上。

工具电极安装牢固后,还需要进行调整和定位找正,使工具电极的轴心线与电火花成型机的工作台面垂直,还要使工具电极在 X,Y 方向与工件相对位置正确。工具电极安装和调整方法为:

①在工具电极装夹完成后,首先调整工具电极的角度和轴心线,使其基本垂直于工作台;

②使用百分表和简易钳工工具,检验工具电极与工作台的平行度;

③以同一百分表检验工件电极的一个侧面,使工件电极的侧面与工件的侧面保持平行;

④移动工作台调整机床,使工具电极在 X,Y 方向均与工件保持正确的加工位置。

13.2.4　脉冲参数的选择

加工型腔模具时,必须按加工规范选择合适的脉冲参数。

脉冲参数除脉冲电压(峰值电压)外,还包括脉冲宽度、间隔时间、峰值电流等。脉冲参数选择是否得当,直接影响着电火花成型加工的加工速度、表面粗糙度、电极损耗、加工精度和表面层的变化。

加工规范的转换分为粗、中、精三挡。粗挡加工时,脉冲宽度 t_i 选 $500\sim1200~\mu s$,脉冲间隔在 $100\sim200~\mu s$ 之间,其判断方法是:只要能稳定加工、不拉弧,则可以取较小值。加工电流应按加工面积的大小而定,但应使峰值电流 i_c 符合电极低损耗的保证条件。

中挡加工时,一般脉冲宽度选择 $30\sim400~\mu s$。有时粗挡与中挡并无严格区别,也可通过改变加工电流大小来改变放电间隙和改变所达到的表面粗糙度。

精加工是在粗、中挡加工后进行的精修加工,一般余量在 $0.02\sim0.2~mm$ 之间,表面粗糙度在 $R_a=3.2~\mu m$ 之内。由于在精加工时的电极损耗较大,可达 20% 左右,故在对电极尺寸、型腔尺寸有严格要求的加工场合,应选较小的余量。精加工的脉冲宽度应小于 20 μs,峰值电流应小于 5 A,以能保证被加工工件所需的表面粗糙度为准。

13.2.5 电火花成型加工的特点

电火花成型加工主要有以下几个特点:

①可用较软的工具电极加工较硬的工件。电火花成型加工是靠电蚀作用去除被加工材料的,材料的可加工性与其导电性和熔点、沸点、热导率、比热容等热学特性有关,但与其力学性能几乎无关,因此,电火花成型加工主要适合于加工硬、脆等难加工材料。

②可实现复杂型面和特殊形状的加工。借助数控加工技术,可以在较软的电极材料上制作十分复杂的成型面工具电极;利用该工具电极即可在硬、脆等难加工材料上加工复杂型面的模具,或用成型电极加工方孔等异形孔,以及用特殊控制的动轨迹来完成曲孔等结构要素的复杂加工。

③可实现易变形零件及精密零件的加工。由于电火花成型加工时几乎无切削力作用,故适于低刚度、易变形零件的精密加工和微细加工,其加工精度可达 0.5~1 μm,表面粗糙度 R_a 可达 0.02~0.012 μm,而且会向更精密的方向发展。

④加工生产效率较低。电火花成型加工的生产效率较低,常采用特殊工作液、适当减少被加工零件的加工余量等方法来提高生产效率。

⑤工件表面存在电蚀硬层。电火花成型加工时,所得的工件表面是由众多放电凹坑组成,硬度较高,不易去除,将影响后续工序的加工。

13.2.6 电火花成型加工的应用

电火花成型加工主要用于型孔、型腔的加工,其常见的加工类型如下:

①型腔加工。电火花成型的型腔加工,主要用于锻模、挤压模、压铸模等。型腔加工时,工具电极必需按照被加工零件的图纸要求进行合理制造。

②穿孔加工。电火花成型的穿孔加工,可以加工各种形状的孔,如:圆孔、方孔、多边形孔、异形孔等,被加工小孔的直径可达 0.1~1 mm,甚至可以加工直径小于 0.1 mm 的微孔,如拉丝模孔、喷嘴孔、喷丝孔等。

13.3 数控电火花线切割加工

13.3.1 电火花线切割加工原理

电火花线切割加工是通过线状工具电极与被切割材料工件电极之间的相对运动,利用两者之间产生脉冲放电所形成的电腐蚀现象进行切割加工。这种加工方法可加工淬火钢、硬质合金和金属陶瓷等导电材料,加工精度可达 0.01~0.02 mm,表面粗糙度 R_a=1.6 μm。

13.3.2 电火花线切割加工设备

按照控制系统的类型来分,电火花线切割加工可分为靠模仿形线切割、光电跟踪线切割和**数字控制**线切割三类。现代电火花线切割加工绝大部分都是数控电火花线切割加工。

按照电极丝运动的快慢来分,电火花线切割加工可分为快速走丝线切割和慢速走丝线切割两大类,或称为高速走丝线切割和低速走丝线切割两大类。高速走丝时多用**钼丝**和钼钨合金丝,工作时钼丝反复使用、多次放电,线径有损耗,工件的加工精度不高;低速走丝时多使用铜丝、黄铜丝、黄铜加铝丝、黄铜加锌丝、黄铜镀锌丝等,且电极丝一次性使用,工作时线径的损耗极小,对工件尺寸几乎不产生影响,工件的加工精度高。

图 13-3 所示为 CKX-2AJ 数控线切割机床外形简图,它属于数控快速走丝线切割类型,包括机床主机、脉冲电源、微机数控装置三大部分。

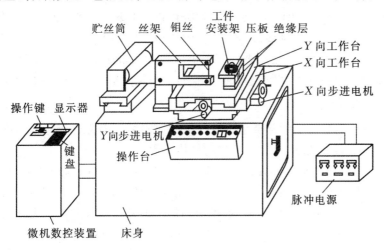

图 13-3 CKX-2AJ 数控线切割机床外形简图

（1）机床主机

该机床主机由运丝机构、工作台、工作液系统及床身组成。

①运丝机构。运丝机构包括贮丝筒和丝架,钼丝穿过丝架整齐地绕在贮丝筒上,贮丝筒由电机带动做正反交替的转动,钼丝则在丝架的固定位置高速(约 9 m/s)往复移动。

②工作台。工作台可安装并带动工件在水平面内作 X,Y 两个方向的移动,工件安装架与工作台之间有绝缘层。工作台分上、下两层,通过 X,Y 两个方向的丝杆和螺母分别由两个**步进电机**驱动。

③工作液系统。工作液系统由工作液、贮液箱、液泵和循环导管组成,工作液起绝缘、排屑、冷却的作用,每次脉冲放电之后,工件与钼丝之间必须迅速恢复绝缘状态,以便产生下一次脉冲放电,否则,将形成持续的电弧放电而影响加工质量。

专业术语
数字控制
رەقەملىك كونترول قىلىش
numerical control

专业术语
钼丝
نىكبل سىم
molybdenum wire

专业术语
步进电机
قەدەمملىك ئىلىكتر موتور،
پرتسپ موتور
stepper motor

（2）脉冲电源

脉冲电源是由交流电转换而成的高频单向脉冲电源，其频率和脉冲宽度均可根据加工的需要进行调整。线切割加工时，钼丝接脉冲电源的负极，工件接脉冲电源的正极。

（3）微机数控装置

微机数控装置是数控线切割机床的核心部分，控制程序固化在EPROM（Erasable Programmable Read-Only Memory）存储器内，以实现全部功能的自动控制。

13.3.3　数控电火花线切割的编程方法

我国在数控快走丝线切割机床中一般采用 B 指令格式编程，B 指令格式又分为 3B 格式、4B 格式、5B 格式等，其中以 3B 格式最为常用；在数控慢走丝线切割机床中，则通常采用国际通用的 G（ISO）指令代码格式编程。数控电火花线切割的编程方法有自动编程和手工编程两种，如 CAXA 线切割软件就可以实现自动编程，用户建立好需要的零件模型后，由该软件生成加工程序，一般向机床输出 3B 代码，机床即可开始加工。学习和掌握手工编程是数控电火花线切割编程的基本功，下面就简单介绍 ISO 代码编程。

1. ISO 代码指令格式

ISO 代码是指国际标准化组织制定的通用数控编程代码指令格式，对数控电火花线切割加工而言，程序段的格式为：

Nxxxx Gxx Xxxxxxx Yxxxxxx Ixxxxxx Jxxxxxx

其中：N 为程序段号，后接 4 位阿拉伯数字，表示程序段的顺序号；G 为准备功能，后接 2 位阿拉伯数字，表示线切割加工的各种内容和操作方式，其指令功能如表 13-1 所示；X，Y 为直线或圆弧的终点坐标值，后接 6 位阿拉伯数字，以 μm 为单位；I，J 表示圆弧的圆心对圆弧起点的坐标值，后接 6 位阿拉伯数字，以 μm 为单位。

表 13-1　常用的准备功能指令

指令	功能
G00	点定位
G01	直线（斜线）插补
G02	顺圆插补
G03	逆圆插补
G04	暂停
G40	丝径（轨迹）补偿（偏移）取消
G41，G42	丝径向左、右补偿偏移（沿钼丝的进给方向看）
G90	选择绝对坐标方式输入
G91	选择增量（相对）坐标方式输入
G92	工作坐标系设定

2．ISO 代码指令格式编程示例

例：试用 G 代码编写如图 13－4 所示五角星的线切割加工程序（暂不考虑电极丝的直径及放电间隙的影响）。

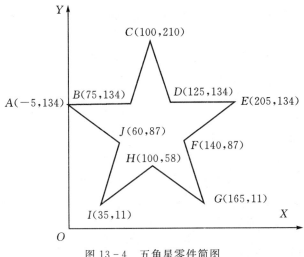

图 13－4 五角星零件简图

该五角星零件的 G 代码数控电火花线切割加工程序单如表 13－2 所示。

表 13－2 五角星零件的 G 代码数控电火花线切割加工程序单

程序段号	程序段内容	程序段说明
N0010	G90	采用绝对方式编程
N0020	T84 T86	开启冷却液，开启走丝
N0030	G92 X0 Y0	设定当前电极丝的位置为(0,0)
N0040	G00 X－5 Y134	电极丝快移至 A 点
N0050	G01 X75 Y134	A→B，线切割加工
N0060	X100 Y210	B→C，线切割加工
N0070	X125 Y134	C→D，线切割加工
N0080	X205 Y134	D→E，线切割加工
N0090	X140 Y87	E→F，线切割加工
N0100	X165 Y11	F→G，线切割加工
N0110	X100 Y58	G→H，线切割加工
N0120	X35 Y11	H→I，线切割加工
N0130	X60 Y87	I→J，线切割加工
N0140	X－5 Y134	J→A，线切割加工
N0150	G00 X0 Y0	电极丝快速回原点
N0160	T85 T87	关闭冷却液，停止走丝
N0170	M02	程序结束

13.3.4　数控电火花线切割加工的特点

除电火花加工的共性特点外,数控电火花线切割加工本身尚有以下一些特点:

①只要输入编制好的数控加工程序,不必制作成型电极,便可加工各种形状的零件;

②数控电火花线切割主要用于二维平面零件的加工,但如果采用四坐标数控电火花线切割机床(沿 X,Y 两坐标轴平移,绕 X,Y 两坐标轴转动),也可加工锥面和复杂直纹扭曲面;

③电极丝的直径很小,为 $\phi 0.025 \sim 0.3$ mm,可切割微细异形孔、窄缝、小尖角、小内角、小圆角等形状复杂的零件,由于切缝小还可以进行套裁,故材料的利用率很高;

④依靠数控技术中的刀具半径补偿功能,可以控制电极丝的轨迹和偏移计算,从而很方便地调整凹、凸模具的配合间隙;通过锥度切割功能,有可能实现凹、凸模具一次同时加工。

13.3.5　数控电火花线切割加工的应用范围

数控电火花线切割加工的应用范围十分广泛,归纳起来有以下几方面:

①模具加工:可加工冲模的凹模、凸模、固定板、卸料板、粉末冶金模、镶拼型腔模、拉丝模、波纹板成型模、冷拔模等平面形状和立体形状的金属模具;

②微细槽、缝、孔加工:可加工喷丝板异形孔、射流元件、激光器件等的微孔、细槽及窄缝等细部结构;

③工具、量具加工:可加工成型刀具、样板等;

④试制件及特殊零件加工:如电动机硅钢片定转子铁心加工,稀有、贵重金属切割加工,带有锥度型腔的电火花成型电极加工,以及穿孔加工、凸轮零件加工、材料试验样件加工,等等。

13.4　激光加工

13.4.1　激光加工的原理

激光是一种亮度高、方向性好、单色性好的相干光。由于激光的发散角小和单色性好,通过光学系统可以聚焦成为一个直径极小的光束(微米级)。激光加工时把光束聚集在工件表面上,由于区域很小、亮度极高,其焦点处的功率密度可达 $10^8 \sim 10^{10}$ W/mm^2,温度可达一万多摄氏度。在此高温下,任何坚硬的材料都将瞬时急剧熔化和蒸发,并产生很强的冲击波,使熔化物质被爆炸式地喷射去除,从而达到使工件材料被去除、连接、改性和分离等加工目的。

13.4.2 激光加工的特点

激光加工具有如下特点：

①不受工件材料性能的限制，几乎可以加工所有的金属材料和非金属材料，如，硬质合金、不锈钢、宝石、金刚石、陶瓷等；

②不受加工形状的限制，可以加工各种微孔（$\phi0.01\sim1$ mm）、各种深孔（深径比 $50\sim100$）、各种窄缝等，还可以精密切割加工各种异形孔；

③激光加工速度快、热影响区小、工件热变形小，而且不存在工具消耗问题；

④激光可穿入透明介质内部进行深层加工，且与电子束、离子束加工相比，激光不需要高电压、真空环境以及射线保护装置，这对某些特殊情况（例如在真空中加工）是十分有利的。

13.4.3 激光加工的主要应用

1. 激光打孔

利用激光，可加工微型小孔，如化学纤维喷丝头打孔（在直径 $\phi100$ mm 的圆盘打 12000 个直径 $\phi0.06$ mm 的孔）、仪表中的宝石轴承打孔、金刚石拉丝模具加工、火箭发动机和柴油机的燃料喷嘴加工等。

2. 激光切割与焊接

激光切割时，激光束与工件做相对移动，即可将工件切割分离开。激光切割可以在任何方向上进行，包括内尖角。目前激光已成功用于钢板、不锈钢、钛、铌、镍等金属材料，以及布匹、木材、纸张、塑料等非金属材料的切割加工。

激光焊接常用于微型精密焊，能焊接不同种类的材料，如金属与非金属材料的焊接。

3. 激光热处理

利用高能激光对金属表面进行扫描，在极短的时间内工件即可被加热到淬火温度；由于表面高温迅速向工件基体内部传导而冷却，使工件表面被淬硬。可用激光在普通金属表层熔入其他元素，使它具有优良合金的性能。激光热处理有很多独特的优点，如快速、不需淬火介质、硬化均匀、变形小、硬度高达 HRC60 以上、硬化深度能精确控制等。

13.4.4 CLS - 2000 激光雕刻切割机

1. 机床组成及其功能

CLS - 2000 激光雕刻切割机由激光源、机床本体、电源、控制系统四大部分组成，其外形如图 13 - 5 所示，其导光系统如图 13 - 6 所示。

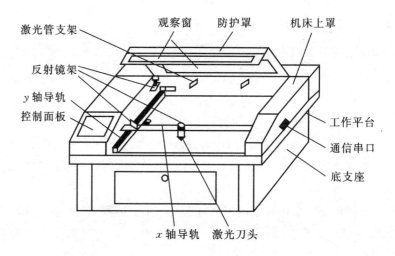

图 13-5   CLS-2000 激光雕刻切割机结构示意图

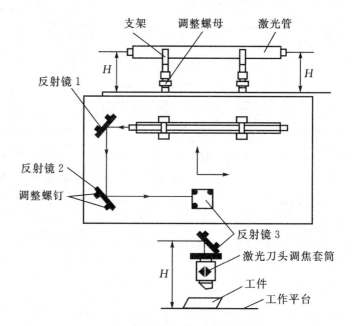

图 13-6   导光系统示意图

2. 操作前注意事项

操作面板示意图如图 13-7 所示。

①启动切割。启动切割前,必须打开待切割文件,系统支持 DXF 和 PLT 两种文件格式。选择下拉菜单"切削与雕刻",单击"启动切割",系统开始切割并在屏幕上显示切割内容。

②启动雕刻。启动雕刻前,必须打开待雕刻文件并在雕刻参数里设置好雕刻参数,系统支持 DXF 和 PLT 两种文件格式。选择下拉菜单"切割与雕刻",单击"启动雕刻",系统开始雕刻并在屏幕上显示雕刻内容。

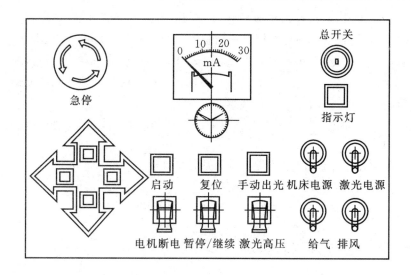

图 13-7 操作面板示意图

③启动位图。启动位图前,必须打开待雕刻文件并在位图参数里设置好雕刻参数,系统支持 BMP 文件格式。选择下拉菜单"切割与雕刻",单击"启动位图",系统开始雕刻并在屏幕上显示雕刻内容。

④显示。显示待切割或雕刻的文件内容前,必须打开待切割或雕刻的文件,系统支持 DXF、PLT 与 BMP 三种文件格式。选择下拉菜单"切割与雕刻",单击"显示",出现"显示切割""显示雕刻"与"显示位图"。系统在屏幕上显示切割或雕刻内容,激光刀头按文件内容开始移动,但不出光。

3. 基本操作步骤

(1)开机

开机包括开总电源、开"激光电源"、开计算机、开"机床电源"、调焦距、开"给气"、开"排风"、按下"激光高压"键等步骤,具体请参阅机床说明书。

(2)切割或雕刻

①在计算机屏幕上选择下拉菜单"切割与雕刻",单击"启动切割",或按面板上的启动键,机器开始切割。

②在计算机屏幕上选择下拉菜单"切削与雕刻",单击"启动雕刻",机器开始雕刻(注意:操作面板上的启动键只能启动切割不能启动雕刻,如按错会造成计算机死机)。

(3)关机

关闭激光高压,五分钟后关闭激光电源,关闭给气、排风,退出工控程序(如果不再调用其他图形文件的话),关闭机床电源。

4. 注意事项

①根据加工目的及工件性质选取适当的工作速度和激光电流的大小,即选好工艺参数。

②发现异常时,或需更改参数时,请按"暂停/继续"键(键锁定,灯亮),处理完毕后再次按"暂停/继续"键(键抬起,灯灭),则继续工作;或者在暂停状态按"复位"键,刀头便回到零点,再按"暂停/继续"键(键抬起,灯灭)。

③激光管的冷却水不可中断。一旦发现断水,必须立即切断激光高压,或按"紧急开关",防止激光管炸裂。

④工件加工区域里不得摆放有碍激光刀头运行的重物,以免电机受阻丢步而造成废品。

⑤激光工作过程中,要保持排风通畅。

⑥切割或雕刻时,必须盖好防护罩。

⑦在任何情况下,不得将肢体放在光路中,以免灼伤。

13.5　快速成型技术

13.5.1　快速成型技术概述

20 世纪 90 年代以后,制造业的外部形势发生了根本的变化。用户需求的个性化和多变性,迫使企业不得不逐步抛弃原来以"规模效益第一"为特点的少品种、大批量的生产方式,进而采取多品种、小批量、按订单组织生产的现代生产方式。同时,市场的全球化和一体化更要求企业具有高度的灵敏性,面对瞬息万变的市场环境,不断地迅速开发新产品,变被动适应用户为主动引导市场,这样才能保证企业在竞争中立于不败之地。可见,在这种时代背景下,市场竞争的焦点就转移到速度上来。能够快速提供更高性能/价格比产品的企业,将具有更强的综合竞争力。快速成型技术是先进制造技术的重要分支,无论在制造思想上还是实现方法上都有很大的突破,利用快速成型技术可对产品设计进行迅速评价、修改,并自动快速地将设计转化为具有相应结构和功能的原型产品或直接制造出零部件,从而大大缩短新产品的开发周期,降低产品的开发成本,使企业能够快速响应市场需求,提高产品的市场竞争力和企业的综合竞争能力。

13.5.2　快速成型技术的原理

快速成型是 20 世纪 80 年代末期产生和发展起来的一种新型制造技术,是计算机辅助设计(CAD)、计算机辅助制造(CAM)、计算机数字控制(CNC)、激光、新材料、精密伺服等多项技术的发展和综合。快速成型(Rapid Prototyping,RP)又称自由制造(freeform fabrication)、添加成型(additive fabrication)、桌面制造(desk-top manufacturing)及三维打印(3D printing)等。

笼统地讲,快速成型属于添加成型;严格地讲,快速成型应该属于离散/堆积成型。它从成型原理上提出一个全新的思维模式,即将计算机上制作的零件三维模型进行网格化处理并存储,对其进行分层处理,得到各层截面的二维轮廓信息,按照这些轮廓信息自动生成加工路径,由成型头在控制系统的控制下,选择性地固化或切割一层层的成型材料,形成各个截面轮廓薄片,并逐步顺序叠加成三维坯件,然后进行坯件的后处理,形成零件。

13.5.3 快速成型的工艺过程

快速成型的工艺过程具体如下。

①产品三维模型的构建。由于 RP 系统是由三维 CAD 模型直接驱动,因此首先要构建所加工工件的三维 CAD 模型。该三维 CAD 模型可以利用计算机辅助设计软件(如 Pro/E,I-DEAS,Solid Works,UG 等)直接构建,也可以将已有产品的二维图样进行转换而形成三维模型,或对产品实体进行激光扫描、CT 断层扫描,得到点云数据,然后利用**反求工程**的方法来构造三维模型。

②三维模型的近似处理。由于产品往往有一些不规则的自由曲面,加工前要对模型进行近似处理,以方便后续的**数据处理**工作。由于 STL 文件格式简单、实用,目前已经成为快速成型领域的准标准接口文件。它是用一系列的小三角形平面来逼近原来的模型,每个小三角形用 3 个顶点坐标和一个法向量来描述,三角形的大小可以根据精度要求进行选择。STL 文件有二进制码和 ASCII 码两种输出形式,二进制码输出形式所占的空间比 ASCII 码输出形式的文件所占用的空间小得多,但 ASCII 码输出形式方便阅读和检查。典型的 CAD 软件都带有转换和输出 STL 格式文件的功能。

③三维模型的切片处理。根据被加工模型的特征选择合适的加工方向,在成型高度方向上用一系列一定间隔的平面切割近似后的模型,以便提取截面的轮廓信息。间隔一般取0.05～0.5 mm,常用 0.1 mm。间隔越小,成型精度越高,但成型时间也越长,效率就越低;反之则精度低,但效率高。

④成型加工。根据切片处理的截面轮廓,在计算机控制下,相应的成型头(激光头或喷头)按各截面轮廓信息做扫描运动,在工作台上一层一层地堆积材料,然后将各层相黏结,最终得到原型产品。

⑤成型零件的后处理。从成型系统里取出成型件,进行打磨、抛光、涂挂,或放在高温炉中进行后烧结,进一步提高其强度。

13.5.4 快速成型技术的特点

快速成型技术具有以下几个重要特征:

①可以制造任意复杂的三维几何实体。由于采用离散/堆积成型的原理,它将一个十分复杂的三维制造过程简化为二维过程的叠加,可实现对任意复杂形状零件的加工。越是复杂的零件越能显示出 RP 技术的优越性。此外,RP 技术特别适合于复杂型腔、复杂型面等传统方法难以制造甚至无法制造的零件。

②快速性。通过对一个 CAD 模型的修改或重组就可获得一个新零件的设计和加工信息。几个小时到几十个小时就可制造出零件,具有快速制

专业术语

反求工程
تەتۇر يۆنسلشلك قۇرۇلۇش
reverse engineering

专业术语

数据处理
سانلىق مەلۇمات بىرتەرەپ
قىلىش
data processing

造的突出特点。

③高度柔性。无需任何专用夹具或工具即可完成复杂的制造过程,快速制造工模具、原型或零件。

④快速成型技术实现了机械工程学科多年来追求的两大先进目标,即材料的提取(气、液、固相)过程与制造过程一体化和设计(CAD)与制造(CAM)一体化。

⑤与反求工程(Reverse Engineering)、CAD 技术、网络技术、虚拟现实等相结合,成为产品快速开发的有力工具。

因此,快速成型技术在制造领域中起着越来越重要的作用,并将对制造业产生重要影响。

13.6　超声波加工

近年十几年来,超声波加工与传统的切削加工技术相结合而形成的超声波振动切削技术得到迅速的发展,并且在实际生产中得到广泛的应用。特别是对于难加工材料的加工取得良好的效果,使加工精度、表面质量得到显著提高,尤其是有色金属、不锈钢材料、刚性差的工件的加工,体现了其独特的优越性。

13.6.1　超声波特性及其加工的基本原理

1. 超声波及其特性

声波是人耳能感受的一种纵波,其频率在 20～20000 Hz,频率低于 20 Hz 称为次声波,频率超过 20000 Hz 称为超声波。

超声波和声波一样,可以在气体、液体和固体介质中传播,主要具有下列性质。

①超声波能传递很强的能量。超声波的作用主要是对其传播方向上的障碍物施加压力(声压),以这个压力的大小来表示超声波的强度,传播的波动能量越强,则压力越大。超声波的频率很高,故其能量密度可达 $100 \, W/cm^2$ 以上。在液体或固体中传播超声波时,由于介质密度和振动频率都比空气中传播声波时高许多倍,因此振幅相同时,液体、固体中的超声波强度、功率、能量密度要比空气中的声波高千万倍。

②当超声波经液体介质传播时,将以极高的频率压迫液体质点振动,在液体介质中连续地形成压缩和稀疏区域。由于液体基本上不可压缩,由此产生压力正、负交变的液压冲击和空化现象,由于这过程时间极短,液体空腔闭合压力可达几十个标准大气压,并产生巨大的液压冲击。这一交变的脉冲压力作用在邻近的零件表面上会使其破坏,引起固体物质分散、破碎等效应。

③超声波通过不同介质时,在界面上发生波速突变,产生波的反射和折射现象。能量反射的大小决定于两种介质的波阻抗,介质的波阻抗相差愈

大,超声波通过界面时能量的反射率愈高。超声波从液体或固体传入到空气或者从空气传入液体或固体的情况下,反射率都接近 100%。此外,空气有可压缩性,更碍阻了超声波的传播。为了改善超声波在相邻介质中的传递条件,往往在声学部件的各连接面间加入机油、凡士林作为传递介质,以消除空气及因其引起的衰减。

④超声波在一定条件下,会产生波的干涉和共振现象。

2. 超声波加工的基本原理

超声波加工是利用工具端面做超声频振荡,再将这种超声频振荡通过磨料悬浮液传递到一定形状的工具上。加工脆硬材料的一种成形方法的加工原理如图 13-8 所示。加工时,工具 1 的超声频振荡将通过磨料悬浮液 6 的作用剧烈冲击位于工具下方工件的被加工表面,使部分材料被击碎成细小颗粒,由磨料悬浮液带走。加工中的振动还强迫磨料悬浮液在加工区工件和工具的间隙中流动,使变钝了的磨料能及时更新,随着工具沿加工方向以一定速度移动,实现有控制的加工,逐渐将工具形状"复印"在工件上(成型加工时)。

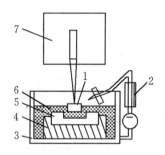

图 13-8　超声波加工原理示意图
1—工具;2—冷却器;3—加工槽;
4—夹具;5—工件;6—磨料悬浮液;7—振动头

在工作中,工具头的振动还使磨料悬浮液产生空腔,空腔不断扩大直至破裂,或不断被压缩至闭合。这一过程时间极短,空腔闭合压力可达几百兆帕,爆炸时可产生水压冲击,引起加工表面破碎,形成粉末。同时,磨料悬浮液在超声振动下形成的冲击波还使钝化的磨料崩碎,产生新的刃口,进一步提高加工效率。

由此可见,超声波加工是磨粒在超声振动作用下的机械撞击和抛磨作用以及超声空化作用的综合结果,其中磨料的撞击作用是主要的。

既然超声波加工是基于局部撞击作用,因此就不难理解,越是脆硬的材料,受撞击作用遭受的破坏越大,越易超声加工。相反,脆性和硬度不大的韧性材料,由于它的缓冲作用而难以加工。根据这个原理,人们可以合理选择工具材料,使之既能撞击磨粒,又不致使自身受到很大破坏,例如用 45 钢作工具即可满足上述要求。

13.6.2　超声波加工的特点

①适合于加工各种不导电的硬脆材料。例如,可加工玻璃、陶瓷(氧化铝、氮化硅等)、石英、锗、硅、玛瑙、宝石、金刚石等;对于导电的硬质金属材料如淬火钢、硬质合金等,也能进行加工,但加工生产率较低;对于橡胶则不可进行加工。

②加工精度较高。由于去除加工材料是靠磨料对工件表面的撞击作用,故工件表面的宏观切削力很小,切削应力、切削热很小,不会引起变形及烧伤,表面粗糙度也较好,公差可达 0.008 mm 之内,表面粗糙度 R_a 值一般在 0.1~0.41 μm 之间。

③由于工具和工件不做复杂相对运动,工具与工件不用旋转,因此易于加工出各种与工具形状相一致的复杂形状内表面和成型表面。超声波加工机床的结构也比较简单,只需一个方向轻压进给,操作、维修方便。

④超声波加工面积不大,工具头磨损较大,故生产率较低。

13.6.3　超声波加工设备

超声波加工设备又称超声波加工装置,它们的功率大小和结构形状虽有所不同,但其组成部分基本相同,一般包括超声波发生器、超声振动系统、磨料工作液及循环系统和机床本体四部分。

(1)超声波发生器

超声波发生器也称超声或超声波发生器,其作用是将50 Hz的交流电转变为有一定功率输出的 16000 Hz 以上的超声高频电振荡,以提供工具端面往复振动和去除被加工材料的能量。其基本要求是输出功率和频率在一定范围内连续可调,最好能具有对共振频率自动跟踪和自动微调的功能,此外要求结构简单、工作可靠、价格便宜,体积小等。

超声波发生器有电子管和晶体管两种类型。前者不仅功率大,而且频率稳定,在大中型超声波加工设备中用得较多;后者体积小,能量损耗小,因而发展较快。

(2)超声振动系统

超声振动系统的作用是把高频电能转变为机械能,使工具端面做高频率小振幅的振动,并将振幅扩大到一定范围(0.01~0.15 mm)以进行加工。它是超声波加工机床中很重要的部件,由换能器、变幅杆(振幅扩大棒)及工具组成。

换能器的作用是将高频电振荡转换成机械振动,目前实现这一目的可利用压电效应和磁致伸缩效应两种方法。

变幅杆又称振幅扩大棒。超声机械振动振幅很小,一般只有 0.005~0.01 mm,不足以直接用来加工,因此必须通过一个上粗下细的棒杆将振幅加以扩大,此杆称为振幅扩大棒或变幅杆。通过变幅杆可以增大振幅至 0.01~0.15 mm,固定在振幅扩大棒端头的工具即产生超声振动。

　　工具安装在变幅杆的细小端。机械振动经变幅杆放大之后即传给工具,而工具端面的振动将使磨料和工作液以一定的能量冲击工件,并加工出一定的形状和尺寸。为减少工具损耗,宜选有一定弹性的钢作工具材料。工具长度要考虑声学部分半波长的共振条件。

　　工具的形状和尺寸决定于被加工表面的形状和尺寸,它们相差一个"加工间隙"。当加工表面积较小时,工具和变幅杆做成一个整体,否则可将工具用焊接或螺纹连接等方法固定在变幅杆下端;当工具不大时,可以忽略工具对振动的影响;但当工具较重时,会降低声学头的共振频率;工具较长时,应对变幅杆进行修正,使其满足半波长的共振条件。

　　(3)磨料工作液及循环系统

　　对于简单的超声波加工装置,其磨料是靠人工输送和更换的,即在加工前将悬浮磨料的工作液浇注堆积在加工区,加工过程中定时抬起工具并补充磨料。也可利用小型离心泵使磨料悬浮液搅拌后注入加工间隙中去。对于较深的加工表面,应将工件定时抬起以利于磨料的更换和补充。大型超声波加工机床采用流量泵自动向加工区供给磨料悬浮液,且品质好,循环也好。

　　效果较好而又最常用的工作液是水,为了提高表面质量,有时也用煤油或机油当作工作液。磨料常用碳化硼、碳化硅或氧化铅等,其粒度大小根据加工生产率和精度等要求选定,颗粒大的生产率高,但加工精度及表面粗糙度较差。

　　(4)机床本体

　　超声波加工机床一般比较简单,机床本体就是把超声波发生器、超声波振动系统、磨料工作液及其循环系统、工具及工件按照所需要位置和运动组成一体,还包括支撑声学部件的机架及工作台、使工具以定压力作用在工件上的进给机构及床体等部分。

13.6.4　超声波加工的应用

　　从 20 世纪 50 年代开始研究以来,超声波加工的应用日益广泛,随着科技和材料的发展,它将发挥更大的作用。目前,生产上主要有以下用途。

　　(1)成型加工

　　超声波加工目前在各工业领域中主要用于对脆硬材料加工圈孔、微细孔、弯曲孔、落料、复杂沟槽等。

　　(2)切割加工

　　一般加工方法用于普通机械加工切割脆硬的半导体材料是很困难的,采用超声波切割则较为有效。超声波精密切割半导体、氧化铁、石英等,精度高、生产率高、经济性好。还可以利用多刃刀具切割单晶硅片,一次可以切割加工 10～20 片。

　　(3)超声波焊接加工

　　超声波焊接是利用超声波振动作用,使被焊接工件的两个表面在高速振动撞击下,去除工件表面的氧化膜,使两表面摩擦发热黏结在一起,因此它不仅可以加工金属,而且可以加工尼龙、塑料等制品。例如在机械制造业中,利用超声波焊接加工的双联齿轮。由于该种加工方法不需要外加热和焊剂,热影响小、外加压力小,不产生污染,工艺性和经济性也好,因此,该种方法可焊接直径或厚度很小的材料(可达 0.015 mm)。焊接材料不仅限于金属,还可以焊接塑料、纤维等制品。目前在大规模集成电路制造中已广泛采用该种加工方法。

(4)超声波清洗

超声波清洗的原理主要是基于清洗液在超声波的振动作用下,使液体分子产生往复高频振动,引起空化效应的结果。空化效应使液体中急剧生长微小空化气泡并瞬时强烈闭合,产生的微冲击波使被清洗物表面的污物遭到破坏,并从被清洗表面脱落下来。在污物溶解于清洗液的情况下,空化效应加速溶解过程,即使是被清洗物上的窄缝、细小深孔、弯孔中的污物,也很易被清洗干净。所以,超声波清洗主要用于形状复杂、清洗质量高的中、小精密零件,特别是深孔、弯曲孔、盲孔、沟槽等特殊部位,采用其他方法效果差,采用该方法清洗效果好,生产率高,净化程度也高。因此,超声波清洗在半导体、集成电路元件、光学元件、精密机械零件、放射性污染等的清洗中得到了较为广泛的应用。

另外,超声波还可以用来雕刻、研磨、探伤和进行复合加工。工件加工表面除了发生阳极溶解以外,超声振动的工具和磨料会破坏阳极钝化膜,空化作用会加速钝化,从而使阳极加工速度和加工质量大大提高。

13.7　超高压水射流加工

13.7.1　超高压水射流加工原理

超高压水射流加工是利用高速水流对工件的冲击作用来去除材料的,如图 13-9 所示。储存在水箱 1 中的水或加入添加剂的液体,经过滤器 2 处理后,由水泵 3 抽出送至蓄能器 5 中,使高压液体流动平稳。液压机构 4 驱动增压器 10,使水压增高到 70～400 MPa。高压水经控制器 6、阀门 7 和喷嘴 8 喷射到工件 9 上的加工部位,进行切割。切割过程中产生的切屑和水混合在一起,排入水槽。

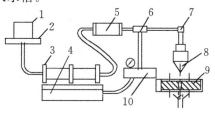

图 13-9　超高压水射流加工原理图

1—水箱;2—过滤器;3—水泵;4—液压机构;5—蓄能器;

6—控制器;7—阀门;8—喷嘴;9—工件;10—增压器

超高压水射流本身具有较高的刚性,流束的能量密度可达 10^{10} W/mm^2,流量为 7.5 L/min,在与工件发生碰撞时,会产生极高的冲击动压和涡流,具有对固体的加工作用。

材料被加工的过程是一个动态断裂过程。对于脆性材料(如石材),主要是以裂纹破坏及扩散为主;而对于**塑性材料**(如钢板),遵循最大的拉应力瞬时断裂准则,即材料中某点的法向拉应力达到或超过某一临界值时,该点即发生断裂。根据弹塑性力学理论,动态断裂强度与静态断裂强度相比约高出一个数量级。主要原因是动态应力作用时间短,材料中裂纹来不及发展,因而动态断裂不仅与应力水平有关,而且还与拉应力作用的时间长短相关。

13.7.2 超高压水射流加工设备

目前,国外已有系列化的数控超高压水射流加工设备,但是还没有通用的超高压水射流加工机,通常情况下,都是根据具体要求设计制造。超高压水射流加工设备主要有增压系统、切割系统、控制系统、过滤设备和机床床身。

(1)增压系统

增压系统主要包括增压器、控制器、泵、阀及密封装置等。增压器是液压系统中的重要设备,应使液体的工作压力达到 100～400 MPa,以保证加工的需要。工作压力高出普通液压传动装置液体工作压力的 10 倍以上,因此系统中的管路和密封是否可靠,对保障切割过程的稳定性、安全性具有重要意义。对于增压水管采用高强度不锈钢厚壁无缝管或双层不锈钢管,接头处采用金属弹性密封结构。

(2)切割系统

喷嘴是切割系统最重要的零件,喷嘴应具有良好的射流特性和较长的使用寿命,喷嘴的结构取决于加工要求、常用的喷嘴有单孔和分叉两种。

喷嘴的直径、长度、锥角及孔壁表面质量对加工性能有很大影响,通常要根据工件材料性能合理选择。喷嘴的材料应具有良好的耐磨性、耐腐蚀性和承受高压的性能。常用的喷嘴材料有硬质合金、蓝宝石、红宝石和金刚石。其中,金刚石喷嘴的寿命最高,可达 1500 h,但加工困难、成本高。此外,喷嘴位置应可调,以适应加工的需要。

影响喷嘴使用寿命的因素较多,除了喷嘴结构、材料、制造、装配、水压、磨料种类以外,提高水介质的过滤精度和处理质量,将有助于提高喷嘴寿命。另外,选择合适的磨料种类和粒度,对提高喷嘴的使用寿命也至关重要。

(3)控制系统

目前超高压水射流加工一般利用数控系统完成对工作台的控制。在国内,五轴**水切割**加工系统已投入使用。

（4）过滤设备

在进行超高压水射流加工时,对工业用水进行必要的处理和过滤有着重要意义,可延长增压系统密封装置、宝石喷嘴等的寿命,提高切割质量,提高运行的可靠性。因此,要求过滤器很好地滤除液体中的尘埃、微粒、矿物质沉淀物,过滤后的微粒应小于 $0.45~\mu m$。液体经过过滤以后,可以减少对喷嘴的腐蚀,切削时摩擦阻尼很小,夹具简单。当配有多个喷嘴时,还可以采用多路切削以提高切削速度。

（5）机床床身

机床床身结构通常采用龙门式或悬臂式机架结构,一般都是固定不动的。为了保证喷嘴与工件距离的恒定,以保证加工质量,要在切削头上安装一只传感器。三轴及以上数控系统可以加工三维复杂形状零件。

13.7.3 超高压水射流加工的工作参数及其对加工的影响

超高压水射流加工的工作参数主要包括:流速与流量、水压、能量密度、喷射距离、喷射角度、喷嘴直径。以下分别介绍这些参数对加工的影响。

①流速与流量。水喷射加工采用高速水流,速度可高达每秒数百米,是声速的 2～3 倍。超高压水射流加工的流量可达 7.5 L/min。流速和流量越大,加工效率越高。

②水压。加工时,在由喷嘴喷射到工件加工面之前,水的压力经增压器作用变为超高压,可高达 700 MPa。提高水压,将有利于提高切割深度和切割速度,但会增加超高压水发生装置及超高压密封的技术难度,增加设备成本。目前,常用超高压水射流切割设备的最高压力一般控制在 400 MPa以内。

③能量密度。即高压水从喷嘴喷射到工件单位面积上的功率,也称功率密度,可达 $10^6~W/m^2$。

④喷射距离。指从喷嘴到加工工件的距离,根据不同的加工条件,喷射距离有一个最佳值,一般范围为 2.5～50 mm,常用值为 3 mm。

⑤喷射角度。喷射角度可用正前角来表示。水喷射加工时喷嘴喷射方向与工件加工面的垂线之间的夹角称为正前角。超高压水喷射加工时一般正前角为 0°～30°。喷射距离与切割深度有密切关系,在具体加工条件下,喷射距离有一个最佳值,可经过试验来确定。

⑥喷嘴直径。用于加工的喷嘴直径一般小于 1 mm,常用的直径为0.05～0.38 mm。增大喷嘴直径可以提高加工速度。

切缝质量受材料性质的影响很大,软质材料可以获得光滑表面,塑性好的材料可以切割出高质量的切边。水压对切缝质量影响很大,水压过低,会降低切边质量,尤其对于复合材料,容易引起材料离层或起鳞,这时需要选择合适的加工前角。

加工厚度较大的工件,需要采用高压水切割。此时,断面质量随切割深度发生变化:上部断面平整,光洁,质量好;中间过渡区域存在较浅的波纹;

在断面的下部,由于切割能量降低,有弯曲波纹的产生,质量降低。

13.7.4　超高压水射流加工的特点

超高压水射流使用廉价的水作为工作介质,是一种冷态切割新工艺,属于"绿色"加工范畴,是目前世界上先进的加工工艺方法之一。它可以加工各种金属、非金属材料,各种硬、脆、韧性材料,在石材加工等领域,具有其他工艺方法无法比拟的技术优势。

①切割时工件材料不会受热变形,切边质量较好:切口平整,无毛刺,切缝窄,宽度为 $0.075\sim0.40\ mm$。材料利用率高,使用水量也不多(液体可以循环利用),降低了成本。

②加工过程中,作为"刀具"的高速水流不会变"钝",各个方向都有切削作用,因而切割过程稳定。

③切割加工过程中温度较低,无热变形、烟尘、渣土等,加工产物随液体排除,故可以用来切割加工木材、纸张等易燃材料及制品。

④由于切割加工温度低,不会造成火灾。"切屑"混在水中一起流出,加工过程中不会产生粉尘污染,因而有利于满足安全和环保的要求。

⑤加工材料范围广,既可用来加工非金属材料,也可以加工金属材料,而且更适宜于加工切割薄的、软的材料。

⑥加工开始时不需退刀槽、孔,工件上的任何位置都可以作为加工开始和结束的位置。与数控加工系统相结合,可以进行复杂形状的自动加工。

⑦液力加工过程中,"切屑"混入液体中,故不存在灰,不会有爆炸或火灾的危险。对某些材料,夹裹在射流束中的空气将增加噪声,噪声随压射距离的增加而增加,在液体中加入添加剂或调整到合适的正前角,可以降低噪声。噪声分贝值一般低于标准规定。

目前,超高压水射流加工存在的主要问题是:喷嘴的成本较高,使用寿命、切割速度和精度仍有待进一步提高。

13.7.5　超高压水射流加工的应用

超高压水射流加工的流束直径为 $0.05\sim0.38\ mm$,可以加工很薄、很软的金属和非金属材料,也可以加工较厚的材料,最大厚度达 125 mm。如今,该技术在国内外许多工业部门得到了广泛应用。

①在建筑装潢方面,可以用于切割大理石、花岗岩,雕刻出精美的花鸟虫鱼、生肖艺术拼花图案,呈现出五彩缤纷的图案。

②在汽车制造方面,用于切割仪表盘、内外饰件、门板、窗玻璃,不需要模具,可提高生产线的加工柔性。

③在航空航天方面,用于切割纤维、碳纤维等复合材料,切割时不产生分层,无热聚集,工件切割边缘质量高。

④在食品方面,用于切割松碎食品、菜、肉等,可减少细胞组织的破坏,增加存放期。

⑤在纺织方面,用于切割多层布条,可提高切割效率,减少边端损伤。

总之,超高压水射流加工技术的应用范围在日益扩展,潜力巨大。随着设备成本的不断降低,其应用的普遍程度将进一步得到提高。

第 14 章　逆向工程与反求设计

14.1　逆向工程概述

14.1.1　逆向工程的发展背景

随着工业技术的进步以及经济的发展,在消费者高质量的要求下,功能上的需求已不再是赢得市场的唯一条件。产品不仅要具有先进的功能,还要有流畅、富有个性的产品外观,以吸引消费者的注意。流畅、富有个性的产品外观要求必然会使得产品外观由复杂的自由曲面组成。然而传统的产品开发模式(即正向工程)很难用严密、统一的数学语言来描述这些自由曲面。

随着市场竞争的加剧,为了快速地响应市场,产品的研发周期越来越短,企业界对新产品开发力度也得到不断地加强。传统的产品开发模式受到挑战。

为适应现代先进制造技术的发展,需要将实物样件或手工模型转化为CAD 数据,以便利用快速成型系统(RP)、计算机辅助制造系统(CAM)、产品数据管理(PDM)等先进技术对其进行处理和管理,并进行进一步修改和再设计优化。此时,就需要一个一体化的解决手段:样品 →数据→样品。

逆向工程专门为制造业提供了一个全新、高效的重构手段,实现从实际物体到几何模型的直接转换。作为产品设计制造的一种手段,在 20 世纪90 年代初,逆向工程技术开始引起各国工业界和学术界的高度重视。

14.1.2　逆向工程的概念

逆向工程(Reverse Engineering,RE),也称反求工程、反向工程等,是一种产品设计技术的再现过程,它以已有的产品或技术为研究对象,通过一系列的先进分析方法和综合应用技术,将已存在的产品模型或实物模型转化为工程设计模型和概念模型,在此基础上对已存在的产品进行解剖、深化和再创造,优化设计出更好的产品。逆向工程起源于精密测量和质量检测,是集测量技术、计算机软硬件技术、现代产品设计与制造技术为一体的综合应用技术,是设计下游向设计上游反馈信息的回路。

14.1.3　逆向工程技术流程

逆向工程的一般过程分为样件三维数据获取、数据处理、原形 CAD 模型重建、模型评价与修正和快速制造五个阶段（其体系结构如图 14-1 所示）。该过程包含三维数据测量技术（详见 14.2 节）、点云数据预处理和三维模型重构三大关键技术。

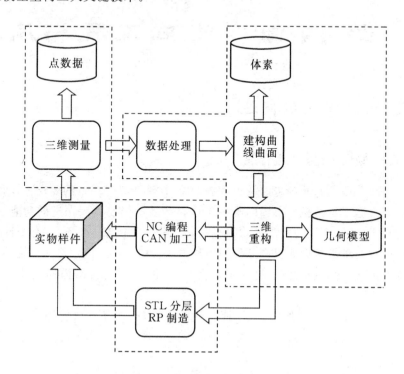

图 14-1　逆向工程体系结构图

1. 点云数据预处理

非接触式测量方法测得的数据量非常庞大，并常常带有许多杂点、噪声点，将影响后续的曲面、曲线创建过程。因此，需在曲面重构前，对点云进行一些必要的处理，以获得满意的数据，为曲面重构过程做好准备，即点云预处理。点云预处理主要包括多视点云的对齐、点云过滤、数据精简和点云分块。

2. 三维模型重构

三维 CAD 模型的重构是逆向工程的另一个核心和主要目的，是后续产品加工制造、快速成型、工程分析和产品再设计的基础。因此，CAD 模型的重构是整个逆向工程中最关键、最复杂的一环。

在逆向工程中，三维 CAD 模型的重构是利用产品表面的散乱点数据，通过插值或者拟合，构建一个近似模型来逼近产品模型。根据曲面拓扑形式的不同，目前逆向工程研究中，自由曲面建模手段分为两大类：第一种是以三角贝塞尔（Bezier）曲面为基础的曲面构造方法；第二种是以 NURBS（非均匀有理 B 样条）曲线、曲面为基础的矩形域参数曲面拟合方法。

在逆向工程中，从产品的实物模型重构得到了产品的 CAD 模型，根据这个 CAD 模型，一方面可以对原产品进行仿制或者重复制造，另一方面可以对原始产品进行工程分析、结构优化,实现改进、创新设计。两个方面都存在这样一个问题,即重构的CAD模型能否表现产品实物,两者之间的误差有多大。因此,模型精度评价主要解决以下问题:

①由逆向工程中重构得到的模型和实物样件的误差到底有多大。

②所建立的模型是否可以接受。

③根据模型制造的零件是否与数学模型相吻合。

14.1.4 逆向工程技术的应用领域

①由于某些原因,在只有产品或产品的工装,没有图纸和CAD模型的情况下,却需要对产品进行有限分析、加工、模具制造,或者需要对产品进行修改,等等,这时就需要利用逆向工程技术将实物转化为CAD模型。

②逆向工程的另一类重要应用是对外形美学要求较高的零部件设计,例如在汽车的外形设计阶段是很难用现有的CAD软件完成的,通常都需要制作外形的油泥模型,再用逆向工程的方法生成CAD模型。

③将逆向工程和快速原型制造(RPM)相结合,组成产品设计、制造、检测、修改的闭环系统,实现快速的测量、设计、制造、再测量修改的反复迭代,高效率完成产品的初始设计。

④逆向工程的另一个重要应用就是计算机辅助检测。企业在进行质量控制时,对于外形复杂的产品检测往往非常困难,这时使用逆向工程的方法对产品进行测量,并把测量到的大量数据点与理论模型进行比较,从而分析产品制造误差。

⑤逆向工程在医学、地理信息和影视业等领域都有很广泛的应用。例如,影视特技制作需要将演员、道具等的立体模型输入计算机,才能用动画软件对其进行三维动画特技处理;在医学领域逆向工程也有其应用价值,如人工关节模型的建立,医学假体的设计、制造,牙齿的修复、校正等。

⑥损坏或磨损零件的还原:当零件损坏或磨损时,可以直接采用逆向工程技术重构出CAD模型,对损坏的零件表面进行还原和补修。由于被检测零件表面磨损、损坏等原因,会造成测量误差,这就要求逆向工程系统具有推理和判断能力。

⑦数字化模型检测:对加工后的零件进行扫描测量,再利用逆向工程技术构造出CAD模型,通过将模型与原始设计的CAD模型在计算机上进行数据比较,可以检测制造误差,提高检测精度。

⑧其他应用:在汽车、航天、制鞋、模具和消费性电子产品等制造行业,甚至在休闲娱乐行业也可发现逆向工程的痕迹。

14.2 逆向工程的测量系统

实物样件的三维数字化是通过特定的测量设备和测量方法获取样件表面离散点的几何坐标数据。只有获取样件的表面三维信息,才能实现复杂曲面的采集、评价、改进、制造。因此,如何高效、高精度地获取样件表面的三维数据,一直是逆向工程研究的内容之一。

　　目前,已出现了多种测量方法。根据测量时测头和被测表面之间的位置关系,样件的三维**数据采集**方法可分为接触式和非接触式两大类。接触式有基于力-变形原理的触发式和连续扫描式数据采集和基于磁场、超声波的数据采集等;非接触式有激光三角测量法、立体视觉法、激光测距法、光干涉法、结构光学法、图像分析法、CT 法等。

专业术语

数据采集
سانلىق مەلۇمات ئۆلگكلەش
data acquisition

14.2.1　接触式数据采集方法

　　接触式数据采集方法是用机械探头接触表面,由机械臂关节处的传感器确定相对坐标位置。用于接触式数据采集的机器人装置有很多种。最常见的接触式数据采集方法是坐标测量机(CMM),通常是三坐标测量机。坐标测量机使其接触探头沿被测表面经过编程的路径逐点捕捉表面数据。测量时,可根据实物的特征选择测量位置及方向,测得特征点数据。

　　接触式数据采集方法的优点:

　　①接触式探头发展已有几十年,其机械结构及电子系统已相当成熟,有较高的准确性和可靠性。

　　②接触式测量的探头直接接触工件表面,与工件表面的反射特性、颜色及曲率关系不大。

　　③被测物体固定在三坐标测量机上,并配合测量软件,可快速准确地测量出物体的基本几何形状,如面、圆、圆柱、圆锥、圆球等。

　　接触式数据采集方法的缺点:

　　①球形探头很容易因为接触力而磨耗,所以,为维持一定精度,需经常校正探头的直径。

　　②不当的操作容易损害工件某些重要部位的表面精度,也会使探头损坏。

　　③接触式触发探头是以逐点方式进行测量的,所以测量速度慢。

　　④检测一些内部元件受到限制,如测量内圆直径,触发探头的直径必定要小于被测内圆直径。

14.2.2　非接触式数据采集方法

　　非接触式数据采集方法利用了光、声、磁场等。例如,应用光学原理的采集数据方法,可细分为三角形法、结构光法、测距法、干涉法、结构光法、图像分析法和逐层扫描数据法等。

　　非接触式数据采集速度快、精度高,排除了由测量摩擦力和接触压力造成的测量误差,避免了接触式测头与被测表面由于曲率干涉产生的伪劣点问题,获得的密集点云信息量大、精度高,能最大限度地反映被测表面的真实形状。

　　非接触式数据采集方法的优点:

①不必做探头半径补偿,因为激光光点位置就是所采集点的位置。

②测量速度非常快,不必像接触触发探头那样逐点进行测量。

③软工件、薄工件、不可接触的高精密工件可直接测量。

非接触式数据采集方法缺点:

①测量精度较差,因非接触式探头大多使用光敏位置探测来检测光点位置,目前的精度仍不理想,约为 $20\ \mu m$ 以上。

②因非接触式探头大多是接收工件表面的反射光或散射光,故易受工件表面的反射特性的影响,如颜色、斜率等。

③易受环境光线及杂散光的影响,故噪声较高,噪声信号的处理比较困难。

④非接触式测量只进行工件轮廓坐标点的大量取样,对边线处理、凹孔处理以及不连续形状的处理较困难。

⑤工件表面的粗糙度会影响测量精度。

14.3　实物反求设计与创新

14.3.1　实物反求设计的特点

实物反求设计是以产品实物为依据,对产品的功能原理、设计参数、尺寸、材料、结构、工艺装配、包装使用等进行分析研究,研制开发出与原型产品相同或相似的新产品。这是一个从认识产品到再现产品或创造性开发产品的过程。实物反求设计需要全面分析大量同类产品,以便取长补短,进行综合。在反求过程中,要触类旁通,举一反三,迸发出各种创造性的新的设计思想。

根据反求对象的不同,实物反求可分为三种。

①整机反求。反求对象是整台机器或设备。如一台发动机、一辆汽车、一架飞机、一台机床、成套设备中的某一设备等。

②部件反求。反求对象是组成机器的部件。这类部件是由一组协同工作的零件所组成的独立装配的组合体。如机床的主轴箱、刀架等,发动机的连杆活塞组、机油泵等。反求部件一般是产品中的重点或关键部件,也是各国进行技术控制的部件。如空调中的压缩机,就是产品的关键部件。我国在大量进口压缩机的同时加紧进行了压缩机的反求设计,目前,许多国产品牌空调机全用上了国产化的压缩机,有些已经打入国际市场。

③零件反求。反求对象是组成机器的基本制造单元,如发动机中的曲轴、凸轮轴,机床主轴箱中的轴齿轮等零件。反求的零件一般也是产品中的关键零件。

通常,实物反求的对象大多是比较先进的设备与产品,包括国外引进的先进设备与产品及国内的先进设备与产品。

相对于其他反求设计法,实物反求设计有以下特点:

①具有直观、形象的实物,有利于形象思维。

②可对产品的功能、性能、材料等直接进行试验及分析,以获得详细的设计参数。

③可对产品的尺寸直接进行测绘,以获得重要的尺寸参数。

④缩短了设计周期,提高了产品的生产起点与速度。

⑤引进的产品就是新产品的检验标准,为新产品开发确定了明确的赶超目标。

实物反求虽形象、直观,但引进产品时费用较大,因此要充分调研,确保引进项目的先进性与合理性。

14.3.2 实物反求设计的一般过程

图14-2所示为实物反求设计的一般流程图。

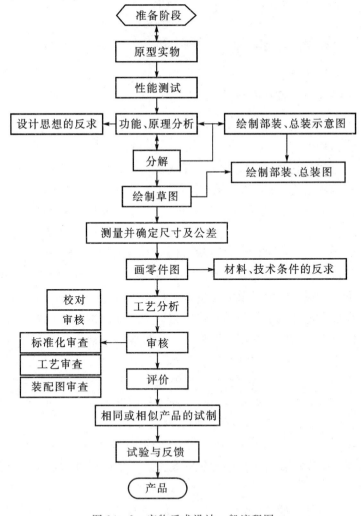

图14-2 实物反求设计一般流程图

14.3.3 实物反求的准备过程

1. 决策准备

①广泛收集国内外同类产品的设计、使用、试验、研究和生产技术等方面的资料，通过分析比较，了解同类产品及其主要部件的结构、性能参数、技术水平、生产水平和发展趋势。同时还应对国内企业（或本企业）进行调查，了解生产条件、生产设备、技术水平、工艺水平、管理水平及原有产品等方面的情况，以确定是否具备引进及进行反求设计的条件。

②进行可行性分析研究，写出可行性研究报告。

③在可行性分析的基础上进行项目评价工作。其主要内容包括：逆向工程设计的项目分析；产品水平；市场预测；技术发展的可能性；经济效益。

2. 思想和组织准备

由于逆向工程是复杂、细致、多学科且工作量很大的一项工作，因此需要各方面人才，并且一定要有周密、全面的安排和部署。

3. 技术准备

主要是收集有关反求对象的资料并加以消化，通常有以下两方面的资料需要收集：

（1）反求对象的原始资料

①产品说明书（使用说明书或构造说明书）；

②维修手册；

③维护手册；

④各类产品样本；

⑤维修配件目录；

⑥产品年鉴；

⑦广告；

⑧产品性能标签；

⑨产品证明书。

对于从国外进口的样机、样件，若能得到维修手册，将给测绘带来很大帮助。

（2）有关分解、测量、制图等方面的方法、资料和标准

①机器的分解与装配方法；

②零部件尺寸及公差的测量方法；

③制图及校核方法；

④标准资料；

⑤齿轮、花键、弹簧等典型零件的测量方法；

⑥外购件、外协件的说明书及有关资料；

⑦与样机相近的同类产品的有关资料。

其中,标准资料在测绘过程中是一种十分重要的参考资料,通过它可对各国产品的品种、规格、质量和技术水平有较深入的了解。

14.3.4　实物的功能分析和性能分析

1. 实物的功能分析

产品的用途或所具有的特定工作能力称为产品的功能。也可以说功能就是产品所具有的转化能量、物料、信号的特性。实物的功能分析通常是将其总功能分成若干简单的功能元,即将产品所需完成的工艺动作过程进行分解,用若干个执行机构来完成分解所得的执行动作,再进行组合,即可获得产品运动方案的多种解。在实物的功能分析过程中,可明确其各部分的作用和设计原理,对原设计有较深入的理解,为实物反求打好坚实基础。

2. 实物的性能测试

在对样机分解前,需对其进行详细的性能测试,测试项目可视具体情况而定,通常包括运转性能、整机性能、寿命、可靠性等。一般来说,在进行性能测试时,最好把实际测试与理论计算结合起来,即除进行实际测试外,对关键零部件从理论上进行分析计算,为自行设计积累资料。

14.3.5　零件技术条件的反求

零件技术条件的确定,直接影响零件的制造、部件的装配和整机的工作性能。

1. 尺寸公差的确定

在反求设计中,零件的公差是不能测量的,故尺寸公差只能通过反求设计来解决。实测值是已知的,基本尺寸可通过计算得到,因此二者的差值是可求的,再由二者的差值查阅公差表,并根据基本尺寸选择精度,按二者差值小于或等于所对应公差的一半的原则,最后确定出公差的精度等级和对应的公差值。

2. 形位公差的确定

零件的几何形状及位置精度对机械产品性能有很大的影响,一般零件都要求在零件图上标出形位公差,形位公差的选用和确定可参考国标GB/T 1184—1996,它规定了标准的公差值和系数,为形位公差值的选用和确定提供了标准。具体选用时应考虑以下几点:

①确定同一要素的形位公差值时,形状公差值应小于位置公差值。如要求平行的两个表面,其平面度公差值应小于平行度公差值。

②圆柱类零件的形状公差值(轴线的直线度除外),一般情况下应小于其尺寸公差值。

③形状公差值与尺寸公差值应相适应。

④形状公差值与表面粗糙度值应相适应。

⑤选择形位公差时,应对各种加工方法出现的误差范围有一个大概的了解,以便根据零件加工及装夹情况提出不同的形位公差要求。

⑥参照验证过的实例,采用与现场生产的同类型产品图样或测绘样图进行对比的方法来选择形位公差。

3. 表面粗糙度值的确定

通常机械零件的表面粗糙度值可用粗糙度仪较准确地测量出来,再根据零件的功能、实测值、加工方法,参照国家标准,选择出合理的表面粗糙度。

4. 零件材料的确定

零件材料的选择直接影响到零件的强度、刚度、寿命、可靠性等指标,故材料的选择是机械创新设计的重要问题。

(1)材料的成分分析

材料的成分分析是指确定材料中的化学成分。对材料的整体、局部、表面进行定性分析或定量分析时,可采取以下手段。

①火花鉴别法。根据材料与砂轮磨削后产生的火花定型判别材料的成分。

②音质鉴别法。根据敲击材料声音的清脆程度,判别材料的成分。

③原子发射光谱分析法。可通过几毫克至几十毫克的粉末对材料进行定量分析。

④红外光谱分析法。该方法多用于橡胶、塑料等非金属材料的成分分析。

⑤化学成分分析法。该方法是金属材料的常用定量分析法。可根据分析结果从有关手册上查取材料的牌号。

⑥微探针分析法。该方法是最近发展起来的材料表面成分的分析方法,利用电子探针、离子探针等仪器对材料的表面进行定性分析或定量分析。

(2)材料的组织结构分析

材料的组织结构是指材料的宏观组织结构和微观组织结构。进行材料的宏观组织结构分析时,可用放大镜观察材料的晶粒大小、淬火硬层的分布、缩孔缺陷等情况。利用显微镜可观察材料的微观组织结构。

(3)材料的工艺分析

材料的工艺分析是指材料的成型方法。最常见的工艺有铸造、锻造、挤压、焊接、机加工以及热处理等。

5. 热处理及表面处理的确定

在零件热处理等技术要求时,一般应设法对实物有关方面的原始技术条件(如硬度等)进行识别测定,在获得实测资料的基础上,参照下述各点,合理选择。

①零件的热处理要求是与零件的材料密切相关的。

②对零件是否提出热处理要求,主要考虑零件的作用和对零件的设计要求。

③对零件是否提出化学热处理和表面热处理的要求,主要根据零件的功能和使用条件对零件的要求而定,如渗碳、镀铬等。

14.3.6　关键零件的反求设计

实物易于仿造,但其中必有一些关键零件,也就是生产商要控制的技术。这些关键零件是反求的重点,也是难点。在进行实物反求设计时,要找出这些关键零件。不同的机械设备,其关键零件也不同,要根据具体情况确定关键零件。如发动机中的活塞和凸轮轴、汽车主减速器中的锥齿轮等都是反求设计中的关键零件。对机械中的关键零件反求成功,技术上就有突破,就会有创新。一般情况下,关键零件的反求都需要较深的专门知识和技术。

14.3.7　机构系统的反求设计

机构系统的反求设计通常是根据已有的设备,画出其机构系统的运动简图,对其进行运动分析、动力分析及性能分析,再根据分析结果改进机构系统的运动简图。它是反求设计中的重要创新手段。

进行机构系统的反求设计时,要注意产品的设计策略反求,主要包括以下几个方面:

①功能不变,降低成本。

②成本不变,增加功能。

③增加一些成本以换取更多的功能。

④减少一些功能使成本更多地降低。

⑤增加功能,降低成本。

前四种策略应用较普遍,而最后一种策略是最理想的,但困难最大。它必须依赖新技术、新材料、新工艺等方面的突破才能有所作为。例如,大规模集成电路的研制成功,使计算机产品的功能越来越强,但其价格却在下降。

14.4　反求设计实例——倒车灯开关的反求设计

倒车灯开关装在汽车变速箱上,当变速器挂入倒车挡时,开关闭合,接通电路,点亮倒车灯。南京汽车电器厂根据产品配套要求进行倒车灯开关设计,从日本引进实物产品。

1. 原产品分析

原产品的结构如图 14－3 所示,其开关工作原理是:当把变速杆拨到倒挡位置时,倒车灯开关中的顶杆 1 被压下,力经 4、3、6、7、10 传到回位弹簧 11,当顶杆 1 的行程在 1 mm 以内时,铜顶柱 3 推动小弹簧 6 产生变形,弹簧力通过顶圈 7 作用在接触片 10 上,但此时因预加载荷作用回位弹簧 11 的弹簧力大于小弹簧 6 的弹簧力,故触点 9 保持闭合;只有当顶杆 1 继续受压,其行程大于 1 mm 后,小弹簧 6 产生的弹簧力大于回位弹簧 11 的预紧弹簧力,接触片 10 被推开,触点 9 分开。释放压力后,在回位弹簧 11 的作用下,顶杆 1 复位,触点 9 闭合。

从倒车灯开关工作原理得知,实现基本开闭功能的关键零件是两个弹簧,而弹簧的变形和力参数难以保证,且弹簧预紧力的大小由顶圈 7 的厚薄来控制,造成质量不稳定,装配工艺性差,倒车灯开关性能很难控制。为此,在进行反求设计时需改进开关结构。

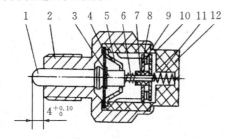

图 14－3　倒车灯开关原产品结构图

1—顶杆;2—外壳;3—铜顶柱;4—密封圈;5—钢碗;6—小弹簧;
7—顶圈;8—导电片;9—触点;10—接触片;11—回位弹簧;12—底座

2. 反求设计

(1)设计目标

①不改变产品外形尺寸和安装尺寸,保证配套产品的要求。

②保证产品的开关功能,提高可靠性。希望装配后无需调整即能满足产品技术要求。开闭动作的寿命大于 10^4 次,且开关顶杆仍能自动复位而无轴向窜动。

(2)功能分析

采用功能分析方法,对产品主要功能进行分析研究,按功能系统分解出各个功能部(零)件,根据产品技术要求或有关资料,对产品性能、结构、功能、特性等进行消化、吸收,掌握设计中需解决的关键问题。由功能分析可知,倒车灯开关中的通断电路是其基本功能电路,另外,保证复位和密封防油是实现其基本功能所必不可少的辅助功能。在反求设计时,必须保证这些功能的实现。各零件功能分析如表 14－1 所示,不难发现,其中的小弹簧和回位弹簧是实现通断电路和保证复位功能的关键零件。

表 14 - 1　倒车灯开关零件功能分析表

产品功能 \ 零件名称	通断电路			保证复位			密封防油		
	关键件	执行件	辅助件	关键件	执行件	辅助件	关键件	执行件	辅助件
顶杆		√							
外壳		√			√			√	
铜顶柱			√			√			
密封圈			√			√	√		
钢碗			√						
小弹簧	√			√					
顶圈		√				√			
导电片		√							
触点		√							
接触片		√							
回位弹簧	√			√					
底座		√				√		√	

（3）方案的评价和选优

为满足倒车灯开关的设计目标，必须解决原产品质量不稳定和装配工艺性差的问题，故应重新确定结构方案。一般可拟出 3 种不同的结构方案，组织技术、质检、生产、财务等部门的专业技术人员，对 3 个方案进行评价，挑选出最佳方案。

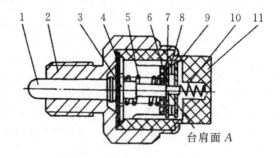

图 14 - 4　改进后倒车灯开关结构图

1—顶杆；2—外壳；3—顶柱；4—密封圈；5—弹簧；6—垫片；
7—导电片；8—触点；9—接触片；10—回位弹簧；11—底座

图 14 - 4 所示为经过综合评价后选出的最佳方案，其特点是：当顶杆 1 不受力或受力较小、行程小于 1 mm 时，接触片 9 在回位弹簧 10 的作用下，使触点 8 保持闭合；当顶杆 1 受力压下大于 1 mm 时，利用顶柱 3 的台肩面推开接触片 9，触点 8 分开。这种结构通过零件装配尺寸链，实现按行程要

求完成电路通断的基本功能,与原来那种依靠弹簧的变形量,且两弹簧的变形要满足顶杆的行程要求来保证基本功能实现的结构完全不同。显然,该方案的结构在质量可靠性和装配工艺性方面要比原产品好。

3. 技术经济评价

设计完成后,应评价改进后产品的生产能力、实用性和经济性,对其结构和零件加工也要进行经济分析。表 14 - 2 是对改进后产品进行经济分析并与原产品相比较后得出的。

表 14 - 2　技术经济评价

名称	原产品	改进后	备注
产品零件数	12	11	取消钢碗,大弹簧同时起支承作用
顶柱材料	铜	Q235 钢	节省铜材,材料及加工费降低
弹簧	小弹簧	大弹簧	成本略有增加,质量可靠性提高,寿命提高
不同零件	顶圈(尼龙注塑成型)	垫片(环氧布板、冲压件)	加工成本降低
装配工艺性	差	好	提高装配工效 2 倍

从表 14 - 2 可见,改进后产品的经济性要优于原产品。

第15章 机械加工的经济性分析与绿色设计

15.1 机械加工经济精度相关知识

机械加工经济精度是指在正常的加工条件下（完好的设备，合格的夹具、刀具，标准技术等级的工人，不延长加工时间）所能保证的加工精度和表面粗糙度。

零件在设计时，加工精度等级的高低是根据使用要求确定的，航空航天装备上的零件就要求有很高的精度，而拖拉机上的零件就可能要求比较低。而零件的成本是跟加工精度密切相关的，IT7 级精度应该是比较高的精度了，IT6 级、IT5 级、IT4 级是更高的精度，每增加一个精度等级，加工的难度会呈几何级增长，对加工机床和工具的要求就会更高，也要求工人有较高的加工水平。

一种加工方法的加工精度与加工成本之间有如图 15-1 所示关系。图中 δ 为加工误差，表示加工精度，C 表示加工成本。由图中曲线可知，两者关系的总趋势是加工成本随着加工误差的下降而上升，但在不同的误差范围内成本上升的比率不同。

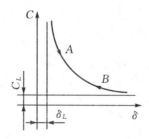

图 15-1　加工精度与加工成本之间关系

A 点左侧曲线，加工误差减少一点，加工成本会上升很多；加工误差减少到一定程度，投入的成本再多加工误差的下降也微乎其微，这说明某种加工方法加工精度的提高是有极限的（图中 δ_L）。

在 B 点右侧，即使加工误差放大许多，成本下降却很少，这说明对于一种加工方法，成本的下降也是有极限的，即有最低成本（图中 C_L）。只有在曲线的 AB 段，加工成本随着加工误差的减少而上升的比率相对稳定。

可见,只有当加工误差等于曲线 AB 段对应的误差值时,采用相应的加工方法加工才是经济的,该误差值所对应的精度即为该加工方法的经济精度。因此,加工经济精度是指一个精度范围而不是一个确定值,可以理解为在这个精度范围内加工的零件是经济的。

15.2 机械加工工艺方案的经济分析

制订零件机械加工工艺规程时,在同样能满足被加工零件技术要求和同样能满足产品交货期的条件下,经技术分析一般都可以拟订出几种不同的工艺方案,有些工艺方案的生产准备周期短,生产效率高,产品上市快,但设备投资较大;另外一些工艺方案的设备投资较少,但生产效率偏低。不同的工艺方案有不同的经济效益,为了选取在给定生产条件下最为经济合理的工艺方案,必须对各种不同的工艺方案进行经济效益分析。

工艺方案的经济效益分析的目的在于选择最优工艺方案。工艺方案选择可分为两个阶段进行:第一阶段是对各工艺方案进行技术经济指标分析,它是从各个侧面考察工艺方案的优劣;第二阶段是对各工艺方案的工艺成本进行分析,它是从综合、整体的角度判断工艺方案的优劣。

15.2.1 工艺方案的技术经济指标

①劳动消耗量。可以用劳动小时数或单位时间产量计算。它是工艺效率高低的指标。

②原材料消耗量。它反映工艺方案对原材料选用的经济合理性。该指标对工艺方案有很大影响。

③设备构成比。设备构成比标志着所用设备的特点,是所需设备之间的比例关系。但是采用高效率设备是否经济合理,与设备的价格与负荷系数有关,当设备负荷系数很小时,采用价格很高的高效率设备就可能导致产品成本的提高。

④工艺装备系数。它标志工艺过程中所采用的专用工、夹、模、量具的程度。工艺装备系数大,可减少加工劳动量,但会增加投资和使用费用,并延长生产技术准备周期,所以应考虑批量大小。

⑤工艺分散与集中程度。它表明一个零件加工工序的多少。分散与集中程度取决于批量大小和产量高低。

15.2.2 工艺成本的组成及计算

工艺成本由可变费用与不变费用两部分组成。

可变费用 V:与零件的年产量直接相关的费用。它包括材料费(或毛坯费)、工人工资、通用机床和通用工艺装备维护折旧费。

可变费用可按下式计算:

$$V = C_{材坯} + C_{操工} + C_{电} + C_{通机} + C_{机维} + C_{刀}$$

式中：$C_{材坯}$——材料或毛坯费，元/件；

　　　$C_{操工}$——操作工人的工资，元/件；

　　　$C_{电}$——机床电费，元/件；

　　　$C_{通机}$——通用机床折旧费，元/件；

　　　$C_{机维}$——通用夹具费，元/件；

　　　$C_{刀}$——刀具费用，元/件。

不变费用 C：与零件年产量无直接关系的费用。它包括专用机床、专用工艺装备的维护折旧费以及与之有关的调整费等。因为专用机床、专用工艺装备是专为加工某一工件所用，不能用来加工其他工件，而专用设备的折旧年限却是一定的，因此专用机床、专用工艺装备的费用与零件的年产量无关。

不变费用可按下式计算：

$$C = C_{调工} + C_{专机} + C_{专机维} + C_{专夹}$$

式中：$C_{调工}$——调整工人工资，元/年；

　　　$C_{专机}$——专用机床折旧费，元/年；

　　　$C_{专机维}$——专用机床维修费，元/年；

　　　$C_{专夹}$——专用夹具费，元/年。

15.3　零件加工成本估算

15.3.1　零件加工成本及构成

1. 原材料费

原材料是指企业在生产过程中经过加工改变其形态或性质并构成产品主要实体的各种原料、主要材料和外购半成品，以及不构成产品实体但有助于产品形成的辅助材料、修理用备件（备品备件）、包装材料、燃料等。原材料费是指与产品原材料相关的费用，包括原材料的购价、运费和仓储费用等。

2. 人工费

人工是指直接从事产品制造的工作人员。例如，加工人员，班组长等。人工费包括人工的薪资与福利等。

3. 间接人工费

间接人工是指与产品的生产并无直接关系的人员，例如，各级管理人员、品管人员、维修人员及清洁人员等。

4. 间接材料费

间接材料费是指制造过程中所需要的工量具、工装费用，模具、润滑油、洗剂、黏合剂及螺丝钉费用等。

5. 制造费

制造费是指原材料费与人工费之外的一切制造成本,包括间接材料、间接人工、设备折旧费、水电费用、租金、保险费、修护费、税费、利润,等等。

15.3.2　成本核算前要明确的相关问题

①必须掌握一定的成本核算知识,了解成本的基本构成;

②必须了解要核算对象的生产过程,掌握它的工艺流程;

③建立一定的与其相对应的产品核算模式,科学地按步骤核算产品成本;

④科学地核算产品原材料定额、工资定额、工时定额,合理地分配费用;

⑤随时掌握原材料市场行情,具有降低材料成本的控制办法;

⑥建立目标成本考核机制,严格地控制生产成本。

这只是核算成本最基本的要求,实际应用中必须根据企业的具体情况而定。

15.3.3　零件加工成本估算方法

1. 基本加工费用

与工艺过程直接有关的费用叫基本加工费用,主要包括原材料费和人工费,此部分约占零件加工成本的 $70\% \sim 75\%$。

2. 其他费用

与工艺过程无关的费用,如制造费、管理费、税费、利润,等等。

由于同一生产条件下,与工艺过程无关的费用基本上是相等的,因此在对零件进行工艺分析时,只要分析与工艺过程直接相关的基本加工费用即可。

零件加工成本的估算:先确定加工工艺方案,即加工路线,然后根据工艺路线来计算工时,由工时来确定单个零件的基本加工费用,再加上其他的费用。

零件加工成本按工时估算方法可参考下式。

$$E_d = V + C/N$$

式中:E_d——单件工艺成本,元/件;

V——单件加工费用,元/件;

N——工件的年产量,件;

C——年生产所需的其他费用,元。

加工工艺是个很复杂的问题,因此,加工成本很难有统一的算法。由于机械加工存在很大的工艺灵活性,即一个零件可以有很多种工艺安排,加工成本相差很大。另外,区域和生产时间对成本影响也很大,不同区域、不同时间,原材料成本是不同的,各地人工费用也不同,等等。这些诸多的不同,致使基本加工费用各地差别非常大,不可能有统一算法。但一般都按工时计算,并有一个基本参考价,可参照《关于一般机械加工件的收费标准》,"收费标准"通常在基本参考价之间浮动。

15.4 绿色设计

15.4.1 概述

随着全球性资源枯竭、环境污染等问题加剧,人类在经历一系列自然环境灾难后开始重新考虑绿色理念的重要性,探索新的经济发展模式。机械设计是经济发展的重要组成部分,与人们的日常生活也息息相关,它为人们提供了现代高效的生活,但也造成环境的破坏。要从根本上改善机械设计中产生的污染,就需要加强对绿色理念的重视。简单来讲,就是将环境纳入机械制造和生产的理论中去,对机械设计的理念进行全新的探索。机械设计作为我国工业发展的重要支柱,对国民经济的发展起着不可替代的作用,因而需要将绿色理念引入其中。绿色理念是一种全新的发展战略,将会成为引导机械设计行业发展的重要理念,从而推动机械设计行业的持续发展。

15.4.2 绿色设计

1. 绿色设计的定义

专业术语

生命周期

هاياتلىق دەۋرىيلىكى

life cycle

绿色设计也称生态设计、环境设计或环境意识设计。其内涵是在产品整个**生命周期**内,着重考虑产品环境属性(可拆卸性、可回收性、可维护性、可重复利用性等)并将其作为设计目标,在满足环境目标要求的同时,保证产品应有的功能、使用寿命、质量等要求。

绿色设计贯穿于机械设计的始终,在对产品的性能、成本等考察的过程中应不断地对其进行扩展,使这个观念扩展到机械制造的各个方面,充分地考虑产品对环境的影响,以产品可循环使用为导向,优化产品设计的各方因素,最大限度地降低产品及其制造过程中消耗资源总量以及对环境的危害程度。绿色设计主要将产品的设计眼光投放在未来的可持续发展上,将绿色产品设计的要求作为设计约束条件,提倡无废物、可回收的产品设计理念。绿色设计的核心内容是减少环境污染,降低能源消耗,实现产品以及零部件的回收与循环利用,降低机械的更换频率。因此,绿色设计的原则又被称为"3R"原则,即 Reduce,Reuse,Recycle。Reduce——减少环境污染;Reuse——可重复使用;Recycle——产品和零部件的回收再生循环。

2. 绿色设计的方法和关键技术

绿色设计有着众多的常用方法和关键技术,如绿色材料选择与管理、面向拆卸性设计、产品的可回收性设计、绿色产品的成本分析、绿色产品设计数据库、产品的包装设计等。

1)绿色材料选择与管理

所谓绿色材料指可再生、可回收,并且对环境污染小,低能耗的材料。我们在设计中应首选环境兼容性好的材料及零部件,避免选用有毒、有害和有辐射特性的材料。所用材料应易于再利用、回收、再制造或易于降解,以提高资源利用率,实现可持续发展。另外,还要尽量减少材料的种类,以便减少产品废弃后的回收成本。

一般情况下选择材料的原则有:满足使用要求,满足工艺要求,满足经济性要求三方面。考虑到绿色设计的要求,除上述原则以外,还应注意到以下要求。

①选择冶炼时对资源和能量消耗小,污染小,与环境协调的绿色材料(材料制造过程中消耗的能量如表 15-1 所示)。

表 15-1 材料制造过程中消耗的能量 [单位:MJ/kg]

金属材料	钢	30.0	塑料	PC(聚碳酸酯)	118.7	其他材料	天然橡胶	60.0
	铁	23.4		PS(聚苯乙烯)	105.3		合成橡胶	70.0
	铜	90.1		ABS (丙烯腈-丁二烯-苯乙烯)	90.3		玻璃	9.9
	铝	198.2					平板玻璃	22.0
	锡	220.0		HDPE(高密度聚乙烯)	79.9		漆	86.0
	锌	61.0		LDPE(低密度聚乙烯)	66.2		包装纸	35.8
	铅	51.0		EPS(聚苯乙烯)	82.1		瓦楞纸	24.7
	镍	167.0		PP(聚丙烯)	77.2		报纸	29.2
	铬	71.0		PET (聚对苯二甲酸乙二醇酯)	76.2		书纸	40.2
	钴	1600.0		PVC(聚氯乙烯)	70.5			
	钒	700.0						
	钙	179.0						

②毛坯制造和机械加工等加工过程中选择污染小、或者无污染的材料。

③采用合金比例较低的金属材料,易于循环利用(成分越单纯的金属回收再利用的用途越广泛)。如,铝、钢材、镁合金可以用粉碎机快速粉碎并回收。

④容易回收和处理,可以再利用,容易降解。(材料回收难易程度如表 15-2 所示)

表 15-2 材料回收难易程度

回收性能	贵金属	非铁材料	铁金属	塑料	非金属	其他
回收性能较好	金、银铂、钯	锡、铜、铝合金	钢			
回收性能中等		黄铜、镍		热塑性塑料	纸制品、玻璃	
回收性能较差		铅、锌		热固性塑料	陶瓷、橡胶	两种不同材料连接成的零件。如黏接、铆接、镀层、涂层

⑤材料种类不宜多,便于回收时处理,简化再循环的过程。

采用可再循环单一成分的材料(没有添加剂),既可以刺激再循环方式生产材料的市场,还可以减少废弃物,提高产品生命周期结束时的价值。

⑥提高材料之间的相容性。由相容性好的材料制造的部件,可以不必拆卸,一起回收处理,减少拆卸分类的工作量。

⑦尽量不用或少用有毒、有害的材料。不得已采用时,尽可能把这些材料制造的零件标注清晰,设计成容易分离的结构,方便集中处理。

⑧尽量采用没有涂层、镀层的材料。有涂层、镀层的材料给回收带来困难,况且很多涂层、镀层材料本来就有毒,而且生产过程中产生大量的有害物质。

2)面向拆卸性设计

传统设计方法多考虑产品的装配性,很少考虑产品的可拆卸性。绿色设计要求把可拆卸性作为产品结构设计评价准则,使产品在报废以后其零部件能够高效地不加破坏地拆卸,以利于零部件的重新利用和材料的循环再生,达到节约资源,保护环境的目的。面向拆卸性设计主要遵循结构可拆卸原则和拆卸容易操作原则。

(1)结构可拆卸性原则

采用容易拆卸的连接型式。尽量采用可拆卸连接型式,如螺纹连接、键连接、销钉连接等,避免采用铆接、焊接、粘接等。图 15-2 所示为组合式蜗轮结构,因为铜合金很贵,所以采用铸铁或铸钢的轮心以节约铜合金。图 15-2(a)用铸造的方法在铸铁的轮心上加铸青铜齿圈,回收时把铜合金轮缘与铸铁轮心分开困难;图 15-2(b)是过盈配台的齿圈和轮心,用压配合连接,拆卸比较容易,图 15-2(c)是用螺纹连接结构,拆卸最方便。

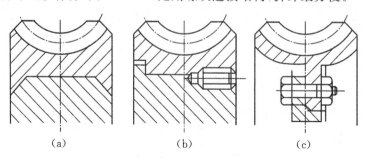

图 15-2　组合式蜗轮结构
(a)铸造连接;(b)过盈配合连接;(c)螺纹连接

实现零件的多功能性,采用的连接类型和连接件的数量尽量少,以减少拆卸的工作量和拆卸所使用的工具种类。在同一台机械设备中,连接件的类型、尺寸、材料应尽量相同或种类尽可能少。

拆卸的动作和使用的设备尽量简单。避免采用拆卸时依靠大型压力机的大直径过盈配合连接。

拆卸的可实现性好。拆卸时操作者能够看到被拆卸零件,拆卸工具容易进入工作位置,操作工具具有足够的空间,拆卸的零部件能够容易取出。

避免因有相互影响的材料相组合或连接件损坏而引起零件污损导致拆卸困难。有些螺纹连接在使用过程中由于生锈而拆卸困难。

(2)拆卸容易操作原则

①零件材料单一。一个零件最好由一种材料或相容的材料制造,以减

少拆卸、分离等工作量。有些设计采用把金属零件嵌铸在塑料件中的组合结构,回收时要分离不同的材料,分别处理,就比较麻烦。

②废液容易排放干净。在拆卸旧设备时,首先要把设备中的残留废液、废渣等清理干净,以便以后操作安全和避免污染。

③采用模块化设计。把系列产品分解成为若干模块,实现零件的标准化、系列化、模块化,减少零件的多样性。可以通过不同组合形成多种规格的产品,满足广泛的需求。而模块有通用性,便于制造、修理和拆卸。

3)产品的包装设计

产品的绿色包装指的是对于生态环境和人类健康无害、容易回收使用或再生的包装方法。绿色包装设计要求从材料选择、制造、使用、报废到回收利用的整个包装生命周期内完全符合环境保护的要求。

主要有以下几个原则:

①最节省材料。绿色包装在满足保护、方便、销售、提供信息的功能条件下,应使用材料最少而又文明的适度包装。

②尽量采用可回收或易于降解、对人体无毒害的包装材料。例如纸、可复用产品及可回收材料(如 EPS、聚苯乙烯产品),易于回收再利用,在大自然中也易自然分解,不会污染环境。

③易于回收利用和再循环。采用可回收、重复使用和再循环使用的包装,提高包装物的生命周期,从而减少包装废弃物。

在对机械产品的包装进行设计时,设计者应该根据机械产品包装箱的功能要求、使用情况来选择材料和结构,以满足回收使用的要求。常见的机械产品包装要求如表 15 - 3 所示。

表 15 - 3 常见的机械产品包装要求

种类	产品	包装要求
小型精密机械产品	百分表、卡尺	包装盒是产品的组成部分,需要精心设计,可靠、实用、防震、防潮、能使产品长期保持其性能和有关附件不致遗失,出厂时在其外面再加一个纸制或木制包装盒
一般精度的机械设备	机床、水泵、电动机	常用一般的木箱包装,有防潮、防尘等功能,可以避免一般撞击造成的机械损坏
大中型精密机械	高精度数控机床,大型精密测量仪器,如测量机、万能工具显微镜	包装需要精心设计,满足很高的防震、防潮、防磁等特殊要求。用户需保存其包装箱,以备搬运、修理时再利用原包装箱,安全、可靠、迅速地搬运
其他	电能表、电压表、滚动轴承、螺栓、螺母、垫圈	常用一次性使用的纸盒、防潮纸等包装

3. 绿色设计原则及案例

生产节能的绿色产品是实现节能减排的重要途径。

产品生产的过程包括:材料和能源的消耗,自然资源开采和利用,原材料的生产,把原材料加工成为机械零件,再经过加工、装配、实验、包装、运输、安装、使用、维修、直到产品寿命的结束,然后对报废的机械进行处理,按照实际情况和使用要求确定其回收方法,等等。

绿色产品的设计原则主要包括资源最佳利用原则、能源消耗最少原则、零污染零损害原则以及技术先进原则。

资源最佳利用原则:在选用资源时尽可能使用可再生资源,在设计时尽可能保证所选用资源在产品的整个生命周期中得到最大限度的利用。

能源消耗最少原则:在选能源时尽可能选用太阳能、风能等清洁可再生的能源。

零污染零损害原则:机械生产车间,尤其是冲压车间的噪音和污染非常严重,对工作人员的身体健康造成非常大的威胁,也干扰了周边的安宁,所以在进行模具设计的时候要对产生的噪音加以控制,甚至消除。通常消除机器噪音的方法有以下几种:用 V 带代替齿轮传动;以摩擦离合器代替刚性离合器;做好飞轮等回转体的动平衡;在压力机产生噪音的主要部位加盖隔音罩;采用有减震器的无冲击模架等。

技术先进原则:在制造过程中选用生产浪费最小、能量消耗最低的制造工艺,是实现绿色制造的重要一环。采用 CAD/CAPP/CAM 技术,可实现少图纸或无图纸加工和管理,节约了资源,缩短了模具设计与制造周期,提高了模具研制的成功率及模具质量。现在的 CAD 三维软件(如 Pro/E、SolidWorks、UG 等)基本都集成了 CAE 技术,可以模拟材料的流动情况,分析其强度、刚度,以及抗冲击实验模拟等。使用 CAD/CAE 为实现并行工程提供了基本平台,提高了模具的设计效率,缩短了整个设计周期,实现了产品的绿色设计。

15.4.3　绿色设计案例——地轮的绿色设计

地轮是农业机械常用的一种车轮,用于除草机、插种机、覆膜机等。一般常用的地轮有铁制和充气的两种。铁制的地轮主要缺点是压力大,容易使土壤板结,自身容易腐蚀损坏,不能在公路上面行驶等。充气地轮成本较高,容易被农田内的杂物扎破轮胎,长期放置容易漏气。针对以上问题,考虑利用废旧轮胎设计制造地轮,其结构如图 15 - 3(a)所示。其中,轮缘由轮胎割制成的橡胶块(见图 15 - 3(b))组成。

在橡胶块上面有矩形孔,把橡胶块叠放以后,在矩形孔中穿入钢带,用专用设备把钢带的两端用焊接的方法连接在一起,在轮胎的两侧各装入一个支撑圈。这一设计克服了铁制和充气地轮的一些缺点,为废旧轮胎找到了一个再利用的途径,降低了农业机械的成本,而且具有很好的使用性能,可以作为绿色设计的一个范例。

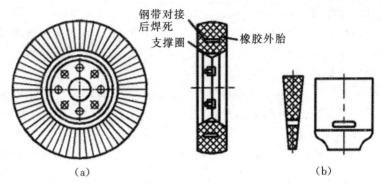

图 15-3　废旧轮胎制成的地轮
(a)地轮；(b)组成地轮的橡胶块

15.5　机械制造业的节能减排

机电产品的制造过程包括毛坯生产、零件加工、零件处理、装配调试等环节，各环节都会产生污染物排放，设计者必须予以充分的重视。因此，在设计产品生产过程中的各个步骤时应考虑清洁生产；选择设计方案和确定机械结构时，应选择有利于节能减排的方案。

下面以铸造工艺过程中的污染防治和节能减排为例进行介绍。

1. 铸造工艺的污染防治

铸造车间对环境的污染主要是排放粉尘、有害气体、废水和噪声。对于铸造车间的污染，最合理的措施是采用少产生污染或不产生污染的新技术、新设备、新材料。下面介绍一些常用的防治和处理污染的方法。

(1)废气及粉尘处理

①冲天炉烟气净化装置。一级低阻干式除尘器可以满足粉尘排放量 $200\sim400~\mathrm{mg/m^3}$ 的要求。如果粉尘排放量要求低于 $200~\mathrm{mg/m^3}$，则可以采用一级低阻干式除尘器加一级袋式除尘器。冲天炉产生的一氧化碳可以采用燃烧的方法消除。如果冲天炉的连续熔化率小于 $10~\mathrm{t/h}$，而且采用了中央和侧吹结合的送风方式，则一氧化碳的体积分数低于 $5\%\sim10\%$，较少采用燃烧室。

②电弧炉烟气净化装置。主要进行粉尘治理。电弧炉的粉尘粒径细、浓度大、温度高，且有一定腐蚀性，适合的净化装置只有袋式除尘器、静电除尘器和湿式波纹管式除尘器，其中以袋式除尘器效果最好。处理后烟尘排放浓度一般小于 $50~\mathrm{mg/m^3}$，满足国家标准对排放的要求。

③非铁合金熔炼炉烟气净化装置。非铁合金熔炼炉熔铅时，氧化锌粉尘浓度不高，约 $300\sim500~\mathrm{mg/m^3}$，最高为 $2000~\mathrm{mg/m^3}$，烟气温度一般在 $50\sim60℃$，但是粉尘很细，宜采用袋式除尘器。

④采用树脂砂造型造芯工艺产生的有害气体的净化。树脂砂产生的有害气体主要有甲醛、氨、糠醛、一氧化碳、二氧化硫等。对环境要求严格的地区，应将有害气体净化后排放。

（2）废水处理

冷却水经过冷却塔冷却以后循环使用。湿式除尘、水力清砂废水、炉渣粒化废水、沉淀后循环使用。

（3）废渣处理

煤渣、冲天炉渣、钢渣等应尽量利用，如铺路、制砖等。废砂除了铺路、制砖外还可以作为造水玻璃的原料。

（4）噪声控制

考虑到噪声要求，铸造车间不应设在居民区、医疗区、文教区等区域。

2. 铸造工艺的节能减排

传统的铸造技术正向高效化、敏捷化、清洁化方向发展，包括：少/无污染的工艺材料，节能环保的熔炼设备，高效、精密的铸造工艺，最适的末端治理技术和设备，各种废弃物回收和再利用技术和设备等。目前我国在机械工业中，铸造生产消耗的能量占企业总消耗能量的 23%～62%，平均能源的利用率为 17% 左右，与发达国家差距很大。因此，在铸造生产中开展节约能源很有必要。建议采用的措施有：

①组织专业化协作生产，提高生产批量和设备利用率。

②提高铸件的尺寸精度。降低表面粗糙度的参数值，减少加工余量。

③提高铸件成品率，减少废品。

④加强管理，减少各种能量流失和浪费。

⑤采用高效率、低耗能的设备。

⑥改造落后的炉窑，提高热效率，采用各种利用余热的措施。

⑦电弧炉采用吹氧助熔强化冶炼。

⑧废钢入炉前预热。

⑨采用炉外精炼缩短还原期。

⑩冲天炉熔炼采用富氧送风，预热送风，以提高热效率。

⑪用自硬砂造型工艺替代黏土砂烘造型工艺，降低用于砂型干燥的能耗。

⑫对于铸钢件、球墨铸铁件，采用保温冒口和发热冒口，提高钢液和铁液的回收率。

附录　专业术语汉、维、英对照

B

拔长	سوزۇپ تارتىش	fullering ,draw out
百分表	ئىندىكاتور	dial indicator
半精加工	يېرىم پىششىقلاش	semi finishing
半圆锉	يېرىم دۇگىلەك ئىگەك	half-round file
刨沟槽	چاق ئىزىدىن شەكىللەنگەن ئېرىقچە چىقىرىدىغان رەندە	trenching plane
背吃刀量	قىرىلىش مىقتارى	back engagement
闭环	تۇيۇق ھالقا	closed-loop
编程	پروگرامما تۈزۈش	programming
编辑	تەھرىرلىك قىلماق	edit ,compile
变速齿轮	سۈرئەت ئۆزگەرتىش چىشلىق چاقى	change gear ,change wheel
表面粗糙度	سىرتقى يۈزىنىڭ يىرىكلىك دەرىجىسى	surface roughness
表面热处理	سىرتقى يۈزىنى قىزىتىپ بىر تەرەپ قىلىش	surface heat treatment
步进电机	قەدەملىك ئېلېكتىر موتور، پرىنتسىپ موتور	stepper motor

C

测量螺杆	بۇرمىلىق خادا ئۆلچۆگۈچ	measuring screw
超高压	ئادەتتىن تاشقىرى يۇقىرى بېسىم	ultrahigh voltage
超精加工	ئالاھىدە زىل پىششىقلاش	super finishing
超声波加工	ئۇلترا ئاۋاز دولقۇنى ئارقىلىق پىششىقلاپ ئىشلەش	ultrasonic machining
车削	قىرىش، قىرىپ سىلىقلاش	turnery, Turning
车削加工	قىرىپ پىششىقلاپ ئىشلەش	lathe work
成型面	شەكىللگەكلتۈرۈش يۈزى	forming face
尺寸	رازمېر، ئۆلچەم	measurement, size
尺寸标注	رازمېر بەلگىلەش	dimensioning
尺寸精度	رازمېر زىللىقى	dimensional accuracy
尺寸偏差	رازمېر ئېغىش پەرقى	size deviation

齿轮变速机构	چىشلىق چاقلىق سۈرئەت ئۆزگەرتىش مېخانىزمى	gear speed change mechanism
冲裁	كېسىك	blanking
冲击韧性	زەربىگە چىداشلىقلىقى	impact strength
冲孔	تۆشۈك تېشىش	piercing
冲模	پرىسلاش قېلىپى	stamp
冲压	پرېسلاش، قىسىش، پرېس	stamping
传动轴	ھەرىكەت ئۆزاتقۇچى ئوق	transmission shaft
床身	ستانوك گەۋدىسى	lathe bed
磁粉检验	ماگنىت پاراشوكى بىلەن تەكشۈرۈش	magnetic powder test
粗车	يىرىك قىرماق	rough turn
粗加工	دەسلەپكى پىششىقلاپ ئىشلەش، يىرىك پىششىقلاپ ئىشلەش	rough machining
粗磨	يىرىك ئۈۋەنتىش	rough grind
粗刨	يىرىك رەندىلەش	rough plane
粗铣	يىرىك شىلىش	rough mill
脆性材料	چۆرۈك ماتېرىيال	brittleness material
淬火	سۈغۈرىش	harden
锉削	ئېگەكلىمەك	file
CAD 模型	كومپيۇتېر ياردەمدە لايىھەلەنگەن قېلىپ	CAD modeling

D

单段	بىر بۆلەكلىك	single-stage
刀架	ستانوكنىڭ پىچاق قىسقۇچىسى، پىچاق جازىسى	carriage
刀具补偿	تىغ تولۇقلاش	cutter compensation
电弧焊	ئېلېكتر يايلىق كەپشەرلەش	arc welding
电火花加工	ئېلېكتر ئۇچقۇنى بىلەن پىششىقلاپ ئىشلەش	electric spark machining
电极	ئېلېكترود، ئېلېكتر قۇتۇپى	electrode, pole
电阻焊	ئېلېكتر قارشىلىقلىق كەپشەرلەش	resistance welding
端面	توغرى يۈز	face

锻件	سوقۇلما ،سوقۇپ ياسالغان دېتال	forged part
锻压	بازغانلاش، سوقۇش	forge and press
锻造	بازغانلاپ ياساش ،سوقۇپ ياساش	forging
对刀	پىچاق توغۇرلاش	tool setting
镦粗	توملاش	jumping-up

F

反馈	قايتۇرۇش	feedback
反求工程	تەتۇر يۆنىلىشلىك قۇرۇلۇش	reverse engineering
方锉	چاسا ئېكەك	square file
非金属材料	مېتاللۇۋىد ماتېرىيالى	nonmetallic materials
分度头	گرادۇسلۇق بۆلگۈچ	index head
分型面	تارماق قىلىپ يۈزى	joint face
粉末冶金	پاراشوك مېتاللۇرگىيسى	powder metallurgy
峰谷	چوققا ـ ئويمان	peak valley
缝焊	تىكىپ كەپشەرلەش	seam welding
负极	مەنپىي قۇتۇپ	negative pole
复合材料	بىرىكمە ماتېرىيالى	composite materials
复位	ئورنىغا قايتىش	reset
副尺	ياردەمچى سىركۆل	auxiliary scale
副切削刃	قوشۇمچە قىرىش بىسى	minor cutting edge

G

钢铁材料	پولات ـ تۆمۈر ماتېرىيالى	steel materials
高速钢	يۇقىرى سۈرئەتتە چىداملىق پولات	rapid steel
工程材料	قۇرۇلۇش ماتېرىيالى	engineering materials
工件	ئىشلەنمە	work piece
公差	ئومۇمىي پەرق	tolerance
公差带	ئومۇمىي پەرق دائىرسى	tolerance zone
公差与配合	ئومۇمىي پەرق ۋە ماسلىشىش	fits and Tolerance
功能材料	فۇنكسىيىلىك ماتېرىيالى	functional materials

攻螺纹	چىشى جەندۇر بىلەن رېزبا چىقىرىش	threading
沟槽	چاق ئىزىدىن شەكىللەنگەن ئېرىقچە	groove
固定卡爪	مۇقىم سىركۇۆل پۇتى	fixed card feet
固定套筒	مۇقىم كىيدۈرمە	fixed sleeve
刮削	قىرىش، ئاقلاش	scraping
滚动轴承	دومىلما قازان	rolling Bearing
滚花	دومىلتىپ گۈل چىقىرىش	knurling
过渡配合	ئۆتكۈنچى ماسلىشىش	transition fit
过烧	ئارتۇق كۆيۈش	over-burn
过盈配合	چىڭقالما ماسلىشىش	interference fit

<h2 style="text-align:center">H</h2>

焊剂	كەپشەر خۇرۇۆچى	welding flux
焊接	كەپشەرلەش	welding
焊接电弧	كەپشەرلەش ئېلېكتر يايى	welding arc
焊接接头	كەپشەر ئۇلىقى	welding point
焊接式车刀	كەپشەرلەنگەن قىرىش پىچىقى	welding lathe tool
焊丝	كەپشەر سىمى	solder wire
合金钢	قېتىشما پولات	alloy steel
合金工具钢	قېتىشما سايمان پولىتى	alloy tool steel
合金结构钢	قېتىشما قۇرۇلمىلىق پولات	structural alloy steel
黑色金属	قارا مېتال	ferrous metal
后刀面	ئارقا پىچاق يۈزى	flank
弧焊机	يايلىق كەپشەرلەش ماشىنىسى	arc welding machine
划规	پۇگەن	scribing compass
划线	سىزىق سىزىش	scribing
划线方箱	سىزىق سىزىش چاسا ساندۇقى	scribing hander
划线平台	سىزىق سىزىش سۇپىسى	face plate
灰口铸铁	كۈل رەڭ چۆيۈن	grey cast iron
回火	سۈيىنى تەگشەش	tempering

回转表面	ئايلانما يۈز	rotary surface
回转工作台	ئايلانما ئىش سۇپىسى	rotary table
回转运动	ئايلانما ھەرىكەت	rotary motion
活动卡爪	ھەرىكەتچان سىرغۇل پۇتى	activity card feet
活动套筒	ھەرىكەتچان كىيدۈرمە	movable sleeve

J

机夹式车刀	قىسما شەكىللىك قىرىش پىچقى	clip-type lathe tool
基本尺寸	ئاساسى رازمېر	basic size
基孔制	تۆشۈكنى ئاساس قىلىش تۈزۈمى	basic hole
基轴制	ئوقنى ئاساس قىلىش تۈزۈمى	basic shaft
基准	ئاساسى ئۆلچەم، ئۆلچەم	standard
极限尺寸	چەك رازمېرى	limit size
棘轮	شوخا چىشلىق چاق	ratchet wheel
棘轮机构	ھەرە چىشلىق چاق مېخانىزمى	ratchet gearing
挤压	قىسىش	crushing
加工成本	پىششىقلاپ ئىشلەش تەننەرخى	processing costs
加工工艺	پىششىقلاپ ئىشلەش تېخنولوگىيىسى	machining process, manufacturing operation
加工精度	پىششىقلاش زىللىقى	machining precision
加工中心	پىششىقلاپ ئىشلەش مەركىزى	machining Center
加热炉	قىزىتىش ئوچقى	reheating furnace
间隙配合	يوچۇقلۇق ماسلاشتۇرۇش	clearance fit
键槽	زىنجىچە ئېرىقچىسى	keyway
浇注	قۇيۇش	cast, pour
铰孔	تۆشۈك سىپتىلاش، قىرىش پىچقى بىلەن تۆشۈك قىرماق	reaming
结构材料	قۇرۇلما ماتېرىيالى	structural materials
结合剂	بىرىكتۈرۈش خۇرۇچى	bonding agent
金属材料	مېتال ماتېرىيالى	metallic materials
进给	يېدۈرمەك، كىرگۈزۈپ بەرمەك	feed

进给量	پىچاق كىرگۈزۈش مىقدارى	feed
进给运动	پىچاق كىرگۈزۈش ھەرىكىتى	feed motion
晶粒	كرىستال دانچىسى	crystalline grain
精锉	ئىنچىكە ئىگكەكلەش	fine file
精度	ئىنىقلىق دەرىجىسى	precision ,accuracy
精加工	ئىنچىكە پىششىقلاپ ئىشلەش	finish machining
锯削	ھەرە ئارقىلىق كىسىپ ئويۇش	sawing

K

可锻铸铁	سوقۇلما چۆيۈن	malleable cast iron
可转位车刀	ئورنى ئايلىنىدىغان قىرىش پىچىقى	indexable lathe tool
刻度盘	شكاللىق دىسكا	scale
空气锤	يەل بازغان	pneumatic hammer
快速成型	تېز سۈرئەتتە شەكىلگە كەلتۈرمەك	rapid prototyping
扩孔	تۆشۈك كېڭەيتىش	hole expansion

L

拉深	جىراق، جىراش	drawing
离子	ئىئون	ion
粒度	دانچىنىڭ چوڭ ـ كىچىكلىكى	crain size
零点	نۆل نۇقتا	null point
龙门刨床	كېپشەكسىمان رەندىلەش ستانوكى	planing machine
螺距	رىزبا ئارىلىقى	pitch of thread
螺纹	رىزبا	thread
螺纹量规	رىزبا ئۆلچىگۈچ	thread gauge

M

麻花钻	تولغما ئۆشكە	twist drill
埋弧焊	يوشۇرۇن يايلىق كەپشەرلەش	submerged-arc welding
脉冲	ئىمپۇلس	impulses
毛坯	راسلما، قۇيما، يەرىك ئىشلەنگەن مەھسۇلات	rough

冒口	ئېھتىياتى ئېغىزى، تېشىپ چىقىش ئېغىزى	gate riser
模型锻造	قېلىپلىق سوقۇش	drop-forging
模样	قېلىپ	stripper
磨料	سىلىقلاش ماتېريالى	abrasive
磨削	چاقلاش، سىلىقلاش	grinding, ablation
磨削加工	چاقلاپ پىششىقلاپ ئىشلەش	grind machining
钼丝	نىكېل سىم	molybdenum wire

N

内孔	ئىچكى تۆشۈكچە	internal roll
逆时针	سائەت ئىستىرېلكىسىنىڭ قارشى يۆنىلىشىدە	anticlockwise
牛头刨床	كالا باشلىق رەندىلەش ستانوكى	shaper
扭转	تولغىنىش، بۇرۇلۇش	torsion

P

配合	ماسلىشىش	fit
坯料	قۇيما ماتېرىياللار، خام ماتېرىياللار، چالا مەھسۇلات	blank
频率	چاستوتا	frequency
平锉	ياپىلاق ئىگەك	taper flat file
平口钳	تۈز ئېغىزلىق ئامبۇر	flat-nose pliers
坡口	ئېرىقچە، كەپشەر	groove

Q

气焊	گاز كەپشەر	gas welding
千分尺	مىكرومېتر	micrometer
钎焊	پاياتلاش	braze, hard-solder
前刀面	ئالدى پىچاق يۈزى	face
切割	كېسىش	cut
切削加工	قىرىپ پىششىقلاپ ئىشلەش	cutting machining
切削速度	قىرىش سۈرئىتى	cutting speed
切削用量	قىرىش مىقدارى	cutting conditions

切削用量三要素	قىرىش مىقداري ئۈچ ئاملى	three factors of cutting
球墨铸铁	شارچە گرافىتلىق چۆيۈن	nodular cast iron
曲柄摇杆机构	جەينەكلىك ئوق تەۋرەنمە دەستە مېخانىزمى	crank-rocker mechanism
曲面	ئەگرى يۈز	hook face, curve

R

热处理	قىزىتىپ بىر تەرەپ قىلىش	heat treatment
热轧	قىزدۇرۇپ پروكاتلاش	hot rolling
熔焊	ئېرىتىپ كەپشەرلەش	fusion welding
熔炼金属	ئېرىتىلغان مېتال	molten metal
熔模铸造	ئېرىمە قېلىپلىق قۇيۇش	investment casting
蠕墨铸铁	سازاڭسىمان گرافىتلىق چۆيۈن	vermicular cast iron

S

三坐标仪	ئۈچ ئۆلچەملىك ئۆسكۈنە	three coordinates measuring machine
3D 打印	ستېرولىق بېسىپ چىقىرىش	3D printer
砂型铸造	قۇم قېلىپلىق قۇيۇش	sand-cast
深度	چوڭقۇرلۇق دەرىجىسى	depth
生命周期	ھاياتلىق دەۋرىيلىكى	life cycle
实际尺寸	ئەمەلىي رازمېر	actual size
实型铸造	ئەمەلىي قېلىپلىق قۇيۇش	full mold casting
数据采集	سانلىق مەلۇمات ئۆلگەلەش	data Acquisition
数据处理	سانلىق مەلۇمات بىر تەرەپ قىلىش	data processing
数控车床	رەقەملىك كونترول قىلىنىدىغان قىرىش ستانوكى	numerically controlled lathe
数控机床/数控装置	رەقەملىك كونترول قىلىنىدىغان ستانوك	numerically controlled machine-tool
数控加工	رەقەملىك كونترول قىلىپ پىششىقلاپ ئىشلەش	numerical control machining
数控铣床	رەقەملىك كونترول قىلىنىدىغان شىلىش ستانوكى	numerically controlled milling machine
数字控制	رەقەملىك كونترول قىلىش	numerical control

水切割	سۇدا كەسىش	water jet cutting
顺时针	سائەت ئىستىرېلكىسىنىڭ يۆنىلىشىدە	clockwise
顺铣法	تۆز ئىككەكلەش ئۇسۇلى	climb milling
伺服系统	مۇلازىمەت سىستېمىسى	servo system
塑性	پلاستىكلىق	plasticity
塑性材料	پلاستىك ماتېرىيال	plastic material

T

台虎钳	ئىسكەنجە، قىسقۇچ	table vice
碳化焰	كاربونلانغان يالقۇن	carburizing flame
碳素钢	كاربونلۇق پولات	carbon Steel
碳素工具钢	كاربونلۇق سايمان پولىتى	carbon tool steel
碳素结构钢	كاربونلۇق قۇرۇلمىلىق پولات	carbon construction steel
弹性	ئېلاستىكلىق	elasticity
镗孔	تۆشۈك قىرىش	boring
套螺纹	رېزبا قاپلاش	thread die cutting
特殊性能钢	ئالاھىدە ئىقتىدارلىق پولات	special steel
特种加工	ئالاھىدە پىششىقلاپ ئىشلەش	nontraditional machining
推铣法	ئىتتىرىپ ئىككەكلەش ئۇسۇلى	milling
退火	سۈينى ياندۇرۇش	annealing
脱碳	كاربونسىزلاندۇرۇش	decarburization

W

外圆车刀	سىرتقى چەمبەرنى قىرىش پىچقى	external turning tool
弯曲	ئەگرىلىك، ئىگىلىش	deflection
万能外圆磨床	ئۇنۇۋېرسال دۈگىلەكنى سىرتىدىن چاقلاش ستانوكى	universal grinding machine
位置精度	ئورۇن زىللىقى	accuracy to shape
无心磨床	مەركەزسىز چاقلاش ستانوكى	centerless grinding machines

X

铣削	شىلىش	milling

铣削加工	شلپ پششقىلاپ ئىشلەش	milling machining
箱式电阻炉	ساندۇق شەكىللىك ئېلېكتر قارشىلىق ئوچىقى	chamber type electric resistance furnace
销钉	چۇلۇك مىخ،چاتما مىخ	dowel
芯头	ئۆزەك بېشى	core print
形状精度	شەكىل زىللىقى	accuracy to shape
型腔	قېلىپ قۇۋۇزى	cavity
型砂	قېلىپ قۇمى	molding sand
旋转运动	ئايلانما ھەرىكەت	rotary motion

Y

压焊	بېسىپ كەپشەرلەش	pressure welding
压肩	بېسىش يەلكىسى	necking
牙型角	چىش شەكلىنىڭ بۇلۇڭى	thread angle
氩弧焊	ئارگون يايلىق كەپشەرلەش	argon arc welding
研磨	قىرىش، ئاقلاش	lapping
阳极	مۇسبەت قۇتۇپ، ئانود	anode
氧化焰	ئوكسىدلانغان يالقۇن	oxidizing flame
样冲	ئەۋرىشكە	anvil
咬边	پۇچۇق تەرەپ	undercut
阴极	مەنپىي قۇتۇپ، كاتود	cathode
引弧	ياي باشلاش	Arc strike
硬度	قاتتىقلىق دەرىجىسى	hardness
硬质合金	قاتتىق قېتىشما	hard metal ,carbide
游标卡尺	شتانگىن سىركۆل	vernier caliper
有色金属	رەڭلىك مېتال	nonferrous metal
原点	ئەسلى نۇقتا	origin, base point
圆锉	يۇمىلاق ئېگەك	round file
圆柱面	سىلىندىر سىمان سىرتقى يۈز	cylindrical surface
圆锥面	كونۇسسىمان سىرتقى يۈز	conical Surface
运动轨迹	ھەرىكەت تراېكتورىيىسى	motion Trail

Z

暂停	ۋاقتىنچە توختاتماق، ۋاقتىنچە توختتلماق	pause
錾削	قەلەم بىلەن ئويۇش	hand chipping
轧制	پروكاتلاش، بىسپ ياپىلاقلاش	rolling
砧座	سەندەل	anvil, anvil block
正火	سۈينى نورماللاشتۈرۈش	normalize
正极	مۇسبەت قۇتۇپ	positive pole
整体式车刀	پۈتۈن گەۋدەلىك قىرىش پىچقى	molding lathe tool
直角尺	تىك بۇلۇڭلۇق سىزغۇچ	square
直线往复运动	تۈز سىزىقلىق قايتىلانما ھەرىكەت	rectilinear motion
制动螺钉	تورمۇز بۇرما مىخى	clamping screw
中径	ئوتتۇرا دىئامېتىرى	mean diameter
轴承	ئوق قازان	bearing
主尺	ئاساسى سىركۈل	main scale
主切削刀	ئاساسى قىرىش بىسى	major cutting edge
主运动	ئاساسى ھەرىكەت	primary movement
主轴	ئاساسى ئوق	spindle
铸铁	چۈيۈن	cast iron
铸型	قۇيما قېلىپ	mould
铸造	قۇيۇش	casting
装配	قۇراشتۇرۇش	assembly
装配图	قۇراشتۇرۇش چىرتىيوژى	assembly drawing
自动	ئاپتوماتىك	automated
自由锻造	ئەركىن بازغانلاش	free forging
钻夹头	بۇرغا قىسىش بېشى	drill chuck
钻孔	تۆشۈك تېشىش	drilling
钻削	بۇرغىلاش، تۆشۈك تەشمەك	drilling
坐标系	كوئوردىنات سىستېمىسى	coordinate system

参考文献

[1] 何国旗. 机械制造工程训练[M]. 长沙:中南大学出版社,2012.

[2] 张世昌. 机械制造技术基础[M]. 北京:高等教育出版社,2011.

[3] 冯显英. 机械制造[M]. 济南:山东科学技术出版社,2013.

[4] 华楚生. 机械制造技术基础[M]. 重庆:重庆大学出版社,2000.

[5] 王瑞芳. 金工实习:机械类及近机械类用[M]. 北京:机械工业出版社,2000.

[6] 张力真. 金属工艺学实习教材[M]. 北京:人民教育出版社,1984.

[7] 王文翰. 焊接技术手册[M]. 郑州:河南科技出版社,1999.

[8] 高顶. 金工实习[M]. 徐州:中国矿业大学出版社,1997.

[9] 骆志斌. 金属工艺学[M]. 南京:东南大学出版社,1994.

[10] 宋超英. 机械制造实训教程[M]. 西安:西安交通大学出版社,2011.

[11] 傅水根,李双寿. 机械制造实习[M]. 北京:清华大学出版社,2009.

[12] 金捷. 机械制造技术与项目训练[M]. 上海:复旦大学出版社,2010.

[13] 汤振宇. 钳工技能实训[M]. 北京:电子工业出版社,2009.

[14] 机械工业职业教育研究中心组. 铣工技能实战实训[M]. 北京:机械工业出版社,2005.

[15] 范辉. 机械工程技术基础实习教程[M]. 北京:机械工业出版社,2007.

[16] 劳动和社会保障部教材办公室. 车工(中级)[M]. 北京:中国劳动社会保障出版社,2004.

[17] 王茂元. 金属切削加工方法及设备[M]. 北京:高等教育出版社,2006.

[18] 李华. 机械制造技术[M]. 北京:高等教育出版社,2007.

[19] 陈宏. 典型零件机械加工生产实例[M]. 北京:机械工业出版社,2006.

[20] 金禧德. 金工实习[M]. 北京:高等教育出版社,2001.

[21] 杜晓林. 工程技能训练教程[M]. 北京:清华大学出版社,2009.

[22] 马喜法. 钳工基本加工操作实训[M]. 北京:机械工业出版社,2008.

[23] 陆剑中,孙家宁. 金属切削原理与刀具[M]. 北京:机械工业出版社,2005.

[24] 何建民. 钳工操作技术与窍门[M]. 北京:机械工业出版社,2006.

[25] 杨慧智. 机械制造基础实习[M]. 北京:高等教育出版社,2002.

[26] 机械工业职业技能鉴定指导中心. 钳工技术[M]. 北京:机械工业出版社,2002.

[27] 机械工业职业技能鉴定指导中心. 磨工技术[M]. 北京:机械工业出版社,2002.

[28] 胡家富. 高级铣工技术[M]. 北京:机械下业出版社,2002.

[29] 孙庆. 机械工程综合实训[M]. 北京:机械工业出版社,2003.

[30] 黄锦清. 机加工实习[M]. 北京:机械工业出版社,2005.

[31] 汪恺. 机械工业基础标准应用手册[M]. 北京:机械工业出版社,2004.

[32] 温希忠. 钳工工艺与实训[M]. 济南:山东科学技术出版社,2006.

[33] 徐衡. 数控铣工实用技术[M]. 沈阳:辽宁科学出版社,2003.

[34] 袁巨龙,周兆忠.机械制造基础[M].杭州:浙江科技出版社,2007.

[35] 劳动和社会保障部教材办公室.数控车床、数控铣床、加工中心国家职业标准[M].北京:中国劳动社会保障出版社,2005.

[36] 沈建峰.数控车床技能鉴定考点分析和试题集[M].北京:化学工业出版社,2007.

[37] 张学正.金属工艺学实习教材[M].北京:高等教育出版杜,2003.

[38] 张木青,于兆勤.机械制造工程训练教材[M].广州:华南理工大学出版社,2004.

[39] 赵玉奇.机械制造基础与实训[M].北京:机械工业出版社,2003.

[40] 盛善权.机械制造[M].北京:机械工业出版社,1999.

[41] 京玉海.机械制造基础[M].重庆:重庆大学出版社,2005.

[42] 罗丽萍,京玉海.机械制造基础[M].北京:清华大学出版社,2004.

[43] 吴志清.数控车床综合实训[M].北京:中国人民大学出版社,2010.

[44] 杨海琴,侯先勤.FANUC 数控铣床编程及实训精讲[M].西安:西安交通大学出版社,2010.

[45] 崔元刚,黄荣金.FANUC 数控车削高级工理实一体化教程[M].北京:北京理工大学出版社,2010.

[46] 《数控铣床(加工中心,实训指导与实习报告》编写组.数控铣床(加工中心)实训指导与实习报告[M].合肥:合肥工业大学出版社,2011.

[47] 陈金英,唐正清,孔庆玲.数控铣削编程与加工[M].北京:清华大学出版社,2010.

[48] 吴光明.数控铣/加工中心编程与操作技能鉴定[M].北京:国防工业出版社,2008.

[49] 郭永环,姜银方.金工实习[M].2 版.北京:北京大学出版社,2010.

[50] 明兴祖.数控加工技术[M].北京:化学工业出版社,2015.

[51] 罗阳,刘胜青.现代制造系统概论[M].北京:北京邮电大学出版社,2004.

[52] 刘忠伟,邓英剑.先进制造技术[M].3 版.北京:国防工业出版社,2011.

[53] 朱江峰,黎震.先进制造技术[M].北京:北京理工大学出版社,2007.

[54] 郭绍义.机械工程概论[M].武汉:华中科技大学出版社,2015.

[55] 周虹.数控编程与实训[M].2 版.北京:人民邮电出版社,2008.

[56] 黄克正.产品逆向工程机械产品设计自动化理论与应用[M].北京:兵器工业出版社,2009.

[57] 刘伟军.逆向工程—原理方法及应用[M].北京:机械工业出版社,2009.

[58] 吴宗泽,于亚杰.机械设计与节能减排[M].北京:机械工业出版社,2011.

[59] 马劭力.汉维俄英机械工程图解词汇[M].乌鲁木齐:新疆人民出版社,1986.